궁궐의 눈물, 백 년의 침묵

국립중앙도서관 출판시도서목록(CIP)

궁궐의 눈물, 백 년의 침묵 : 제국의 소멸 100년, 우리 궁궐은 어디로 갔을까? / 우동선, 박성진, 안창모, 박희용, 조재모, 김윤정, 송석기, 강상훈 지음. — 파주 : 효형출판, 2009
p. ;   cm

참고문헌 수록
ISBN 978-89-5872-085-0 93540 : ₩18,000

궁궐[宮闕]
한국 건축사[韓國建築史]

611-KDC4
728.82-DDC21   CIP2009003336

궁궐의 눈물, 백 년의 침묵

제국의 소멸 100년, 우리 궁궐은 어디로 갔을까?

우동선·박성진 외 6명

효형출판

책을 내며

그 많던 조선 궁궐은 어떻게 붕괴되었는가
— 전통과 근대의 간극, 건축사의 사각지대를 주목한다

《궁궐의 눈물, 백 년의 침묵》은 조선왕조 시대와 대한제국기의 주요 궁궐이 19세기 말과 20세기에 어떻게 훼철毁撤되었는가를 건축사학의 입장에서 살피고자 한 시도다.

왜 훼철의 역사에 주목하는가. 이제까지 궁궐에 대한 연구는 회화나 도면으로 전해지는 최전성기의 모습에 집중하거나, 그 자료에 의거하여 1980년대 이후 꾸준히 진행된 궁궐의 복원 사업에 관심을 두어온 듯하다. 그러한 집중과 관심으로 이미 상당한 연구 성과가 축적되었다. 그런데 이러한 입장에서는 19세기 말과 20세기 전반에 진행된 궁궐의 변화를 단지 변형·왜곡으로 치부하여 공백으로 남겨두는 경향이 없지 않다. 이 책은 그 '변형과 왜곡'을 본격적으로 다루고자 한다. 변형과 왜곡을 잘 살피는 일이 역사를 온전하게 바라보는 데도, 궁궐의 전성기 모습을 이해하는 데도 도움이 되리라고 생각한다. 그래서 주요한 궁궐들이 도대체 어떻게 훼철되었는가를 묻는 것이다.

여러 한국 건축사 책은 전통 건축의 풍요성을 말하면서 1910년에서 끝나고, 많은 근대 건축사 책은 새로 이입된 건축만을 주어로 삼아 기술하기 십상이다. 한 시대에서 다른 시대로 바뀌었다고 해서 건축과 도시가 하루아침에 모두 바뀌지는 않을 터인데, 한국 건축의 역사는 전통과 근대를 엄격하게 분리하여 다뤄왔다. 전통 시대 연구자는 가급적 순수한 전통 건축을 강조하려 하고, 근대 연구자는 비교적 충실한 근대 건축을 찾으려고 한다. 일제하日帝下는 자주적인 근대가 아니었고, 없어진 궁궐 건축은 말할 것도 없거니와 지금까지 남아있는 궁궐 건축도 대체로 변형과 왜곡을 일정하게 거쳤다. 그래서 19세기 말과 20세기 전반의 궁궐은 건축사의 사각지대에 속한다고 볼 수 있다.

드문 예외를 신영훈 선생의 〈한국 건축사〉에서 우선 찾을 수 있다. 1989년 6월에서 1991년 12월까지 《공간》에 연재한 〈한국 건축사〉는 고종 연간에서 일제강점기에 걸친 건축의 변화를 다루었고, 그 안에서 궁궐의 변화가 중시되었다. 신 선생의 〈한국 건축사〉가 공백기에 대한 통사적 접근을 취했다면, 이 책 《궁궐의 눈물, 백 년의 침묵》은 그 공백기에 대한 각론적 서술을 꾀한다.

필자가 훼철에 대해 관심을 두게 된 계기는 필자의 은사恩師인 스즈키 히로유키鈴木博之 선생의 학위논문 〈빅토리안 고딕의 붕괴 과정 연구〉(1984)에서 연유한 바도 있는 듯하다. 이 논문의 제목은 생성 과정이 아닌 붕괴 과정을 강조한다. '아니, 붕괴 과정이라니?' 1996년쯤 논문을 접한 필자에게는 그 제목이 시사하는 바가 컸다. 한 시대의 양식이 어떻게 붕괴되었는가를 살피는 것은 곧 그와 겹쳐 이어지는 시대가 어떻게 생성하였는가를 아는 길인 양 느껴졌다. 새 시대의 산물은, 서서히 혹은 빠르게 소멸되어 가버린 이전 시대의 터 위에 지어진다고 보는 편이 더욱 사실에 가깝다고 여기게 되었다. 한편 소설가 박완서 선생은 산문집 《호미》(2007)에서 "나는 왜 흘러간 시간은 절대로 돌이킬 수 없다는 걸 알면서도 공간은 고정돼있는 것처럼 여겨왔을까" 하고 지적한다. 이는 건축과 도시의 연구에서도 퍽 의미 있는 문제의식이라는 생각을 금할 수가 없다. 시간·공간은 함께 변화하여 가는 것이다.

이 책은 19세기 말과 20세기 전반의 건축과 도시에 관심이 많은 건축사

연구자 여덟 명이 궁궐의 변화에 대하여 집필한 글로 구성되었다. 그 내용을 간단히 살피면 이러하다.

안창모는 〈고종삼천지교高宗三遷之敎〉에서 궁궐의 경영이 가장 많았던 고종 연간을 분석한다. 고종 시대에는 알다시피 경복궁 중건 그리고 경운궁 건립과 중건이라는 엄청난 공역工役이 있었으며, 그 외에도 여러 궁궐의 수리와 건립이 있었다. 안 교수는 최근 진행되는, 서울의 변화 과정에 관련한 고종에 대한 재평가 작업에 주목하면서 고종과 관련된 궁궐의 부침浮沈과 도시와의 연관을 살폈다.

박희용의 〈조선 황제의 애달픈 역사를 증명하다〉는 원구단의 철거와 철도호텔 건립을 다룬다. 고종이 황제 즉위식을 거행한 장소인 원구단의 건립 과정과 그 의미를 살피고, 일제가 그 원구단을 어떻게 교묘하게 파괴하였는가를 철도호텔의 건립 과정을 통해서 드러낸다.

조재모의 〈궁궐 의례의 변화와 존속〉은 근대화 과정에서 궁궐의 의례가 어떻게 변화하였는가를 추적한다. 곧, 궁궐의 의례에서 근대를 받아들이면서도 전통을 유지하려 했던 노력을 포착해낸다. 조 교수는 대한제국이 구본신참舊本新參으로 표현되듯이 옛것과 새로운 것을 절충하고 참작한 것을 황제의 의례로 삼았지만, 양관洋館인 돈덕전에서 즉위한 순종 이후에는 최소한의 의례만을 남긴 데 주목하였다.

박성진의 〈평양의 황건문이 남산으로 내려온 까닭은?〉은 궁궐 전각의 민간 이건移建과 변용變用을 다룬다. 경희궁·풍경궁·경복궁의 여러 전각이 어디로 어떻게 매각되었고, 어떤 용도로 쓰였는가를 추적하였다. 구체적으로 말하면 숭정전, 회상전, 흥화문, 흥정당, 황학정, 황건문, 융문당과 융무당, 선원전, 비현각과 홍문관, 자선당 등이 이 글에서 대상으로 삼은 선각이나.

김윤정의 〈대한제국, 평양에 황궁을 세우다〉는 그다지 널리 알려지지 않은 평양의 풍경궁을 고찰한다. 고종이 풍경궁을 어떻게 창건하였고, 이후 일제강점기에 풍경궁이 어떻게 수난을 당하였는가를 보여준다. 구국과 황권 강화를 위하여 창건된 풍경궁은 러시아를 의식한 것이기도 했는데, 건설 과정에서 여러 가지 일화를 전해준다. 일제강점기에 풍경궁은 군용지로 수용되고 군사기지가 되어 원래의 모습을 상실해갔다.

우동선의 〈창경원과 우에노공원, 그리고 메이지의 공간 지배〉는 창경원에 지어진 박물관, 동물원, 식물원의 건립 과정을 이토 히로부미伊藤博文의 행적에 주목하면서 우에노공원의 성립 과정과 비교하여 분석한 글이다. 그 결과 이토 히로부미 등이 메이지 시대에 우에노에서 진행한 공간 지배가 창경원에서도 유사하게 전개되었고, 그 전개가 창경궁을 형해화形骸化하는 일이었음을 밝힌다.

송석기의 〈궁궐에 들어선 근대 건축물〉은 궁궐 안에 근대 건축물이 어떻게 들어서게 되었는가를 경운궁, 창경궁, 경복궁 중심으로 살폈고, 여타 경모궁, 운현궁, 달성궁, 경희궁에서의 변화도 일별한다. 구체적으로는 중명전, 정관헌, 구성헌, 돈덕전, 석조전, 이왕가미술관, 대온실, 장서각, 총독부박물관, 조선총독부 청사, 총독부미술관 등을 다룬다.

강상훈은 〈근대의 환상, 신문물 축제의 향연〉에서 일제가 크고 작은 박람회와 공진회를 경복궁에서 개최하면서 새로운 건물을 근대의 전시장으로 사용하는 반면, 기존의 궁궐 건물을 부속 시설로 전락시킨 데 주목한다. 아울러 일제에 의한 전통 건축의 타자화·상품화에도 주목하였다. 그리하여 공진회와 박람회를 통해서 경복궁의 위엄을 손상시키고, 경복궁을 관광지로 만드는 데 일제의 기획 의도가 있었음을 밝혔다.

이 글들은 각각 독립된 주제를 갖고 씌어져, 언급한 궁궐에서 다소 중복이 있고, 각자의 성향에 따라서 주장하는 강도가 다르다. 여덟 명의 필진은 개성이 다르지만, 한편 위에서 말한 문제의식을 일정하게 공유하고 있다.

말미에 출간까지의 경과를 적어두고자 한다. 이 책은 필자가 2006년 박성진에게 이 주제로 학위논문을 작성할 것을 종용하면서, 언젠가 여러 궁궐의 형해화 과정을 다루는 책을 내고 싶다는 뜻을 그에게 밝힌 데서 비롯한다. 2007년 중반 그가 기획서를 꾸며서 효형출판과 만났다. 필진 선정과 연락 등의 준비를 마치고 이제 원고 집필만이 남았는데, 2008년 필자가 유시 버클리 U.C. Berkeley에서 1년간 연구년을 보내는 바람에 출간이 미뤄졌다. 이 점을 양해하고 감내해주신 다른 저자와 출판사 관계자께 빚을 진 셈이다. 출간이 다소 늦어졌지만, 일제에 의한 국권피탈 100주년을 앞둔 시점이기에 출간 의의가 더할지도 모르겠다.

많은 분의 협조로 이 책이 세상에 나올 수 있었다. 무엇보다도 필자의 뜻에 적극 찬동하고 선뜻 원고를 작성해준 필진 전원께 깊이 감사드린다. 또한 출판을 맡아준 효형출판 식구들께 감사의 말씀을 전하고 싶다.

2009년 10월 가을색의 의릉懿陵에서
필진을 대표하여 우동선 씀

책을 내며

그 많던 조선 궁궐은 어떻게 붕괴되었는가 5

황권 강화를 위한
근대 조선(대한제국)의 움직임

고종삼천지교高宗三遷之敎 | 안창모 14
- 창덕궁에서 경복궁을 거쳐 덕수궁까지

조선 황제의 애달픈 역사를 증명하다 | 박희용 48
- 원구단의 철거와 조선호텔의 건축

궁궐 의례의 변화와 존속 | 조재모 86

일제에 의한
조선 궁궐 수난사

평양의 황건문이 남산으로 내려온 까닭은? | 박성진 122
- 궁궐 전각의 민간 이건과 변용

대한제국, 평양에 황궁을 세우다 | 김윤정 164
- 풍경궁의 영건에서 훼철까지

창경원과 우에노공원,
그리고 메이지의 공간 지배 | 우동선 202

조선의 궁에 들어선 근대건축물

궁궐에 들어선 근대건축물 | 송석기　240

근대의 환상,
신문물 축제의 향연 | 강상훈　280

참고 문헌　311
도판 출처　319
궁궐 연표　324

# 황권 강화를 위한 근대 조선(대한제국)의 움직임

고종삼천지교高宗三遷之敎
창덕궁에서 경복궁을 거쳐 덕수궁까지

조선 황제의 애달픈 역사를 증명하다
원구단의 철거와 조선호텔의 건축

궁궐 의례의 변화와 존속

덕수궁이 위치한 정동은 역사 도시 서울의 가장 핵심적인
곳임에도, 오랫동안 서울 시민의 뇌리에서 잊혀진
공간이었다. 도시 공간의 여백과 같았다고 할 수 있을
것이다. 정동과 덕수궁의 이러한 현실은 덕수궁과 관련된
한국 근현대사의 현실을 적나라하게 보여준다.
우리는 우리의 근대사를 지키지 못했던 것이다. 조선을
강탈하여 식민지화한 제국주의 국가 일본, 그들이 짜놓은
역사의 틀 속에서 진행된 일본의 근대사는 있어도,
근대국가를 건설코자 했던 우리 근대사, 식민지화에
대항했던 근대 조선의 역사는 사라지고 말았다.

고종삼천지교 高宗三遷之敎
— 창덕궁에서 경복궁을 거쳐 덕수궁까지

안창모_ 경기대학교 건축대학원 교수

"가깝고도 먼……"이라는 수식어는 일본을 이야기할 때만 쓰는 말은 아니다. 궁궐, 그중에서 덕수궁德壽宮을 칭할 때에도 이 표현은 매우 적절하게 쓰일 만하다.

가깝고도 먼 궁궐!

덕수궁은 서울 도심 한복판에 자리 잡고 있기에 일상에서 가장 쉽게 만날 수 있는 궁궐이지만, 오히려 우리의 인식 속에서는 현존하는 궁궐 중 가장 멀리 존재하는 궁궐이기도 하다. 왜일까? 우리가 덕수궁에 대해서 아는 바가 없기 때문이다.

경복궁景福宮은 이 땅에 존재했던 기간보다 존재하지 않았던 기간이 더 길었음에도 조선의 창건과 함께 부여된 법궁法宮으로서의 상징적 위상 때문에 여느 궁궐보다 으뜸의 위치를 차지하고 있다. 경복궁을 모르는 대한민국 국민은 없다. 경복궁은 한국인에게는 존재 이상의 의미를 지니기 때문이다. 1994년 정도定都 600주년 행사 이후 경복궁을 가로막고 있던 옛 조선총독부 청사가 1995년 철거되었고, 지금은 원형 복원 공사가 한창 진행 중이다. 최근에는 1968년 콘크리트로 복원된 광화문을 철거하고 원형을 복원하는 공사가 진행되고 있고, 육조거리 복원과 광화문광장 조성 사업 등이 마무리되어 경복궁의 가치는 한껏 높아지고 있다.

창덕궁昌德宮은 비원秘苑으로 알려진 아름다운 후원의 존재와 함께 세계문화유산에 등재되었다는 사실로 잘 알려져있다. 조선 역사상 정궁正宮으로 가장 오래 사용된 만큼 역대 왕들의 사랑을 가장 많이 받았던 궁궐이기도 하다. 하지만 그런 사정에도 불구하고 정궁으로서의 존재감은 크지 않은 것도 사실이다. 한편, 1907년 대한제국의 황위를 계승한 순종황제가 거처했던 곳으로 대한제국 최후의 황궁皇宮이기도 하다.

창경궁昌慶宮은 1418년 세종대왕이 상왕인 태종을 모시기 위해 수강궁壽康宮이라는 이름으로 지어졌지만, 1592년 임진왜란 때 소실된 후 1616년 광해군 8년에 다시 지어졌다. 이때 지어진 명정전明政殿은 조선의 궁궐 정전 중 가장 오래되었다. 그러나 창경궁은 일제강점으로 가장 먼저 수난을 당한 궁궐이다. 1909년 궁 안에 동물원과 식물원이 개설되었고, 일반에 공개되면서 위락 시설로 전락했기에 궁궐보다는 창경원이라는 놀이터로 더 잘 알려졌다. 1983년 동·식물원이 철거되고, 창경궁 본래의 모습을 되찾은 중창 공사 덕에 어느 정도 왕궁으로서의 옛 모습을 갖추게 되었다.

이에 반해 경희궁慶熙宮은 아직 옛 상처를 회복하지 못하고 있다. 경복궁 중건과 일제강점기를 거치면서 철저하게 파괴된 이래 지난 세기 동안 존재 자체가 인지되지 않았다는 점에서 우리 역사에서 가장 불운

한 궁이라고 할 수 있다.

덕수궁은 어떠한가? 역사 도시 서울의 한복판, 누구나 쉽게 접근할 수 있는 곳에 있지만, 우리에게 존재감을 주지 못하는 궁궐이 바로 덕수궁이다. 그러나 덕수궁이 조선 역사상 마지막으로 지어진 궁궐이자, 우리 역사에서 유일한 황제국이었던 대한제국의 정궁이었다는 사실은 쉽게 지나칠 수 없는 역사적 무게를 지닌다. 그럼에도 그 존재감이 느껴지지 않음은 덕수궁에 대한 사회의 인식이 어떠한지를 잘 보여준다.

덕수궁은 우리의 역사에서 가장 가깝게 있는 궁궐이지만, 그 존재와 함께 역사도 묻혀있었다. 근대기 우리의 역사는 개항과 아관파천, 을사늑약과 국권피탈이라는 굵직한 사건들로 이어졌고, 그 사건들은 덕수궁과 떼려야 뗄 수 없는 관계에 있었지만, 그곳에 덕수궁의 자리는 없었다.

이처럼 덕수궁은 역사적 전환점을 형성했던 굵직한 사건이 일어난 현장이지만, 사건의 결과만 기억될 뿐, 그 사건들이 어찌 일어나서 어찌 전개되었는지를 알고 있는 덕수궁은 항상 논의의 중심에서 벗어나

1 덕수궁 전경.

있었다. 따라서 그곳의 역사를 복원하는 것은 파란만장한 근현대사의 현장을 재현해내는 작업에 다름 아니다.

덕수궁을 이야기하는 것은 조선왕조를 정리하는 기회이자, 우리의 선조들이 새로운 시대를 어떻게 맞이하고자 했는지를 살펴보는 기회다. 덕수궁은 조선왕조 최후의 궁궐인 동시에 조선왕조가 대한제국을 선포하면서 새로운 국가를 건설하기 위해 의욕적으로 건설한 황궁이기 때문이다.

덕수궁과 관련하여 파란만장한 이야기가 많이 남아있을 듯하지만, 실제로 널리 알려진 것은 거의 없다. 많은 사람은 아직도 덕수궁이 창덕궁이나 경희궁과 같은 시대적 위상을 갖고 있는 궁궐로 알고 있을 정도다. 덕수궁에 대해서 잘 안다는 사람도 덕수궁이 1904년에 화재로 전소된 후 재건되었다는 사실조차 잘 모르는 경우가 많을 뿐 아니라, 고종황제가 황제의 위에서 강제로 물러난 후 여생을 보내면서 경운궁에서 덕수궁으로 궁호가 바뀌었다는 사실 또한 많은 사람이 알지 못한다.

이는 무엇을 의미할까?

덕수궁이 위치한 정동은 역사 도시 서울의 가장 핵심적인 곳임에도, 오랫동안 서울 시민의 뇌리에서 잊혀진 공간이었다. 도시 공간의 여백과 같았다고 할 수 있을 것이다. 정동과 덕수궁의 이러한 현실은 덕수궁과 관련된 한국 근현대사의 현실을 적나라하게 보여준다.

우리는 우리의 근대사를 지키지 못했던 것이다. 조선을 강탈하여 식민지화한 제국주의 국가 일본, 그들이 짜놓은 역사의 틀 속에서 진행된 일본의 근대사는 있어도, 근대국가를 건설코자 했던 우리 근대사, 식민지화에 대항했던 근대 조선의 역사는 사라지고 말았다.

덕수궁은 가장 늦게, 그것도 국력이 미약하던 시기에 만들어진 궁이었기에 궁의 격格을 제대로 갖추지 못한 채 나라를 잃어버렸다. 고종황제가 강제로 황제의 위에서 물러난 1907년부터 1919년까지 덕수궁은 황궁 당시의 궁역宮域을 유지하고 있었지만, 1919년 고종황제 승하昇遐 후 궁역이 여러 가지 이유로 잘려나가고 전각殿閣이 훼철毀撤되면서 그 위상이 급속히 약해졌다. 결과적으로 덕수궁은 경희궁 다음으로 가장 많이 훼손된 궁이 되었다. 동시에 훼철된 궁은 도심 공원으로 사용되었기에 덕수궁은 무늬만 궁궐이지 궁궐의 격을 찾기란 매우 힘든 모습을 갖게 되었다.

덕수궁의 이러한 위상은 광복 이후에도 그대로 이어졌다. 광복 후 전쟁을 겪고 분단 체제가 고착화되면서 보릿고개를 넘는 데 급급했던 시기에 덕수궁을 챙길 여유가 없었기 때문이기도 하다. 덕수궁의 근현대사적 의의와 중요성에 대해서 눈을 뜨게 된 계기는, 아이러니하게도 덕수궁이 한 세기 전에 겪은 수난과 너무도 유사한 상황 속에서 주어졌다.

덕수궁 선원전璿源殿 터에 위치했던 경기여자고등학교가 강남으로 옮겨간 자리에 미국이 대사관과 직원 숙소를 지을 예정이라는 발표가 파문을 일으키면서, 비로소 시민들은 덕수궁의 중요성을 인식하게 되었고, 시민의 힘이 모여 덕수궁의 궁역을 보호할 수 있었다. 외국 대사관에 땅의 소유권이 넘어가면 그 땅은 더 이상 대한민국 땅이 아니기 때문이다.

덕수궁을 바라보는 우리 시선은 많이 바뀌고 있다. 좀 더 구체적으로 이야기해, 덕수궁의 역사를 만든 주인공인 고종에 대한 세간의 시선이 바뀌고 있다. 이전 세대에게 고종은 나라를 잃어버린 무능한 왕으로 인식되었다. '일국의 왕으로서 자신의 안위를 위해 외국 공사관에 몸을 의탁했던 아관파천俄館播遷의 주인공'으로 여겨지며 치욕스러움의 표상이 되어있었다.

그러했던 고종에 대한 세간의 평이 지난 10여 년 동안 변하였음을 이제는 피부로 느낄 수 있다.

고종은 창덕궁에서 경복궁으로, 경복궁에서 러시아 공사관으로 이어移御한 뒤, 덕수궁에 이르러 대한제국을 선포하였다. '맹모삼천지교孟母三遷之敎'라는 말이 있다. 맹자의 어머니가 집을 세 번 옮긴 끝에 자식을 제대로 키울 수 있었다는 고사성어다. 공교롭게도 고종 역시 자신의 집을 세 번 옮겼다. 그 이유는 나라를 제대로 세우기 위함이었다. 그렇지만 유감스럽게도 고종의 경우 그 뜻을 이루지 못했고, 결국 나라를 잃어버렸다. 그렇다면 고종의 삼천지교는 우리에게 어떤 교훈을 주었을까? 실패한 삼천지교는 우리에게 어떤 교훈도 줄 수 없는가?

고종, 왕위에 오르다—대원군의 개혁 정치와 경복궁

고종이 어떻게 왕위에 오르게 되었는지는 잘 알려져있다. '상갓집 개'라는 비아냥거림을 참아낸 아버지 이하응李昰應 덕에 고종은 1863년 12월 철종의 뒤를 이어 조선의 26대 왕위에 올랐고, 이하응은 흥선대원군이 되어 어린 왕을 대신하여 섭정을 맡았다. 그리고 15세 되던 해에 왕비를 맞이했다.

지금까지 고종은 무능하고 나약한 인물로 알려졌는데, 고종의 이러한 이미지는 조선을 식민지화한 일본의 사실 왜곡 때문이기도 하지만, 한편으로는 강한 이미지를 지닌 부친 흥선대원군과 부인 명성황후와 비교된 때문이기도 하다.

1863년 왕위에 오른 고종은 창덕궁과 경복궁 그리고 덕수궁을 본궁으로 삼아 생활했으니 역대 조선 임금 중에서 가장 많은 궁궐에서 지낸 왕이라고 할 수 있다. 그중에서 경복궁과 덕수궁은 자신의 재위 기간에 지은 궁궐이다. 고종은 자신이 지은 궁에서 살고, 또한 거기서 삶을 마친 유일한 왕이기도 하다.

그러나 43년에 이르는 긴 보위 기간과 두 차례에 걸친 궁궐 건설이 조선의 전성기가 아닌 위기 속에서 이루어졌다는 사실은 궁궐의 건설이 예사로운 결심의 결과가 아님을 짐작게 해준다.

특히 고종이 거처했던 곳 중 경복궁과 러시아 공사관 그리고 덕수궁은 각기 19세기 말 20세기 초 조선의 역사에서 전환점이 될 만한 역사적 사건이 펼쳐진 장소라는 점에서 하나같이 의미 있는 역사의 현장이기도 하다.

고종이 즉위할 당시 조선은 안팎으로 시달리고 있었다. 안으로는 세도정치가 횡횡했고, 밖으로는 통상을 요구하는 열강의 요구가 하루를 멀다 하고 이어졌다. 13세의 어린 나이에 왕위에 오른 고종에게는 하나같이 쉽지 않은 상황이었다. 그때 나선 사람이 흥선대원군이었다. 그는 어린 고종을 대신해 자신의 역할을 적극 수행했다.

흥선대원군은 개혁 정책을 통해 나라를 근본적으로 바꾸기 시작했다. 쇄국정책으로 조선의 고립을 초래한 인물이라 알려졌으나, 실제로 흥선대원군이 지향한 것은 개혁이었고, 그 중심에 왕이 있어야 했다. 그래서 필요한 것이 왕권 확립이었고, 그 가시적 결과는 경복궁 중건으로 나타났다.

1863년 고종의 등극과 함께 정권을 장악한 흥선대원군은 1865년 경복궁 중건 계획을 발표하고 영건도감營建都監을 설치했다. 경복궁의 중건은 1865년 4월 대왕대비 조씨의 중건교서重建敎書에서 비롯되었다. 중건교서의 내용은 다음과 같다.[1]

경복궁은 정도 때부터 왕궁이었고, 규모 및 외관이 웅대 장려하고 정령이 바르게 시행되던 곳인데, 불행하게도 병화에 소실되어 아직도 중건하지 못하였음은 지사들의 차탄嗟歎을 불금不禁하게 한 일이다. 익종 및 헌종이 중건의 뜻을 가지고 있었으나 그 유지가 이루어지지 않아 지금까지 숙원으로 남아있다. 궁궐의 중건은 조종朝宗의 뜻을 계승하는 일일 뿐 아니라 백성의 복과 나라의 영원한 근본이 실로 여기에 있다. 따라서 궁을 중건하여 중흥 대업을 이룩하고자 대신들과 의논한다.

비록 형식은 조대비의 교서에서 논의가 시작되었지만, 실질적으로 이를 기획하고 실행에 옮긴 이는 고종의 아버지인 흥선대원군이었음은 익히 알려진 사실이다. 그러나 흥선대원군의 강력한 의지에도 경복궁 중건 과정은 순탄치 않았다.

왕권강화의 상징, 경복궁 복원

임진왜란 이후 폐허 상태로 방치된 경복궁을 복원하는 것은 250여 년 동안 역대 왕들의 숙원이었다. 선왕들은 경복궁 복원을 선뜻 결심하지 못했지만, 외국의 개방 요구가 거세지는 시점에서 흥선대원군은 경복궁의 복원을 결심했다. 동시에 역대 임금의 초상화를 모신 선원전이 새로 조성되었고, 기존 건물인 영희전永禧殿도 증축되었다. 이러한 일련의 건축 행위는 왕권을 강화하기 위한 방편이었다.

1865년에 시작된 경복궁 복구는 1868년 마무리되었다. 복구된 경복궁의 모습은 현존하는 《북궐도형北闕圖形》에 잘 나타나있다. 복구된 경복궁은 조선 초기 창건 때의 모습을 따랐다. 장방형의 궁궐 터 위에 지어진 경복궁은 3개의 홍예문虹霓門을 지닌 석축 위에 중층 누각을 지닌 광화문光化門을 정문으로, 남북축으로 정전인 근정전勤政殿과 편전인 사정전思政殿 그리고 침전인 강녕전康寧殿과 교태전交泰殿을 위치시켰다. 이와 같은 배치는 경복궁 창건 당시의 골격을 그대로 재현했을 뿐 아니라 복구된 전각의 이름도 예전과 같았다. 이는 흥선대원군이 경복궁 복원을 통해 지향하는 바가 무엇이었는지를 명확하게 보여준다.

흥선대원군은 경복궁 복원을 통해 조선왕조 창건 당시의 건국 정신을 회복하고자 했던 것이다. 동시에 강력한 절대군주로서의 위상을 과시하고자 했다.

복원된 전각은 총 7200칸에 달했는데, 이는 창덕궁과 창경궁의 전각을 합친 칸수가 4000칸이었다는 사실에 비춰보면 매우 큰 규모였다. 더구나 경복궁터의 넓이가 창덕궁과 창경궁을 합친 면적의 절반에 불과했다는 점을 감안하면, 건축 밀도가 매우 높았음을 알 수 있다.

이와 같이 복원된 경복궁은 전체 공간구성을 통해 근대적 군주의 위상을 갖추고자 한 대원군의 의지가 발현되었다고 분석되기도 한다.[2]

조선 초기 이래 조선의 궁제宮制는 내전과 외전을 기본으로 하되,

2 경복궁 광화문의 옛 모습.

정치를 하고 신하를 만나는 외전을 정문 가까이에 두고, 생활하는 내전을 뒤에 두었다. 그러나 복원된 경복궁에서는 정문인 광화문에서 근정전, 사정전, 강녕전, 교태전을 잇는 왕의 정치와 생활공간이 다시 그 뒤편까지 일직선으로 이어져 궁궐 가장 북쪽 후원까지 연결되었다.

즉 경복궁의 남북축 전체가 왕을 위한 공간으로 구성된 것이다. 이 중심축을 중앙에 두고 그 동편으로 왕세자 공간과 왕대비 및 상궁이나 후궁을 위한 부속 공간이 놓이고, 서편으로 수정전修政殿을 중심으로 내반원內班院이나 홍문관弘文館 등 대신의 영역과 연회를 여는 경회루慶會樓가 놓였으며, 그 뒤에는 태원전泰元殿, 문경전文慶殿 등 주로 왕실의 제사를 지내는 공간으로 구성되었다.

특히, 중건된 전각 중에서 근정전의 모습이 두드러졌다. 얇게 다듬은 박석薄石이 정연하게 깔린 넓은 마당 중앙에 품계석品階石을 대칭으로 놓고, 북쪽으로 2단의 장대한 월대月臺를 쌓고 정전正殿이 세워졌는데, 월대 주변에는 십이지十二支의 동물 형상을 사방에 배열하고, 정교하게 다듬은 난간석을 둘렀다. 정전인 근정전은 중층 지붕의 전형적인 다포식多包式 건축으로 위엄과 엄격한 격식을 갖추고 있으며, 실내는 천장을 최대한 높이고, 기둥이나 대들보 등 필요한 구조재 외에는 번잡한 치장을 줄여 실내의 개방감을 더했다.

삼군부의 부활과 육조 거리의 재편

궁궐 밖에서도 흥선대원군의 개혁 의지가 드러났다. 육조六曹의 배치에서도 작지만 의미 있는 변화가 있었다. 경복궁 중건 외에 왕권 강화를 위해 행정 체계도 개편되었는데, 세도정치의 폐해를 막기 위해 권한이 비대해진 비변사備邊司를 해체하고, 의정부議政府와 삼군부三軍府

를 부활시켰다. 주목할 만한 것은 삼군부의 부활과 그 위치다.

조선 시대의 군사기관인 삼군부는 고려 말 이성계가 병권을 장악하기 위하여 설치한 것으로, 중·좌·우군의 3군으로 구성되며, 자체의 감독권 및 지휘권을 지닌 최초의 강력한 중앙군사조직이었다. 삼군부는 1466년(세조 12)에 오위五衛 체제로 군 제도가 개편되기 전까지 중앙부대인 동시에 왕권과 수도를 방위하는 병력을 지휘·감독하는 최고 군부로 군림하였다. 그러다가 16세기 중엽에 창설된 비변사가 임진왜란 이후 군사 문제뿐만 아니라, 광범위한 문제를 심의하는 국가의 최고합의기관으로 비대화하였다. 이로써 삼군부는 물론 최고정무기관인 의정부마저 사실상 유명무실해졌다. 따라서 이를 막고 의정부의 기능을 확대·강화하기 위해 흥선대원군은 1865년(고종 2)에 비변사를 의정부에 통합했다. 이 과정에서 정부와 군부를 분립시켜 군사기관인 삼군부를 그해 5월에 부활시켰다.

이와 같이 세도정치의 근거지로 전락하였던 비변사를 의정부에 통합하고 삼군부를 부활시킨 것은 세도정치에 휘둘리던 당시 왕권을 확립하기 위한 방편이었는데, 이렇게 부활된 의정부와 삼군부는 중건된 경복궁의 광화문을 정점으로 좌우에 나란히 자리 잡게 되었다.

삼군부가 이성계의 조선왕조 개국에 큰 힘이 된 군사조직이었다는 점을 감안할 때, 흥선대원군이 삼군부를 부활시키고, 이 삼군부를 의정부와 마주보는 옛 예조 터(현 정부중앙청사)에 위치시킨 것은 왕권 강화의 핵심에 군권 확보가 있음을 보여줄 뿐 아니라, 이를 육조의 가장 핵심적인 곳에 위치시킴으로써 그 의지를 만천하에 과시한 것이라고 할 수 있다.

이렇게 복원된 경복궁은 서울의 도시 공간을 새롭게 틀 지웠다.

전조후시前朝後市 좌묘우사左廟右社라는 공간 조직 논리로 구성된 서울이었지만, 임진왜란으로 경복궁이 폐허로 변한 도시에서 이러한 공간 조직 틀은 유지될 수 없었다. 그러나 경복궁이 복원되어 경복궁의 얼굴인 광화문을 정점으로 좌우에 정치 개혁과 왕권 강화의 상징인 의정부와 삼군부를 배치시킨 육조 관아가 형성됨으로써, 육조 거리는 비로소 제 모습을 갖게 되었고, 서울의 도시 공간은 틀을 새롭게 갖추게 되었다.

그러나 경복궁의 복원은 당초 계획했던 결과로 이어지지 않았다. 많은 논란 속에 이루어진 경복궁 건설은 조선조 최대의 건축 사업이었다. 따라서 많은 인원과 물자가 동원되었기에 이로 인한 경제적 영향이 막대했다. 부족한 재원을 마련하기 위해 발행한 당백전當百錢은 경제를 위기에 몰아넣었다. 이는 흥선대원군의 개혁 정치로 안정을 찾아가던 경제에 부정적인 영향을 미치는 결과를 가져왔다.

그런데 대원군이 자신의 치적이 될 수 있었던 각종 개혁 정책에 부정적인 영향을 미칠 경복궁 복원 사업을 무리하게 강행한 이유는 무엇일까? 경복궁 건설의 정치적 목적을 이해하기 위해서는 경복궁 건설을 경운궁 건설과 비교해볼 필요가 있다. 고종 대에 건설된 두 궁궐을 비교해보면 당시의 국가적 위기 상황에 대처하는 방식이 잘 드러난다.

경복궁 그리고 경운궁

우선 두 궁의 건설 목적이 달랐다. 경복궁이 왕권 강화의 상징적 건설 행위였던 데 비해, 경운궁은 조선의 독립적 위상을 강화하기 위한 사원의 건설 행위였다. 이러한 건설 목적의 차이는 두 궁의 모습을 전혀 다르게 만들었다.

경복궁은 개국 당시의 정궁이라는 조선 역사에서의 위상을 지녔기 때문에, 경복궁 중건 역시 조선 출범 당시에 맞먹는 국가적 면모를 갖추어야 했다. 이는 국내외적 위기에서 탈출하는 모델을 조선 개국에서 찾고자 했던 대원군의 뜻이 담긴 사업이기도 했다. 그래서 복구된 경복궁은 조선 개국 때의 경복궁 모습을 닮고자 했다.

그러나 경운궁은 달랐다. 고종에게는 경복궁이 갖는 역사적 상징성보다 경운궁이라는 장소가 갖는 상징성이 더욱 중요했다. 조선 개국 이래 가장 큰 위기에 처했던 임진왜란기를 극복해낸 역사적 장소로서 경운궁의 상징성을 이어받고자 한 것이다.

경운궁에 대한 고종의 관심은 새삼스러운 것이 아니었다. 일찍이 경운궁의 즉조당卽祚堂에서 즉위했던 인조의 경우 창덕궁으로 이어하면서 즉위 원년에 경운궁역의 확장 과정에서 수용했던 민가들을 모두 원상회복할 것을 명하면서도 국난 극복의 상징성을 지니고 있던 석어당昔御堂과 즉조당은 그대로 유지하게 했다. 이후에도 임진왜란의 국가적 위기를 극복한 역사적 장소라는 사실로 인해 숙종과 영조, 정조 등이 그 의의를 잊지 않고 경운궁을 찾았기에, 고종에 이르기까지 경운궁의 원 공간이라고 할 즉조당과 석어당은 본 모습을 그대로 유지할 수 있었다.

따라서 고종이 경복궁 대신 경운궁으로 환어還御한 후 경운궁을 정궁으로 삼아 대한제국을 선포한 데에는 복합적인 요인이 작용했지만, 그중에서 특히 국난 극복의 장소라는 역사성을 의식했으리라 판단된다.

아울러 경운궁은 새로운 장소에서 새로운 국제 질서를 수용하여 근대국가로 나아가려는 고종의 의지가 발현된 곳이었다. 하지만 고종이 정책의 근간을 구본신참舊本新參에 두었던 만큼, 궁 건설에 있어서도 전례의 규범과 질서를 바탕으로 새로운 것을 받아들였다.

경운궁의 건설

밀려드는 외세에 대비하지 못했던 조선은 뿌리부터 흔들리는 위기를 계속 맞았고, 개항만으로는 그 위기를 극복할 수 없었다. 대한제국의 출발은 이러한 위기 상황을 극복하기 위한 시도였으며, 정치적으로 국제사회의 세력 균형을 통해 자주권을 유지하려는 방편이었다. 이는 곧 국가 체제의 정비를 통한 근대국가의 틀을 세우는 작업이었고, 그 가시적 성과가 경운궁 건설이었다.

그 시작은 아관파천에서 비롯되었다. 고종 33년인 1896년 2월 11일 고종은 정동에 위치한 러시아 공사관으로 거처를 옮겼다. 여기서 중요한 점은 아관파천을 보는 시각이다. 우리는 '아관파천'을 무능한 왕이 자신의 안위를 위해서 타국의 공사관에 몸을 의탁한 치욕스러운 역사적 사건으로 배웠다. 그런데 고종이 러시아 공사관에 머무르던 1896년에서 1897년 사이에 추진된 크고 작은 프로젝트들을 살펴보면 그 중심에는 고종이 있었음을 알 수 있다.

고종이 러시아 공사관에 몸을 의탁하던 시기에 독립문獨立門의 건설, 각종 도시 개조 사업, 파고다공원(현 탑골공원) 건설 등과 같이 각종 도시와 건축 관련 사업이 이루어졌다는 사실은 예전의 아관파천에 대한 시각으로는 도저히 이해되지 않는다. 이처럼 역사적 사실과 부합하지 않는 '아관파천'에 대한 해석의 돌파구를 마련한 사람이 이태진 교수다. 그는 저서 《고종시대의 재조명》(태학사, 2000)을 통해 고종이 자신의 안위만을 좇은 무능한 왕이 아니라, 근대국가로의 의지를 실천으로 옮겼던 근대 군주로 보았다. 경운궁은 근대 군주 고종의 활동 무대였던 셈이다.

고종은 러시아 공사관에 머무르면서 근대국가 건설의 근간을 마련하기 위한 노력에 심혈을 기울였다. 1896년 2월 11일 러시아 공사관에 자신의 거처를 마련한 직후 왕태후와 태자비를 경운궁으로 옮겨 있게 했으며, 같은 해 2월 16일에는 경운궁의 수리를 명하였다. 동시에 한성부 도시 개조 사업이 진행되었고, 독립문도 이 시기에 건설되었다.

경운궁 수리 공사는 이후에도 계속되었는데, 특히 8월 10일 내려진 경운궁 수리 하명은 이전의 하명에 비해 목적하는 바와 규모가 확실히 달랐던 듯하다. 8월 23일 경복궁에 있던 진전眞殿과 왕후의 빈전殯殿을 경운궁 별전別殿으로 옮기라는 조칙이 내려졌기 때문이다. 1896년 2월 아관파천 직후 고종은 경복궁과 경운궁을 놓고, 언제 어느 곳으로 환어하느냐를 고민했다고 한다. 가장 유력한 곳은 경복궁이었지만, 당시의 정세로 보아 경복궁은 나라의 안위를 지키기에 적절하지 못하다고 판단되었다. 결과적으로 환궁은 1897년 2월에 경운궁으로 이루어졌지만, 그 전에 내려졌던 왕후 빈전의 경운궁 별전으로의 이전 조칙은 이미 고종의 의중이 경복궁이 아닌 경운궁으로 기울었음을 보여준다.

1896년 9월 4일 경복궁의 집옥재集玉齋에 봉안되었던 열성묘列聖廟의 어진御眞이 경운궁으로 옮겨졌고, 명성황후의 빈전을 경복궁에서 경운궁 즉조당으로 옮겼다.

제국을 꿈꾸다

고종이 황제의 위에 오른 때는 1897년이지만, 고종이 황제가 되어야 한다는 주장은 이미 갑신정변의 주모자였던 김옥균과 일본 공사에 의해 제기된 바 있었다. 김옥균의 주장은 국민들이 청나라로부터 자주독립할 수 있는 의식을 고양하는 데 있었던 반면, 일본 공사의 제의는 '조선을 청나라에서 독립시킨 일본'의 역할을 강조하고, 자신들의 영향력을 강화하기 위함이었다. 그러나 일찌감치 일본의 의도를 파악한 고종은 황제의 위를 거절했다.

황제 즉위 건이 다시 거론된 때는 1897년 고종이 러시아 공사관에서 경운궁으로 돌아온 직후다. 경운궁으로 돌아온 고종은 청나라와 일본의 간섭으로부터 비교적 자유로웠다. 이는 고종이 왜 아관파천을 단행했는지 알 수 있는 부분이다. 고종은 아관파천을 통해 러시아의 힘을 빌어 청나라와 일본의 압박을 벗어나, 조선을 압박하는 세계 열강들 사이에서 힘의 균형을 유지했고, 그 결과 자연스럽게 황제 즉위로 이어진 셈이다.

황제 즉위의 논리는 장지연 등 동도서기론東道西器論을 주장한 지식인에 의해 만들어졌다. 실학을 숭상한 젊은 학자들은 동도서기론에 따라 동양의 정신을 바탕으로 서양의 기술을 수용하는 데 적극적이었다.

고종은 "청나라와 일본 모두 황제, 천황을 칭하는데 우리만 왕을 칭하여 스스로 비하할 이유가 없다. 황제가 없으면 독립도 없다는 일반인의 의식을 고려할 때 황제 즉위는 반드시 필요하다"는 장지연의 논리를 따랐다.[3]

'황제는 독립'의 상징이라는 장지연의 주장은 전근대사회의 의식으로 치부될 수도 있지만, 이는 중국과의 오랜 관계 속에서 형성된 비판적 자각이었다고 할 수 있다. 제후국가에 붙여지는 왕이라는 칭호를 벗어남이 곧 독립을 의미했기 때문이다. 따라서 고종의 황제 즉위는 단순히 자신의 권력을 회복하는 차원이 아니라 국민의 결속을 통해 국가의 면모를 일신하려는 의지의 결과라고 할 수 있다.

황제 즉위를 결심한 고종이 어느 정도까지 독립의 의지가 강했는지는 국호의 변경에서 특히 잘 나타난다. 조선이라는 국호는 우리 역사에서 가장 오랫동안 사용되어온 명칭이지만, 그 시작이 기자조선箕子朝鮮에 있다고 생각했기에 국호를 한韓으로 바꾸었다. 한은 우리의 고유한 나라 이름이며, 우리나라는 마한, 진한, 변한 등 원래의 삼한을 병합하며 형성되었기에 '큰 한'이라는 의미를 가진 대한大韓을 국호로 선택한 것이다.

1897년 8월 17일에는 새로운 연호도 만들어졌다. 역대 왕조가 써온 중국 연호를 버리고 우리의 자체적인 연호를 사용한다는 사실이 갖는 상징성은 컸다. 물론 1896년 건양建陽이라는 연호를 사용한 적은 있지만 이는 일본의 요구로 이루어졌었기 때문에, 새 연호는 중국이나 일본의 간섭으로부터 벗어나겠다는 의지의 표현이라고 할 수 있다.

광무光武라는 연호는 의정부 대신인 심순택[4]이 올린 '광무光武'와 '경덕慶德' 중에서 선택되었다. 경덕이 아닌 광무를 선택한 것은 고종이 어떠한 의지를 갖고 있었는지 짐작할 수 있는 부분이다. 열강의 간섭과 각축 속에서 자력에 의한 독립과 부국강병의 의지를 담기에 경덕이라는 연호는 너무 안이했기에, 고종은 자연스럽게 광무를 선택하며 그의 의지를 드러냈다고 할 수 있다.

고종은 조선이라는 이름이 갖는 굴레에서 벗어나고자 대한제국으로 국호를 바꾸었지만, 나라의 정통성은 그대로 이어지기를 희망했다. 새로운 나라 이름에 '한'을 쓴 것이나, 나라 세우기의 첫걸음인 경운궁 건설에서 가장 먼저 지어진 전각이 선원전이었다는 사실이 그 증거다. 이처럼 구본신참舊本新參은 고종 사고의 근본이었다.

제국의 격을 갖추다

경운궁 건설은 러시아 공사관에서부터 준비되었지만, 황제국가의 격을 갖추기 위한 건축 공사는 경운궁에서 진행되었다. 황제국가의 격을 갖추기 위해서는 나라의 이름을 바꾸고, 연호를 제정한 다음, 하늘에 제사를 지내기 위한 천단天壇을 만들어야 했다. 황제국의 출범을 알리는 가장 중요한 대외 행사는 하늘에 제사를 지내는 의식이었기 때문이다.

환구단圜丘壇에서 진행된 이 의식은 명나라의 의례와 동일한 것으로, 이는 대한제국이 진, 한, 당, 송, 명으로 이어지는 중국의 전통적인 황제국가와 동일한 위상을 갖게 되었음을 의미한다. 이러한 태도는 청을 인정하지 않겠다는 의지의 표현이기도 하다.

천단 건설을 위해서 10월 7일 궁내부에 환구단사제서圜丘壇司祭署를 설치하고, 경운궁의 주요 전각 명칭을 황제국가의 격에 맞추어 변경하였다. 경운궁의 즉조당을 태극전太極殿으로 변경하였으며, 10월 8일에는 사직단의 신위판神位板을 태사太社, 태직太稷으로 바꾸었다. 10월 9일에는 태극전에서 고천지제告天地祭를 거행하고, 10월 10일 태극전에서 원구圜丘 제향축祭享祝 친전親塡하였으며, 10월 11일에는 환구단에서 경숙經宿하였다. 10월 12일 환구단에서 고천지제를 지냄으로써 공식적인 황제국가의 모든 것을 갖추었다.

환구단의 입지는 조선 시대 태종의 둘째 딸인 경정공주慶貞公主의 남편인 평양부원군平壤府院君 조대림趙大臨의 집이 위치했던 탓에 소공주동小公主洞으로 불렸으며, 선조의 셋째 왕자인 의안군義安君의 제택이 되면서 남별궁으로 불리게 되었다. 임진왜란으로 중국 사신을 위한 접대소인 태평관이 소실되자, 명나라 장수 이여송이 이곳 남별궁에 머물렀고, 이후로 중국 사신의 숙소와 연회소로 사용되었다. 한편, 임오군란 이후 체결된 '조청상민수륙무역장정朝淸商民水陸貿易章程'에 따라 부임한 초대 총변조선상무위원總辦朝鮮商務委員도 이곳에 여장을 풀고 업무를 본 바 있다. 남별궁 자리는 영은문迎恩門과 함께 조선에 대한 중국의 영향력을 상징하는 곳이었던 셈이다.

따라서 남별궁에 중국으로부터의 독립을 상징하는 환구단을 건설한 것은 조선이 중국에 대한 사대를 종식시킨다는 의미를 갖는다. 그러나 이와 같은 행위가 대한제국 출범 이전에 시작되었다. 1896년에 건축된 독립문이 그것인데, 독립문은 청국의 사신을 맞이하던 영은문을 철거한 자리에 세워졌다. 또한 모화관慕華館을 대신해서 독립관獨立館을 건축했다. 중국 사신이 도성 내에서 머물렀던 장소인 남별궁에 세운 환구단은 중국과의 사대 관계를 청산하겠다는 이러한 의지의 결정판이라고 할 수 있다. 그 의지를 백성에게는 물론 대외적으로도 과시하는 효과가 컸다.

경운궁의 원 공간과 궁역의 확장

대한제국 최초의 황궁이었던 경운궁은 원래 성종의 형인 월산대군의 저택이었다. 임진왜란으로 서울의 모든 궁궐이 불타 없어지자 1593년(선조 26)부터 선조 임금이 거처하는 임시 궁궐로 사용되다가, 1615년(광해 7)에 재건한 창덕궁으로 광해군이 이어함에 따라 경운궁은 별궁으로 남게 되었다. 이때 광해군은 정릉동 행궁으로 불리던 이곳에 경운궁이라는 궁호를 붙였다. 이후 오랫동안 묻혀있던 경운궁이 한국사의 전면에 다시 등장한 것은 1897년 대한제국이 출범하면서부터의 일이다.

러시아 공사관에 머물던 고종이 경운궁으로 환궁키로 결정하면서 경운궁은 새로운 운명을 맞이하게 되었지만, 경운궁은 여타 궁궐과는 다른 입지적 상황에 직면해있었다. 이미 도시화가 진행된 도심 한복판에 자리 잡은 경운궁은 제대로 된 정궁으로서의 기능을 행한 적이 없었기 때문에 궁역이 충분치 않았을 뿐 아니라 전각도 제대로 갖추어지지 않았다. 따라서 궁궐로서의 영역을 확보하기 위해서는 인접 지역을 매입하여야 했지만, 고종이 경운궁을 정궁으로 삼으려 한 이유 중의 하나인 외국 공사관의 존재는 오히려 궁역 확보에 장애가 되었다. 영국 공사관과 미국 공사관 그리고 독일 공사관 등이 경운궁의 원 영역에 매우 근접해있었을 뿐 아니라, 공사관 주변의 많은 땅을 직간접적으로 서구 제국과 연계된 선교사들이 차지하고 있었기 때문이다.

따라서 궁역 확장은 주변의 민가와 외국 공관 및 외국인 주거지 매입을 통해 시간을 두고 단계별로 이루어졌다. 덕수궁의 궁역 확장은 지속적으로 이루어졌기 때문에 어느 한 시점으로 덕수궁의 영역을 단정 짓기는 어렵지만, 일차적으로 궁역이 정리된 것은 광무 4년인 1900년의 일이다.

《고종실록》 권38 광무2년 10월 13일조에 다음과 같은 기록이 있다.

> 지금 진행하고 있는 각종의 공역이 대단히 호대浩大하다. 이 일은 안민이국安民利國의 도가 아니므로, 궁장宮墻의 조축造築을 위한 이외의 토목역은 일체 중지함이 타당하겠다는 하명이 있었다.

여기서 궁장은 경운궁의 담장을 쌓는 공사로 추정된다. 이와 같은 담장 쌓는 일은 광무4년인 1900년 1월에 '경운궁 담장을 쌓는 공역이 끝났으므로 감독 이하 여러 사람에게 차등 있게 상을 내렸다'는 기록이 있는 것으로 보아, 이 시기에 궁역의 경계가 마련된 듯하다.

전성기 때의 경운궁은 현재 넓이의 3배에 달하는 큰 궁궐이었다. 현재의 미국 대사관저 건너편 서쪽에는 중명전重明殿을 비롯해 황실 생활을 위한 전각이 있었고, 북쪽에는 역대 임금을 제사 지내는 선원전 일원이 있었으며, 동쪽에는 하늘에 제사를 지내는 환구단을 설치하여 황제국의 위세를 과시했다. 경운궁에는 석조전石造殿을 비롯한 서양식 건축물이 여럿 지어졌는데, 이는 대한제국 근대화 정책의 일환이자 근대국가를 향한 의지의 표상이었다.

즉조당 일원은 임진왜란 때 선조 임금이 거처했던 시어소時御所로, 경운궁의 모태가 된 곳이다. 이러한 성격으로 인해 즉조당은 경운궁의 상징적인 건물이자 국난 극복의 상징적인 장소로 인식되어 선조 이후 원형이 그대로 유지될 수 있었다. 즉조당은 1897년 고종이 러시아 공사관에서 경운궁으로 환어한 뒤 1902년 중화전中和殿을 건립하기 전까지 정전으로 사용되었다. 1904년 화재로 즉조당이 소실되자 고종이 매우 안타까워했는데, 이는 인조 즉위 이후 서까래 하나 바꾸지 않고 소중하게 보존해왔기 때문이다. 현재 즉조당에는 고종의 어필 편액이 걸려있다.

고종 당시 즉조당 일원의 모습은 헌종의 계비인 명헌태후明憲太后 홍씨의 71세(望八)를 기념하여 시행된 '진찬례의식'을 기록한 《진찬의궤》의 〈경운당도慶運堂圖〉에 잘 나타나있다. 여기에는 3채의 전각이 그

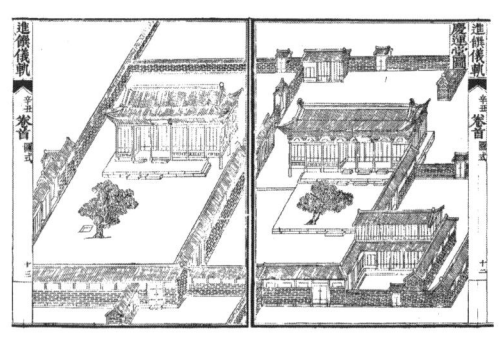

3 신축년 《진찬의궤》의 〈경운당도〉.

려져있는데, 좌측 건물 앞에 우물이 있고, 우측의 나란한 2채 중 아래에 위치한 것은 2층 전각, 곧 석어당이다. 따라서 〈경운당도〉는 오늘의 준명당浚明堂과 즉조당 및 석어당의 배치를 그린 것임을 알 수 있다.

지금은 즉조당과 복도로 연결되어 있는 준명전 자리에 위치했던 경운당

은 신하와 국사를 논하고 외국 공사를 접견하는 장소로 사용되었으나, 고종황제 탄신 50주년을 맞이하여 증개축되면서 관명전觀明殿으로 바뀌었다. 이와 같은 변화는 단순히 잔치를 위한 배려라기보다는, 대한제국 출범 후 진행되어온 광무개혁光武改革이 자리 잡으면서 중화전 건설 등과 함께 황권의 회복과 그에 맞는 격을 갖추는 작업의 일환으로 이루어졌다고 볼 수 있다.

대한제국, 근대 세계를 향해 문을 열다

경운궁 남측에 위치한 인화문仁化門은 경운궁 건설 당시 궁궐의 정문으로, 고종이 러시아 공사관에서 환어할 때 이용했지만 대한제국의 출범과 함께 곧 그 위상을 잃어버렸다. 대한제국 출범과 함께 황토현을 밀고, 청계천으로 이어지는 백운동천에 신교를 놓아 육조 거리와 경운궁을 연결하는 새로운 길을 개설하고, 경운궁 동측에 위치한 환구단으로 새 도로를 놓는 등 경운궁의 동편이 새로운 도심을 형성하면서, 경운궁의 정문이 자연스럽게 대안문大安門으로 바뀌었다. 이로써 대안문 앞은 근대 서울의 새로운 중심 공간이 되었다.

대안문은 경운궁 대화재 이후 1906년 대한문大漢門으로 개칭되었다. 1905년 을사늑약으로 국권이 위태로워진 시점에서 '국태민안'의

4 인화문의 모습.
5 옛 경운궁 전경.
6 중화문(왼쪽)과 멀리 보이는 대안문.

7, 8 대안문(대한문)과 그 오른쪽의 2층 벽돌 건물인 원수부.

뜻을 담은 '대안문'에서 '한양이 창대해진다'는 의미를 담은 '대한문'으로의 개칭에서 난국을 극복하겠다는 고종황제의 의지를 읽을 수 있다.

대한문 옆에는 원수부元帥府 건물이 지어졌다. 러시아 공사관에서 환궁한 고종은 대한제국을 선포하고, 광무개혁을 실시했으며 여러 가지 근대적 조처를 취하였는데, 개혁 조치 중 군사 분야 제도 개편으로 원수부가 설치되었다. 광무 3년(1899)에 자주 의지를 바탕으로 군 통수권자인 황제가 대원수, 황태자가 원수로서 육해군을 통솔하기 위하여 황궁 안에 원수부를 둔 것이다.

2층으로 건축된 원수부의 입지는 궁궐의 좁은 대지 조건 때문으로 판단된다. 궁궐에 지어진 양관 중 유일하게 궁 밖으로 노출된 군사시설이 정문 옆에 위치하고 있다는 점은 군권 확립에 대한 고종의 의지가 엿보이는 부분이다.

한편 원래 위치보다 한참 서쪽으로 물러서게 된 현재 덕수궁의 동쪽 담장 안쪽과 지금은 서울광장의 일부가 된 담장 너머 땅에는 궁궐 안 관청들이 있던 궐내각사闕內閣司가 위치했었다. 정궁이 경운궁으로 이전되면서 황실의 업무를 보던 궁내부를 비롯해 시강원, 태의원, 전화국 등 여러 관청이 궐내에 들어섰는데, 후에 태평로 개설로 인해 그중 절반 이상의

9 중화전 전경과 조원문.

전각이 사라졌고, 나머지 전각 역시 1933년 공원화 과정에서 철거되었다.

대한문을 들어서서 금천교禁川橋를 건너면 중화문中化門에 이르게 되는데, 1905년까지만 해도 금천교에서 중화문에 이르는 길에는 조원문朝元門이 중화전의 외삼문外三門으로 존재했다. 조원문이 세워진 때는 1902년으로 중화전 공사의 일환으로 건축되었는데, 조원문은 중화전-중화문의 축과 직각을 이루고 있었다. 이런 사례는 남북으로 대지가 좁은 궁궐에서 종종 나타난다.

창덕궁이 돈화문敦化門으로 들어서서 동측에 위치한 금천교錦川橋를 지나 북측에 위치한 인정문仁政門을 통해 인정전仁政殿으로 이어지는 배치를 갖고 있으며, 경희궁의 경우 흥화문興化門을 들어서서 같은 축상에 놓인 금천교를 건너지만, 숭정전崇政殿에 이르기 위해서는 축의 직각 방향인 북측에 놓인 숭정문崇政門을 거치도록 배치되어있다.

경운궁도 대안문을 들어서서 금천교를 지나 조원문을 통과하여 직각 방향인 북측에 놓인 중화문을 지나 중화전에 이르는 배치인데, 이들 세 궁궐 배치의 공통점은 남북 방향보다 동서 방향으로 긴 축을 가진 궁궐이라는 점이다.

고종삼천지교高宗三遷之敎 37

1914년 태평로가 건설되면서 궁의 동측 담장이 잘려나갔고, 1968년에는 태평로의 확장으로 대한문이 길 중간에 남겨졌다가 1970년에 현 위치로 옮겨졌다. 대한문은 계단과 돌짐승을 배치한 어도御道와 함께 궁궐 정문으로서의 위엄을 갖추었으나, 지금은 돌계단이 도로 밑에 묻혀버렸다. 대한문을 들어서면 만나게 되는 금천교는 1986년에 발굴, 복원된 것이다. 이 다리를 건너 중화문 앞에 이르는 길이 중심 진입로다.

제국의 얼굴을 세우다

중화전은 경운궁의 정전으로 왕의 즉위식 및 신하들의 조하朝賀 의식, 외국 사신의 접견 등 중요한 국가적 의식을 행하던 곳이다. 고종이 경운궁으로 이어한 후 5년 남짓 즉조당을 정전으로 사용하다가 1902년에 중층의 중화전을 새로 지었다. 이때 중화전 행각과 중화문, 조원문 등도 함께 건립되었다. 그러나 1904년 대화재로 소실된 후 1906년에 재건하면서 재정 등 당시의 어려운 상황 때문에 단층으로 축소되어 조선 궁궐의 정전 가운데 가장 작다.

중화전과 그 앞마당인 조정朝廷은 국가 의례를 치르는 상징 공간으로 이중 월대를 마련하고, 바닥에 박석을 깔고 품계석과 삼도三道를 설치하는 등 전통적인 정전의 격식에 따라 만들어졌다. 중화전은 이중 월대 위에 건물을 올렸는데, 중화전으로 오르는 계단 답도踏道에는 조선 궁궐의 정전 중 유일하

10 중화전 권역 전경. 중층의 중화전 모습과 중화전의 왼편 뒤로 구성헌九成軒과 영국 공사관의 모습이 보인다.

11 화재 후 중건된 단층의 중화전과 1910년 준공된 석조전.

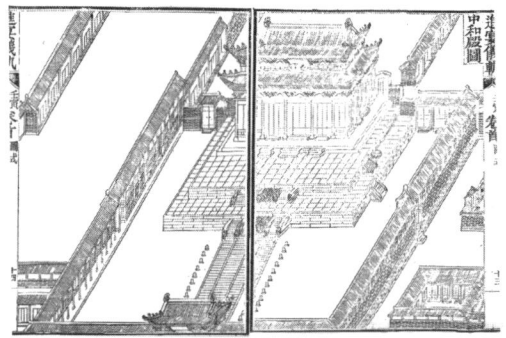 

12 〈중화전도〉.

13 새로 중건된 중화전.

게 용 두 마리가 새겨져있다. 다른 궁궐의 정전에는 모두 봉황이 새겨져있다. 대한제국의 출범 이후 지어진 건물이기에 황제를 상징하는 용으로 장식한 것이다.

중화전, 중화문에 사용된 '중화'는 한쪽으로 치우치지 않는 바른 성정聖情을 의미하는데, 사서의 하나인 《중용》에서 온 말이다.

현존하는 중화전 일원의 모습은 화재 후 중건된 모습과도 많이 다르다. 중화전을 둘러싸 널찍한 마당(조정:朝廷)을 형성했던 행각行閣이 고종의 승하 후 대부분 없어졌기 때문이다. 행랑行廊은 정전의 영역을 한정해주는 동시에 창고나 관련 관리의 사무실로 사용되었는데, 현재는 중화문 옆에 'ㄱ'자 모양의 회랑 일부만 남아있다.

행랑이 언제 없어졌는지에 대해서는 정확히 알려진 바가 없다. 그러나 1910년에 석조전이, 1938년에 석조전 서관이 완공되었다는 사실로 미루어 두 건물의 준공과 행각의 소멸이 연계되어있으리라 판단된다. 중화전과 행랑의 영역이 석조전과 석조전 서관 그리고 정원의 영역과 중복되면서 행랑이 철거되었다고 판단된다.

고종삼천지교高宗三遷之敎 39

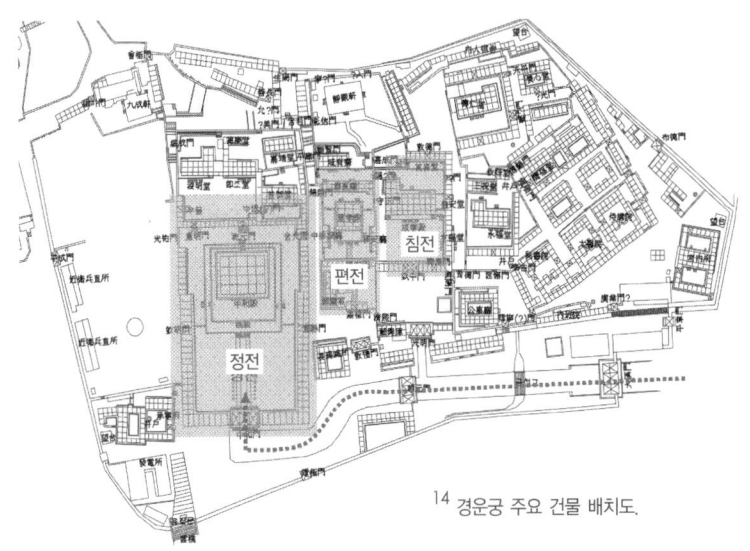

14 경운궁 주요 건물 배치도.

함녕전 권역과 황제의 생활공간

함녕전咸寧殿은 고종의 이어와 함께 1897년에 건립된 왕의 침전이다. 1904년 경운궁 대화재로 소실된 후 중건되었는데, 대청마루 양옆으로 온돌방을 들이고 뒷간에 방을 두른 전형적인 침전 건물이다. 고종은 이곳에서 거처하다가 68세를 일기로 승하하였다. 승하 후 함녕전은 고종의 빈전殯殿 및 혼전魂殿으로 사용되었다. 함녕전 왼편에 위치한 덕홍전德弘殿은 명성황후의 혼전으로 사용되었던 경효전景孝殿이 위치했던 곳으로, 고종황제가 고위 관료와 외교 사절을 접견하는 편전便殿으로 사용되었다. 내부는 천장에 샹들리에를 설치하는 등 서양풍으로 장식되었다. 함녕전 뒤편에는 계단식 정원을 꾸몄고 전돌로 만든 유현문惟賢門과 아름다운 장식을 지닌 굴뚝들을 설치했다.

황제의 사적 공간에서 주목할 만한 건물로 정관헌靜觀軒이 있다. 정관헌은 그 이름처럼 궁궐 후원의 언덕 위에서 '조용히 궁궐을 내려다보는' 휴식용 건물이다. 위치가 함녕전 뒤편이어서 전통 궁궐로 치면 내전 후원의 정자 기능을 대신한 건물이라 할 수 있다. 1900년경 러시아 건축가 사바틴Afanasij Ivanobich Seredin Sabatin이 설계한 한식과 서양식의 혼합 건축물이다. 기단 위에 로마네스크 양식의 인조석 기둥을 둘러서 내부 공간을 만들었고, 바깥에는 동·남·서 세 방향에 기둥을 세운 베란다가 둘러쳐져있다. 석재를 기본으로 하는 서양식 기둥이 나무로 만들어졌고, 기둥 상부에 청룡과 황룡, 박쥐, 꽃병 등 한국의 전통 문양이 새겨져 흥미롭다. 이 한양韓洋 절충의 이국적 건물에서 고종황제는 커피를 마시며 외교 사절과 연회를 즐겼다고 한다.

개명한 근대국가의 상징

덕수궁에는 여타 궁궐에 비해 많은 서양식 건축물이 지어졌는데, 이는 서구의 문물을 적극적으로 받아들여 개명한 근대국가를 건설하겠다는 고종황제의 의지가 반영된 결과다. 대표적인 덕수궁의 양관洋館으로 석조전과 중명전이 있다.

석조전은 고종황제가 침전 겸 편전으로 사용하기 위해 1900년부터 1909년에 걸쳐 지은 석조 건물이다. 기단 위에 이오니아식 기둥을 열 지어 세우고 중앙에 삼각형의 박공지붕을 얹은 서양의 신고전주의 건축 양식으로 영국인 건축가 하딩J.R. Harding에 의해 설계되었다. 건물의 앞과 동서 양면에 설치된 베란다가 특징이다.

지하층은 시종이 기거하는 방과 부속 시설이 위치했고, 돌계단을 올라 들어서게 되는 1층은 대접견실과 대기실로, 2층은 황제와 황후가 거처하는 침실 및 여러 용도의 방으로 구성되었다. 고종황제 승하 후에 경운궁이 황폐해지는 과정에서 석조전은 일본 회화미술관으로 사용되었다. 1937년에는 석조전 서관이 지어져 이왕가미술관李王家美術館으로 사용되었고, 이때 분수가 있는 현재의 서양식 정원이 조성되었다.

중명전 일대는 경운궁 확장시 가장 먼저 궁궐로 편입되었지만, 경운궁과 중명전 사이에는 이미 미국 공사관이 자리 잡은 상태여서 중명전은 별궁처럼 위치하고 있었다. 중명전은 사바틴이 설계한 2층의 붉은 벽돌 건물로 경운궁 내 최초의 서양식 건물로 알려져있다. 처음에는 수옥헌漱玉軒으로 불렸으나, 1904년 대화재로 고종이 이곳에서 임시로 기거한 뒤 중명전으로 바뀌었다. 본디 황실 도서관으로 지어졌는데, 연회장이나 외국 사절의 접견소로 사용되었다고 한다. 이 일대에는 환벽정環壁亭과 만희당晩喜堂을 비롯한 전각 10여 채가 들어서있었다고 한다.

중명전은 1905년 을사늑약이 체결되고 1907년 헤이그 만국평화회의 특사 파견이 이루어진 곳으로, 대한제국 국권 수호의 의지와 좌절의 역사가 녹아있는 현장이다.

중명전 일원의 땅은 경술국치와 함께 해체되기 시작하여 현재 예원학교 터에 해당하는 토지의 소유권은 미국 감리교 선교부, 이화학당에 넘어갔다.

구본신참의 현장

1897년 대한제국의 으뜸 궁궐이 된 경운궁은 전통 궁궐 건축의 예를 따르면서 새로운 문물을 수용하여 지어진 건축물이다. 선원전은 조선 고유의 예제를 따른 전형적인 전각으로 1900년에 완성되었다. 선원전에는 숙종을 비롯한 7위의 임금 초상화를 모셔 황실의 격을 갖추었고, 초상 때 관을 모시는 빈전과 장례 후 신위를 모시는 혼전도 있었다. 영성문 대궐永成門大闕로도 불렸던 선원전 일대는 대한제국을 상징하는 신성한 공간이었으나, 고종황제 1주기가 지난 1920년 선원전의 어진을 창덕궁으로 옮긴 후 조선은행, 식산은행, 경성일보사 등에 매각되었다.

이후 해인사의 불교중앙포교소와 경성여자공립보통학교(현 덕수초등학교 터), 경성제일공립고등여학교(구 경기여자고등학교 터)가 차례로 건축되면서 이 일대는 완전히 해체되었다. 현재 구 경기여고 터의 선원전 복원을 비롯한 덕수궁 장기 복원 계획이 수립되어 추진 중이다.

경운궁, 도시를 바꿨다

조선의 정궁이 경복궁에서 경운궁으로 바뀌었다는 사실은 단순히 역사적 사실의 변화만을 의미하지는 않는다. 경복궁 건설이 잃어버린 도시의 틀을 다시 잡는 작업이었다면, 경운궁 건설은 근대국가를 향한 도시 구조 개편의 시작이기 때문이다.

경운궁의 건설로 인해 서울의 도시 중심이 바뀌었고, 도로망은 근본적으로 재편되었다.

조선조 500년 동안 서울 도로망은 동서를 연결하는 종로와 남북의 주도로인 남대문로가 '고무래 정丁'자를 이루는 도로 체계가 근간이었다.

그러나 경운궁이 건설되면서 경복궁 서측에서 발원하여 황토현을 가로질러 청계천으로 흐르는 백운동천 위로 신교가 건설되어 경복궁에서 경운궁으로 연결되는 새로운 도로가 개설되었고, 환구단 건설과 함께 현 소공로도 개설되었다.

경복궁에서 경운궁으로 연결되는 도로의 개설은 경운궁 건설의 불가피한 결과였다. 이미 시가지화가 완료된 지역에 궁궐이 건설되었기에 궁궐 주변에 관아가 들어설 만한 대지가 없었고, 이는 자연스럽게 육조가 기존의 위치를 유지할 수밖에 없는 상황으로 이어졌다. 이를 보완하고자 새 황궁과 행정기관과의 유기적인 업무 연락을 위해 도로

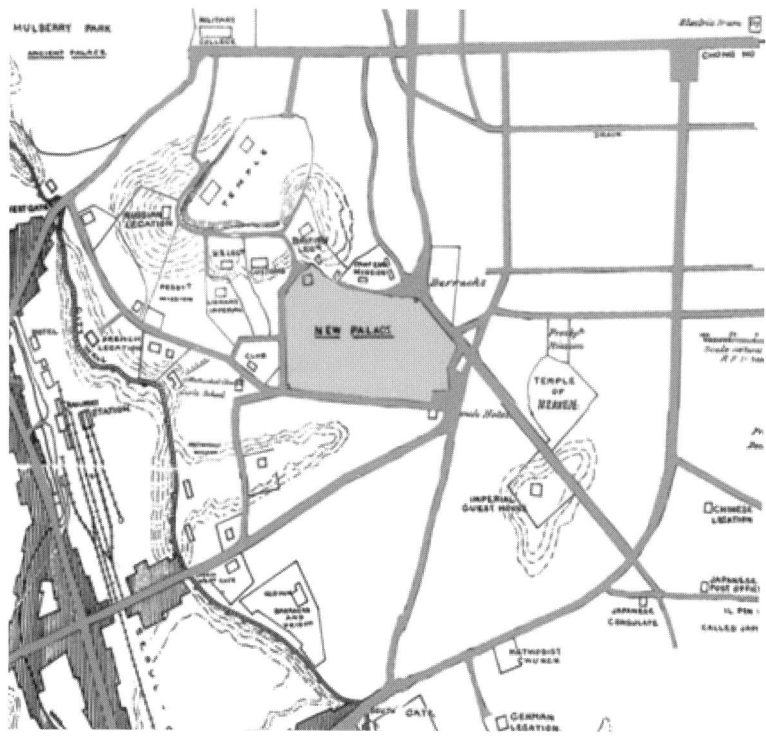

15 경운궁 건설과 도시 구조 변화.

가 개설되었고, 이것이 서울의 도시 구조를 변화시키는 결정적인 계기가 되었다.

경운궁의 건설은 도시의 중심을 재편하는 결과를 가져왔을 뿐 아니라, 근대도시가 수행해야 할 각종 도시 건축 사업을 촉진하는 결과를 가져왔다. 도시의 위생 문제와 더불어 교통 문제를 해결하기 위한 도로 개수 및 확장 사업이 1896년 9월 28일자 내부령 제9호 '한성내 도로의 폭을 규정하는 건'을 통해 시행되었고, 도성 안에는 파고다공원이, 도성 밖에는 독립공원이 만들어졌다.

특히 1896년의 독립문과 독립공원 건설이 정부의 도시 개조 사업의 일환이었다는 〈독립신문〉의 논설은, 경운궁 건설과 함께 근대국가 건설을 위한 각종 도시 개조 사업이 정부 주도로 활발하게 진행되었음을 보여준다.

경운궁, 황궁의 지위를 잃다

러일전쟁 이후 한반도에서 절대적인 힘의 우위를 확보한 일본의 압박으로부터 벗어나기 위해 1907년 헤이그에서 개최된 만국평화회의에 대한제국의 대표를 파견한 일이 빌미가 되어, 고종황제는 황제의 위에서 강제로 물러나게 되었다.

고종의 뒤를 이어 황제의 위에 오른 순종은 즉위 후 창덕궁에 거처했다. 따라서 대한제국의 황궁은 경운궁에서 창덕궁으로 바뀌었으며, 자연스럽게 경운궁의 위상은 황궁에서 선황제가 거처하는 궁으로 달라졌다.

창덕궁은 순종황제가 거처하는 황궁이 되었지만, 근대도시로 성장하는 서울에는 어떠한 영향도 미치지 못했다. 1905년 을사늑약 이후 대한제국은 사실상 식민지 상태에 놓였기 때문이다.

그러나 덕수궁은 달랐다. 비록 황궁으로서의 위상은 잃었지만, 고종이 꿈꾸었던 근대도시의 중심성을 그대로 유지하고 있었다. 고종 생존 시까지 덕수궁의 모습도 크게 변하지 않았지만, 1912년 태평로 도로개수를 위해 덕수궁의 동측 부지 1621평과 경성궁 택지 331평이 잘려나간 것을 시작으로 덕수궁의 궁역은 빠르게 해체되었다.

덕수궁의 변화는 고종의 서거와 함께 본격화되었다. 1919년 1월 21일 함녕전에서 고종이 서거한 뒤, 1920년 2월 덕수궁의 선원전에 있던

16 확장된 태평로와 덕안궁德安宮 전경. 개설된 도로변으로는 영친왕의 생모인 순헌황귀비純獻皇貴妃 엄씨를 위한 경선궁慶善宮이 세워졌는데, 1911년 엄비 사망 이후 위패를 봉안하면서 이름도 덕안궁으로 바뀌었다.

어진을 창덕궁 선원전으로 옮긴 후 영성문 안에 위치한 선원전 일대를 철거하기 시작했다. 선원전 구역은 조선은행, 식산은행, 경성일보사, 해인사 불교중앙포교소 등에 매각되었다.

1922년에는 의효전懿孝殿 터에 경성여자공립보통학교(현 덕수초등학교), 흥덕전興德殿과 흥복전興福殿 터에는 경성제일공립고등여학교(후에 경기여자고등학교)가 세워졌고, 덕수궁과 미국 대사관 사이로 도로가 개설되면서 순종황제가 즉위식을 거행했던 돈덕전敦德殿도 철거되었다.

덕수궁의 변화는 내부에서도 진행되어, 1931년 이왕직李王職에서 덕수궁의 '중앙공원' 화 계획이 발표되었고, 전각의 철거 및 석조전의 미술관으로 개조 등을 거쳐 덕수궁이 일반에 공개되었다. 또한 1938년에는 석조전 서관이 이왕가미술관으로 개관되면서 전면에 분수대를 포함한 서양식 정원이 조성되었다.

맺는말

광복 후에도 덕수궁은 과거의 위상을 찾지 못했다. 크고 작은 현대사의 중심 역할도 수행하였지만, 서울의 도시 성장과 함께 끊임없이 궁역을 위협 받았다.

　1946년 3월 20일에 미소공동위원회가, 1957년에는 산업기술전람회가 개최되는 등 각종 행사장으로 사용되었으나, 역시 궁궐 본연의 역할을 수행하지는 못했다. 급격히 심화되는 서울 도심의 교통난을 해결하기 위해 도로를 확장하는 과정에서 덕수궁의 궁역은 더욱 축소되는 수난을 겪기도 하였다.

　그러나 오늘의 덕수궁은 옛 궐내각사 터 위에 조성된 서울광장과 함께 많은 시민이 찾는 도심 궁궐이 되었다. 대한제국의 출범과 함께하며 한국 현대사의 목격자가 된 덕수궁은, 임진왜란과 대한제국기의 역사적 격변을 겪은 궁궐로 국난 극복의 상징적 공간이자 그 중심지다. 또한 전통 규범 속에서 서양 건축을 수용한 궁궐이자 주변 환경에 맞추어 건축된 도시적 건축으로 정리해볼 수 있다.

　해방의 혼란기와 동족상잔의 비극을 극복하고 오늘에 이르기까지 근대 한국의 원 공간이자 서울의 중심의 위치를 굳건히 지키고 있는 덕수궁은, 새롭게 인식되고 있는 역사 도시 서울의 가치 회복과 함께 미완으로 남았던 고종의 꿈이 실현되는 모습을 목도하고 있다.

---

[1] 김동현, 《서울의 궁궐건축》, 시공사, 2002.

[2] 김동욱, 《한국건축의 역사》, 기문당, 1998.

[3] 이민원, 《한국의 황제》, 대원사, 2001.

[4] 1824년 생으로 1862년 예방승지, 1874년 충청도 관찰사를 거쳐 1878년 예조, 형조, 이조의 판서를 역임했다. 1888년 개화자강정책의 일환으로 신설되었던 통리기무아문의 경리통리기무아문사의 업무를 담당하였으며, 기계군물함선당상의 자격으로 신무기 제조 및 군사훈련을 청나라에 의뢰하는 한편, 일본 군사시설의 시찰을 장려하기도 했다. 1896년 아관파천 직후 정부에서 주도적인 역할을 담당했고, 1897년 대한제국 수립과 함께 의정에 임명되었다.

조선 황제의
애달픈 역사를 증명하다

— 원구단의 철거와 조선호텔의 건축

박희용_ 서울시립대학교 서울학연구소 수석연구원

고종황제의 꿈과 좌절의 공간, 원구단圜丘壇

고종 시대에 조선 시대의 예속禮俗을 보완하여 다시 편찬한 《증보문헌비고增補文獻備考》 '예고禮考'의 첫 부분은 원구로 시작한다. 이전의 예전禮典에서 사직을 첫째로 하고 종묘를 그다음으로 했던 것은 과거에 원구제를 지낸 적은 있으나 그 법전이 정해지지 않았기 때문이라면서, 고종황제가 천지에 제사한 지금에 있어서는 원구제가 가장 중요한 예라고 원구단 제도를 설명한다. 즉 예로부터 원구단은 권력의 상징적 표상으로 예로부터 줄곧 인식되고 있었으나 중국 및 조선 내 신하들과의 권력관계 등에 의해 사전祀典에 기록되거나 잘 행해지지 못했다. 고종이 원구단을 쌓고 황제로 즉위한 대한제국 시대에 들어와서야 가장 중요한 예속으로 대두되었다.

　　원구단에서의 제천례祭仟禮는 과거부터 권력과 밀접한 관련을 갖는 의례였다. 물론 제천례는 농경 사회에서 가뭄에 비를 기원하는 측면도

1 대한제국 시대 원구단(오른쪽)과 황궁우(왼쪽).

있었으니, 조선 시대에는 주로 이 두 가지 측면에서 원구제의 설행과 폐지가 반복되었다. 특히 원구제가 제대로 시행되지 못한 외부 요인은 권력의 측면에서 중국과의 관계를 고려했기 때문이며, 내부 요인은 왕과 신하 간 미묘한 권력의 긴장 관계 때문이다. 앞서 권력의 상징적인 표상이라고 한 것은 이러한 의미 때문이다.

원구제는 그 성격상 통치자가 권력의 정통성을 보여줄 수 있는 가장 효과적인 의례였는데, 정치권력의 목적으로 이용될 가능성이 있었다. 왕의 입장에서는 제천례를 통해 합법적으로 권력을 강화할 수 있었으며, 반대로 신하 입장에서는 중국과의 관계를 언급하면서 왕권을 견제할 수 있었다. 부연하자면, 국가 간의 관계에 있어 중국과 대등한 입장을 내세웠던 고려에서는 원구가 오례의 대사에 속하여 시행되었던 반면, 조선 시대에 들어와서는 제후국임을 내세우면서 원구제가 오례에 포함되지 않았다. 물론 조선 초기 태조와 태종, 세종 시기에 원구제를 시행했지만 이는 주로 기우의 목적으로 행한 것이다. 세조 시기 왕권의 '정통'성을 과시하기 위해 원구제를 시행했지만 이후 지속직으로 실행되지는 않았다. 그러나 이러한 기록의 이면에는 결국 원구제가 권력의 존엄함을 과시하는 표상이라는 의미가 잠재되어있다. 결국 왕은 통치자로서의 권력을 과시하고자, 신하들은 왕의 권력을 견제하고자 하는 긴장 관계가 항상 내재되어있었다.

이러한 권력의 상징이자 표상인 원구단에서 황제 즉위 의례를 통해 조선을 대한제국이라는 황제국으로 격상시킨 사람이 바로 고종이다. 비록 1897년 10월 12일부터 1910년 8월 29일까지의 짧은 기간이었지만, 중국의 속국이라는 이미지에서 벗어나 황제국으로 격상되었고, 이 기간에 많은 근대화의 기틀이 만들어졌으며, 또한 이 격동의 시대를 반영하는 많은 건축물도 세워졌다.

그 가운데 원구단은 고종이 황제국의 꿈과 이상을 표현했던 결정체라 할 수 있다. 비록 1907년 헤이그 특사를 계기로 일본의 식민 권력에 의해 황제위에서 강제 퇴위당하면서 고종이 펼치려 한 대한제국의 꿈과 이상이 좌절되어 조용히 역사의 뒤편으로 사라지게 되었지만, 그 흔적은 현재 서울 소공동 웨스틴조선호텔 뒤편에 남아 여전히 당시의 역사를 증명하고 있다.

원구단인가, 환구단인가

현재 웨스틴조선호텔 뒤편에 홀로 외롭게 서있는 팔각정인 황궁우皇穹宇 주변에는 이곳이 대한제국 시대 고종이 황제로 등극했음을 알린 '환구단圜丘壇'이었다는 팻말이 붙어있다. 이 명칭은 기존에 여러 사람에 의해 '환구단圜丘壇', '원구단圜丘壇', '원구단圓丘壇' 등으로 불리었으나 최근 '문화재청고시제2005-81호'를 통해 '환구단圜丘壇'으로 결정되었다. 그 결정 사유는 1897년 10월 12일자 〈독립신문〉의 기록을 존중하여 한자와 한글 독음을 그에 따른다는 것이었다. 비록 명칭이 문화재 자체가 지닌 역사적 가치와 의미를 바꾸지는 못하겠지만, 그래도 그 문화재에 알맞은 제대로 된 이름을 붙여주어야 그 가치와 의미를 더욱 잘 전달해줄 수 있을 것이다. 이러한 점에서 '환구단'은 '원구단'으로 고쳐 명명되어야한다고 본다. 그 근거는 여러 곳에서 찾을 수 있다.

우선 한자 사전을 보면 '圜'은 첫째 두를 환, 에울 환, 둘째 둥글 원으로 풀이된다. 그리고 둥글 원에서 '圓' 자와 같은 의미라고 설명한다. 이것을 보면 '圜丘壇'의 '圜'은 '두른다'가 아니라 '둥글다'는 뜻을 나타내므로 '원'으로 발음해야 맞다. 또한 가장 오래된 자전字典이라 할 수 있는 《설문해자說文解字》에 의하면, "'圜'이란 천체를 말하는 것으로 囗는 의미 부분이고 睘은 소리 부분으로 설명하고, 圓은 완전한 천

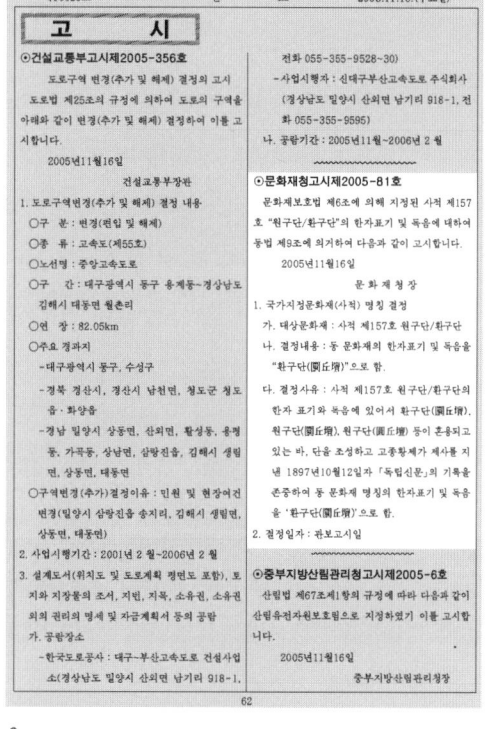

2 2005년 11월 16일 〈관보〉에 실린 문화재청고시제2005-81호에 따라 '환구단'이라는 명칭으로 결정되었다.

체(圜)와 같은 것으로 囗은 의미 부분이고 員은 소리 부분으로 설명하면서 員으로 읽는다. 圜 天體也 從囗睘聲 王權切, 圓 圜全也 從囗員聲 讀若員 王問切"라고 기록되어있다. 즉 천체를 지칭하는 '圜'은 '圓'과 같은 의미로 '원'으로 읽어야 함을 설명한다.

중국에도 천단이 있는데 여기서 '圜丘壇'은 '위안치우탄yuanqiutan' 즉 '원구단'이라는 독음에 가깝게 발음된다. 아울러 '둥글다'는 뜻의 '원'은 고사 '천원지방(天圓地方 : 하늘은 둥글고 땅은 네모지다)'에서처럼 하

늘과 관련된 의미로 쓰일 때 '원'으로 발음되는 편이 자연스럽다. 〈독립신문〉 논설에 '환구단'이라는 용어가 사용된 것은 사실이지만 그와 함께 '원구'라는 용어도 쓰이고 있고(〈독립신문〉 1897년 10월 7일), '원구단'이라는 용어도 여러 곳에서 쓰였다. 〈독립신문〉에서 '환구단'은 1897년부터 1899년 5월 무렵까지 주로 쓰였고, '원구단'은 1899년 7월 7일 잡보에서부터 10월 4일 2면 관보, 10월 26일 관보, 11월 3일 2면 관보 등에서 쓰이고 있어, 당시 원구단의 명칭이 여러 곳에서 제각기였음을 알 수 있다. 그런 상황에서 〈독립신문〉의 일부 내용을 존중하여 문화재의 명칭을 결정해버린 일은 잘못되었다고 생각된다.

한편 당시 사람들은 원구단을 '황단', 또는 '원단'이라고도 불렀다. 그것은 세 글자 이름을 두 자로 줄여 쓰는 것으로, 긴 말을 짧게 줄여 말하는 요즈음의 현상과 같은 이치이다. 예를 들어 운현궁을 운궁, 도산서원을 도원이라 부르는 것과 같다.

황제의 공간, 원구단 창건과 대한제국

대한제국이 시작된 1897년 무렵은 국내외적으로 급변하는 사회 상황 속에서 왕권을 존속시켜 나가야 하는 어려운 시기였다. 당시의 왕권은 절대군주 한 사람만을 위한 권력이 아닌 국가 전체의 안녕과 직결되는 문제였다. 왕의 위태로움은 곧 국가의 위태로움이었던 것이다.

이러한 어려움 속에서 1895년 10월 8일(음력 8월 20일) 고종의 왕비였던 민왕후가 일본인들의 무력에 시해되는 사건(을미사변)을 맞게 되고, 결국 고종은 자신과 왕세자의 안전을 위해 1896년 2월 11일 러시아 공사관으로 몸을 피해 약 1년간 머물게 된다. 이를 역사에서는 흔히 아관파천이라고 부른다.

러시아 공사관으로 거처를 옮긴 고종은 많은 조치를 실행하는데, 그중 하나가 도성인 한양의 공간 구조 개혁이었다. 이에 경복궁과 창덕궁을 중심으로 한 과거의 공간 구조가 경운궁(현재 덕수궁)을 중심으로 한 공간 구조로 바뀌게 된다. 이것은 경운궁慶運宮을 중심으로 한 도로 체계를 구성하여 황제의 도시다운 도심 구조를 만들려 한 야심찬 계획

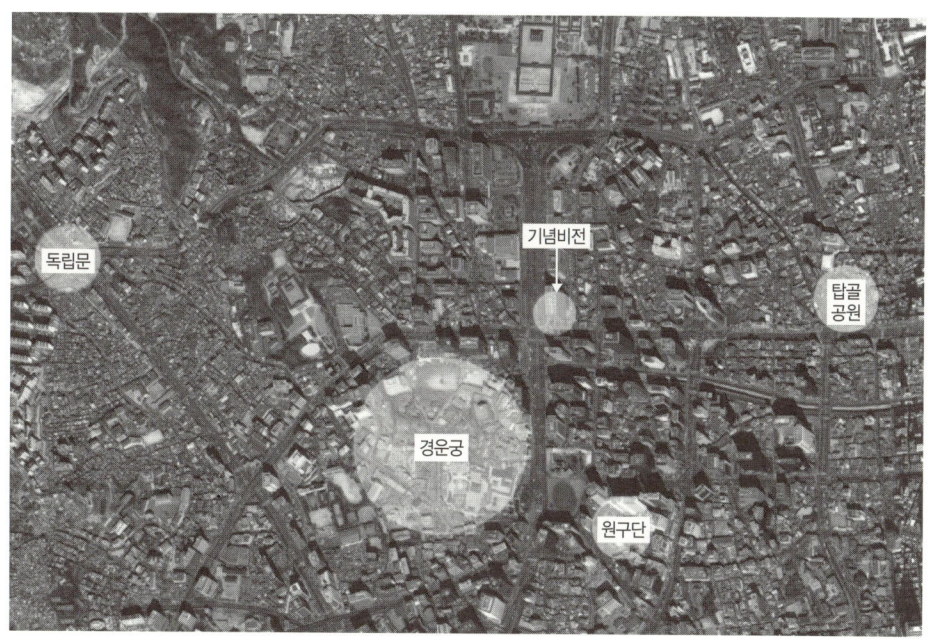

3 경운궁 중심의 공간 구조.
대한제국 시기 황도의 구성은 경운궁을 중심으로 한 도로망 구조, 중국 사신을 맞이하던 영은문에 신축한 독립문, 고종황제의 망육순을 기념하는 전각, 민의의 표출 장소로 조성된 탑골공원, 그리고 하늘에 제사를 드리는 제천단인 원구단의 조성 등에서 복합적으로 드러난다. 그리고 이들 건축물은 경운궁을 중심으로 주변 공간에 위치함으로써 경복궁을 중심으로 구성했던 도성 중심을 옮겨두도록 만들었다. 또한 그동안 미뤄왔던 민왕후의 장례를 명성황후로 격상하여 대규모로 치르게 된다. 그 중심 공간은 마찬가지로 경운궁을 중심으로 한 공간이었다.

이었다. 경운궁을 중심으로 한 도심 구조의 장점은 이 지역이 지닌 장소적 특성에서 찾을 수 있다. 당시 이곳은 각국 공사관과 영사관이 들어선 지역이었다. 고종은 당시 외국 세력 간의 권력관계를 절묘하게 이용했다. 이들이 집중된 곳에 거처를 정함으로써 황실의 안전을 꾀하고 더불어 이들에게 조선이 처한 현실을 효과적으로 알릴 수 있었다. 또한 조선 시대 이래로 남별궁 지역에 대한 역사적 중요성도 작용한 것으로 보인다.

이러한 계획은 고종이 1년여간의 러시아 공사관 생활을 마치고 경운궁으로 돌아오면서 곧바로 실행되었다. 그 대표적인 예가 1897년 대한제국의 수립과 원구단의 창건을 통한 황제의 등극이었다. 이것은 독립국으로서의 대내외적인 선포이기도 했다.

이처럼 고종은 경운궁으로 돌아온 이후 기존의 사회 공간 질서를 혁신하고 아울러 자신도 황제로 등극하여 황제국으로서의 변화를 주도하게 된다. 이러한 변화의 중심에 원구단이 있었으며 대한제국의 본격적인 역사가 이로부터 시작된다.

원구단이 들어선 소공동小公洞의 이름은 조선 초기 태종이 둘째딸 경정공주慶貞公主의 남편인 평양부원군 조대림趙大臨에게 이 땅을 준 뒤부터 속칭 작은 공주골, 한자로 소공주동이라 부른 데서 연유한다. 이후 선조 때는 의안군 이성李珹의 제택이 되어 남별궁南別宮으로 불렀다. 임진왜란 이후 중국 사신들이 이곳에 머물게 되었으며, 그 주변으로 중국인 거주지도 자연스럽게 형성된 것으로 보인다. 또한 이 지역은 조선 초기 한성부의 행정구역을 정할 때 남부 호현방好賢坊으로 지칭되었으며, 일제강점기인 1914년 무렵에는 하세가와마치長谷川町로 불리기도 했다. 《고종실록》(고종 34년 10월 1일)의 기록을 보면 원구단은 남서

4 경운궁과 원구단의 입지와 장소성(1903년 무렵 성곽도시 서울의 모습).

南署 회현방會賢坊 소공동계小公洞契에 해좌사향亥坐巳向으로 입지했다고 되어있다. 아울러 당시 원구단은 언덕에 위치하여 저층 건물로 구성된 도시 경관 속에서 시각적으로 돋보이는 장소성도 가지고 있었다.

원구단은 광무 원년인 1897년 10월 2일에 건립되기 시작한다. 공사는 빨리 진척되어 열흘 뒤인 12일에 완성된다. 공사의 규모로 보아 미리 공사를 준비했으리라 본다. 이는 이전부터 왕의 권력의 상징인 원구제를 복원하려 했던 데서 확인할 수 있다. 고종 2년인 1865년 11월 11일 예조판서 김병국의 상소에 원구제를 다시 지내자는 의견이 나오며, 갑오개혁 당시인 1895년 1월 14일 사전개혁안에는 원구가 대사에 포함되어있다. 또한 같은 해 윤5월 20일 원구건축청의서가 내각에 제출되는데, 여기에는 원구단에서 제사를 할 수 있게 옛 남교南郊에 있던 남단南壇을 축소하자는 내용이 있다. 당시 남단은 목멱산 남쪽에 풍운뇌우, 산천 성황의 신을 모신 단을 지칭하며, 정조 시대에는 이 남단을 원구단으로 이해하기도 하였다(《정조실록》 10년 8월 8일 기사). 여기서 내각에 제출된 개략적인 내용을 보면 첫째, 남문 밖의 남단으로 원구를 만들고, 둘째, 단의 주위를 돌로 쌓고 그 직경과 높이는 편의에 따르며, 셋째, 단의 담장은 폐지하고 수목으로 대신하며, 넷째, 홍살문을 세우는 옛 제도는 하지 않는다고 되어있다. 1896년 11월 15일자 세입세출예산표에 원구제사 및 수리비 항목으로 예산 940원이 책정되고, 같은 해 12월 20일 동짓날에 섭행攝行으로 남단에서 원구제가 거행되었다. 당시는 고종이 러시아 공사관에 피신해있을 때이므로, 고종은 아관파천 이후 왕권과 국가 질서의 회복에 큰 고심과 노력을 꾀하고 있었음을 알 수 있다.

고종은 아관파천을 마치고 경운궁으로 환궁한 후 1897년 8월 16일 국가 연호를 건양建陽에서 광무光武로 바꾸고, 10월 2일 황제의 즉위식을 거행할 원구단을 옛 남별궁터에 새롭게 조성하기 시작한다. 따라서 남교에 있던 남단은 폐지하고 이름을 고쳐 산천단이라 하였다(《증보문헌

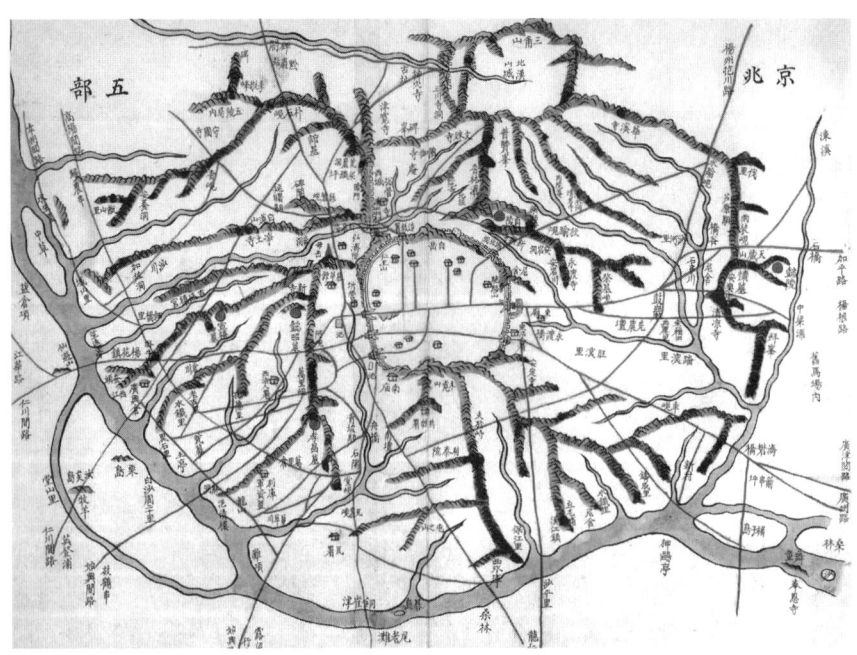

5 〈동여도東輿圖〉 중 〈경조오부도京兆五部圖〉.
성곽으로 둘러싸인 도성의 남쪽에 목멱산이 있고 그 능선이 남쪽으로 이어지다 전생서典牲署에서 갈라지는데, 그 서쪽 능선 끝에 남단이 표시되어있다.

비고》 '예고' 1). 같은 해 10월 12일 고종은 드디어 이곳에서 황제 즉위식을 거행하고 이튿날 국호를 대한으로 정해 조서로 선포한다. 이에 따라 고종이 머물던 경운궁은 황제가 거처하는 황궁으로 격상되고, 주변 다른 국가들도 경운궁을 황궁 또는 황궐로 부르게 되었다. 조선 후기 학자 김윤식의 일기인 《속음청사續陰晴史》의 '원구단제圜丘壇祭'는 황제의 즉위식을 다음과 같이 기록했다.

> 아침에 비가 오다가 개고 다시 저녁에 비가 내렸다. 금일 자각(오후 11시에서 새벽 1시 사이)에 대가가 남별궁 원구단에 도착하였는데 단은 3층이다. 축각(오전 1시에서 3시 사이)에 하늘과 땅에 제사하고, 인각(오전 3시에서 5시 사이)에 황제위에 오른 후 환궁하였다. 황후, 황태자를 차례로 책봉하였다.
>
> 朝雨晚晴 夕又雨 今日子刻 大駕詣南別圜丘壇 壇三級 丑刻祭天地 寅刻卽皇帝位 還宮 皇后皇太子次第册封云

당시 원구단의 규모와 형태에 대해서는 1897년 10월 12일 〈독립신문〉에 비교적 자세하게 기록되어있다. 그 내용은 다음과 같다.

> 이전 남별궁 터에 단을 만들었는데 이름은 환구단圜丘壇이라고도 하고 황단皇壇이라고도 하는데, 역군과 장사 천여 명이 한 달이 못 되어 이 단을 거의 다 건축을 하였는데, 단은 삼층으로 맨 아래 층은 장광이 영조척으로 144척 가량인데 둥글게 돌로 석 자 높이를 쌓았고, 이층은 장광이 72척인데 밑층과 같이 돌로 석 자 높이를 쌓았고, 맨 위층은 장광이 36척인데 석 자 높이를 돌로 둥글게 쌓

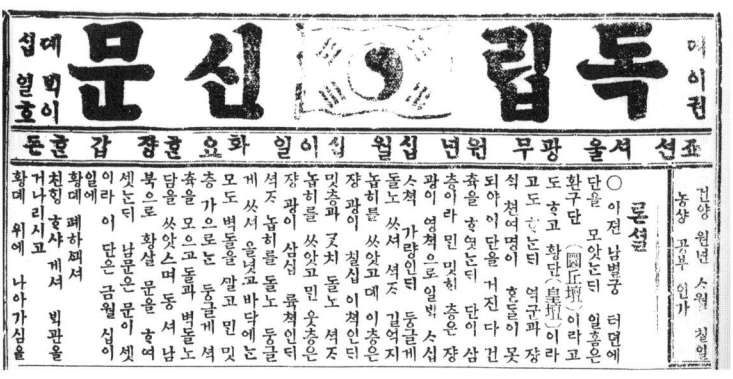

6 1897년 10월 12일 《독립신문》(부분).

아올렸고, 바닥에는 모두 벽돌을 깔고 맨 아래층 주위로는 둥글게 석축을 만들고 돌과 벽돌로 담을 쌓았으며, 동서남북으로 황살문을 해서 세웠는데 남문은 문이 셋이다.

이를 토대로 창건 당시 단의 규모와 형태를 추론해보면, 먼저 1층은 지름이 영조척으로 144척이고, 2층은 72척, 3층은 36척이며, 높이는 석 자로 동일하게 구성되었음을 알 수 있다. 또한 단의 모양은 원형이며, 바닥은 모두 벽돌로 깔았고, 단 주변은 돌과 벽돌을 이용하여 원형으로 담장을 둘렀으며 여기에 동서남북 사방으로 황살문을 세웠다. 영조척은 미터법으로 환산하면 대략 30.3㎝이며, 이것을 적용해보면 1층은 지름이 43.632m, 2층은 21.816m, 3층은 10.908m이고, 높이는 0.909m로 전체 높이는 2.727m가 된다. 당시 국가의 재정 상태와 사회적 상황 등을 종합해볼 때 이 정도 상징적인 국가시설물의 건립은 상당한 의미를 갖는 일임에 틀림없다. 또한 건립 위치가 황궁인 경운궁과 인접한 도성의 안쪽 중심이라는 점에서 공간 구조상 획기적인 변화였다. 이전의 제천과 관련된 장소는 남교라는 도성 밖 공간이었고 이것은 과거로부터의 전례典禮였는데, 제천단인 원구단을 황제가 거처하

⁷ 원구단 건립 장면.
미 육군 통신대US. Army Signal Corps의 자료 사진으로, 황궁우가 없는 것으로 보아 최초로 원구단을 만들고 있는 모습으로 추정된다. 사진 뒷면에는 'Imperial Round Hill'이라 적혀있으며, 원구단 아래로 많은 초가와 기와집이 보인다. 중요한 점은 애초부터 원구단 정상부에 황막이라는 시설물이 있었을 것으로 추정된다는 사실이다.

는 궁 바로 앞에 세운 조치는 매우 이례적이었다. 이처럼 원구단은 건축물로서의 구성뿐만 아니라 위치에 있어서도 시대의 상징성을 압축적으로 잘 표상한 건축물이었다.

원구단 위에는 여러 신위를 배치하였는데, 《고종대례의궤》(규장각본)를 보면 황천상제皇天上帝와 황지기皇地祇의 위판을 정위正位로 하고, 대명지신, 야명지신 등 14종류의 신을 종향從享하도록 하고 있다. 또한 위판의 규격과 글씨를 쓰는 것에 대한 방법도 규정하고 있는데, 위판의 규격은 길이가 2척 5촌, 너비 5촌, 두께 1촌에 받침대跌는 높이 5척으로 되어있다. 아울러 황천상제와 황지기의 위판은 황색 바탕에 금색으로 글자를 새기고, 14개의 종향 위패는 적색 바탕에 금색으로 글자

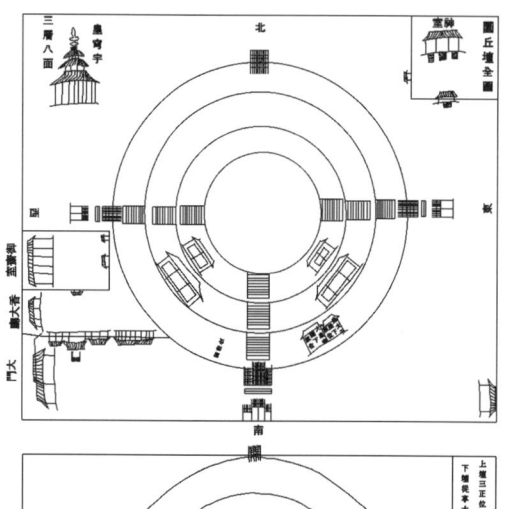

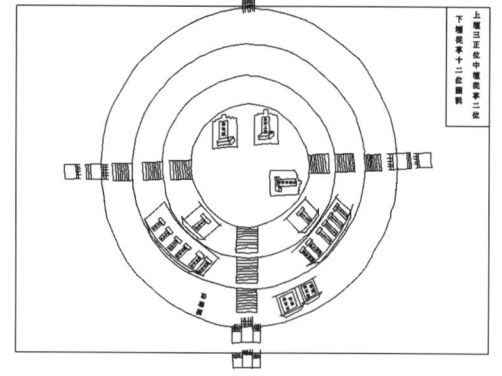

8, 9 원구단사제서의궤 도설(필자 재작성).
원구단 정상부로부터 서쪽으로 황지기, 다음 층에 야명지신夜明之神, 1층에 풍백風伯, 운사雲師, 뢰사雷師, 우사雨師, 오진五鎭, 사독四瀆이 배설되고, 담장 안으로 망료위望燎位가 설치된다. 동쪽으로는 정상부에 황천상제, 다음 층에 대명지신大明之神, 1층에 목화토금수지신木火土金水之神, 북두칠성北斗七星, 이십팔숙二十八宿, 주천성진周天星辰, 오악지신五嶽之神, 사해지신四海之神이 배설되고, 담장 안에 태황제판위太皇帝板位, 황태자판위皇太子板位가 위치한다.

를 새기도록 하고 있다. 이후 1899년 원구단 제사 때는 단의 배치에 태조고황제가 추가로 배향된다. 이러한 단의 배치 구성에 대한 기록은 《원구단사제서의궤圜丘壇祀祭署儀軌》 본서의궤本署儀軌(한국은행 소장본)에 자세하게 기록되어있다. 그리고 의궤에는 단 위에 동서무東西廡가 표현되어있고, 황궁우皇穹宇와 신실神室, 향대청香大廳, 어재실御齋室 등 부속 시설물이 그려져있어 당시 원구단의 건물 구성을 추정할 수 있다.

아울러 당시 원구단에서의 즉위 의례 상황, 경운궁에서 원구단까지 가는 길 주변의 모습과 날씨, 원구단에서의 친행 시간 등은 〈독립신문〉에 잘 묘사되어있다. 1897년 10월 14일자 〈독립신문〉의 기사 전문은

10 〈독립신문〉 1897년 10월 12일.
11, 12 〈독립신문〉 1897년 10월 14일.

다음과 같다.

> 광무 원년 시월 십이일은 조선 사기에 몇 만 년을 지나더라도 제일 빛나고 영화로운 날이 될지다. 조선이 몇 천 년을 왕궁으로 지내며 가끔 청국에 속하여 속국 대접을 받고 청국의 종이 되어 지낸 때가 많이 있더니 하느님이 도와 조선을 자주독립국으로 만들어 이 달 십이일에 대군주 폐하께서 조선 사기 이후 처음으로 대황제 위에 나아가시고 그날부터 조선이 다만 자주독립국뿐이 아니라 자주독립한 대황제국이 되었으니 나라가 이렇게 영광이 된 것을 어찌 조선 인민이 되어 하느님을 대하여 감격한 생각이 아니 나리요. 금월 십일일과 십이일에 행한 예식이 조선 고금 사기에 처음으로 빛나는 일인즉 우리 신문에 대개 긴요한 조목을 기재하여 몇 만 년 후라도 후생들이 이 경축하고 영광스러운 사적을 넓게 하노라 십일일 오후 두시 반에 경운궁에서 시작하여 환구단까지 길가 좌우로 각 대대 군사들이 정제하게 섰으며 순검들도 몇 백 명이 틈틈이 정

조선 황제의 애달픈 역사를 증명하다 61

제히 벌여 서서 황국의 위엄을 나타내며 좌우로 휘장을 쳐 잡인 왕래를 금하고 조선 옛적에 쓰던 의장등물을 고쳐 누른 빛으로 새로 만들어 호위하게 하였으며 시위대 군사들이 어가를 호위하고 지나는데 위엄이 장하고 총 끝에 꽂힌 창들이 석양에 빛나더라. 육군 장관들은 금수 놓은 모자들과 복장들을 입고 은빛 같은 군도들을 금줄로 허리에 찼으며 또 그중에 옛적 풍속으로 조선 군복 입은 관원들도 더러 있으며 금관조복한 관인들도 많이 있더라. 어가 앞에는 대황제 폐하의 태극 국기가 먼저 가고 대황제 폐하께서는 황룡포에 면류관을 쓰시고 금으로 채색한 연을 타시고 그 후에 황태자 전하께서도 홍룡포를 입으시고 면류관을 쓰시며 붉은 연을 타시고 지나시더라. 어가가 환구단에 이르자 제향에 쓸 각색 물건을 친히 감하신 후에 도로 오후 네시쯤 하여 환어하셨다가 십이일 오전 두시에 다시 위의를 베푸시고 황단에 임해서 하느님께 제사하시고 황제 위에 나아가심을 고하시고 오전 네시 반에 환어하셨으며 동일 정오 십이시에 만조백관이 예복을 갖추고 경운궁에 나아가 대황제 폐하께와 황태후 폐하께와 황태자 전하께와 황태비 전하께 크게 하례를 올리며 백관이 즐거워들 하더라. 십일일 밤에 장안 안사사집과 각전에서는 색등들을 밝게 달아 장안 길들이 낮과 같이 밝으며 가을 달이 또한 밝은 빛을 검정 구름 틈으로 내려 비치더라. 집집마다 태극 국기를 높이 걸어 인민의 애국지심을 표하며 각 대대 병정들과 각처 순검들이 규칙 있고 예절 있게 파수하여 분란하고 비상한 일이 없이 하며 길에 다니는 사람들도 얼굴에 즐거운 빛이 나타나더라. 십이일 새벽에 공교히 비가 와서 의복들이 젖고 찬 기운이 성하였으나 국가에 경사로움을 즐거워하는 마음이 다 중한 고로 여간

젖은 옷과 추움을 생각지들 아니하고 정제하게 사람마다 당한 직무를 착실히들 하더라. 십삼일에 대황제 폐하께서 각국 사신을 청하여 황제 위에 나아가심을 선고하시고 각국 사신들이 다 하례를 올리더라. 이왕 신문에도 한 말이거니와 세계에 조선 대황제 폐하보다 더 높은 임금이 없고 조선 신민보다 더 높은 신민이 세계에 없으니 조선 신민들이 되어 지금부터 더 열심으로 나라 위엄과 권리와 영광과 명예를 더 아끼고 더 돋우어 세계에 제 일등국 대접을 받을 도리들을 하는 것이 대황제 폐하를 위하여 정성 있는 것을 보이는 것이요 동포 형제에게 정의 있는 것을 나타내는 것이며 세계에 나선 장부의 사업이라. 구습과 잡심을 다들 버리고 문명진보하는 애국애민하는 의리를 밝히는 백성들이 관민 간에 다 되기를 우리는 간절히 비노라.

원구단을 건립한 뒤 곧바로 단의 북쪽에 황궁우를 만들게 된다. 이 건물은 광무 2년(1898) 9월 3일(음력 7월 18일) 공사를 시작하여 광무 3년 무렵 완공된 것으로 보인다. 《경성부사》(1권 657쪽)에 광무 3년 원구단의 북쪽에 황궁우를 건립하여 제신의 위판을 봉안했다는 기록이 이를 뒷받침한다. 또한 《증보문헌비고》 '예고'의 원구단 제도에도 고종 3년 황궁우를 원구단 북쪽에 세워 신위판을 봉안하고, 동년 태조대왕을 추존하여 태조고황제를 삼아 배천하여 원구단에 배향했다고 기록되어있다. 한편 〈조선일보〉 1981년 2월 15일자는 황궁우 상량문이 해체 복원 도중 발견되었다고 보도했으며, 여기에는 상량일자를 광무 2년 7월 30일(음력) 미시未時로 적고

13 〈조선일보〉 1981년 2월 15일 6면 기사.

14, 15, 16 현재의 황궁우 외부와 내부 모습.
외부는 팔각형으로 2층의 구조인데 차양이
달려있어 마치 3층 건물처럼 보인다. 내부의
위패는 2006년에 새로 만들어 모셨다.

있다. 따라서 광무 2년 7월 18일(음력)에 공사를 시작해 불과 10여일 만에 상량식을 한 것으로 미루어, 원구단과 마찬가지로 아주 빠른 속도로 공사가 진행되었음을 알 수 있다. 그러나 전체적인 완성 시점은 광무 3년경으로 볼 수 있는데, 상량식에서 완공까지 오랜 시간이 소요된 원인은 확실하지 않다. 다만 재정과 건축 자재의 수급 상황이 좋지 않았기 때문으로 추측해 볼 뿐이다.

현재는 찾아볼 수 없지만, 당시 황궁우 남측의 동서 양편에는 동서무가 있었다. 언제 없어졌는지는 확실치 않으나 1913년 철도호텔이 건립되면서 동서무가 훼철된 것으로 추정된다. 그리고 이 무렵 황궁우를 에워쌌던 원형 담장도 철거되면서 원구단 각층 단 위에 둘러진 돌난간으로 현재와 같은 모습이 구성된 것으로 보인다.

17, 18 황궁우와 동서무.
황궁우 남쪽으로 동서무가 있고, 원구단과 황궁우 사이에 삼문三門이 보인다. 원구단은 원형의 담장과 그 외부에 다시 방형의 담장이 구성되어있고, 황궁우 영역도 삼문을 경계로 담장이 구성되고 있는 점이 확인된다. 현재 삼문은 지붕에 아무런 장식도 없으나 예전에는 지붕에 취두鷲頭로 보이는 장식들이 올려져있었음도 알 수 있다.

　　황궁우 동서무는 정확하게 언제 만들어졌는지 확인되지 않는다. 다만 1900년 4월 27일 궁내부에서 탁지부로, 다시 같은 해 5월 25일 탁지부에서 의정부로 올린 문서에 황궁우 동서무와 어재실 및 행각 등 부속 시설물의 건립 비용을 요구한 내용이 있는 것을 볼 때, 황궁우 건립과 함께 공사 추진 계획이 있었으리라 짐작된다. 아울러 1904년 4월 5일 의정부에서 탁지부로 보낸 문서에 공사비 부족액에 대해 승인하는 기록이 있어 완성된 시기는 좀 늦어진 듯하다. 그러나 이때 황궁우는 1차적으로 완성되었고 단지 부분적인 공사를 남겨두었던 것으로 보인다. 그것은 1899년 황궁우가 완성되었다는 《경성부사》의 기록, 그리고 사라진 황궁우 상량문의 1898년에 상량했다는 기록에서 알 수 있다. 공사 비용 항목 중 석물石物에 대한 비용이 큰 비중을 차지한 점으로 미루어, 잔여 공사는 황궁우 주변의 담장과 기단에 대한 것이었을 가능성이 높다. 이는 석공사에 대한 비용을 먼저 지출하자는 5월 25일 문서의 내용으로 보아도 설득력이 있다. 결국 황궁우 영역은 한 번에 완성된 것이 아니라, 오랜 기간 단계적으로 공사가 진행되었음을 알 수 있다.

한편 원구단이 건립되기 이전부터 대한제국의 건설과 이에 수반되는 황제 즉위식 등 정국에 대한 구상은 고종의 머릿속에 이미 짜여있었다. 그것은 아관파천 이후 일련의 도로 정비 및 경운궁 등의 건설공사에서 확인된다. 대한제국 시대 역사를 기록한 황현黃玹의 《매천야록梅泉野錄》에 따르면, 고종이 황제가 된 후에 민왕후를 황후의 예로 장례하기 위해 장례 시기도 지연시켰으며, 경운궁 토목공사를 날마다 벌여 그 경관이 양궐(경복궁과 창덕궁)보다 화려했다고 한다. 당시 고종의 정국 운영 전략을 엿볼 수 있는 대목이다.

특히 원구단에 관한 사항은 사례소(史禮所, 1897년 6월 3일~1898년 10월)에서 황제국의 위상에 맞게 정비된 국가전례를 담아 편찬한 《대한예전大韓禮典》을 통해서도 알 수 있다. 이 예전은 대한제국의 창건과 동시에 과거의 예제를 고쳐 독립 제국에 맞도록 제정하고 시행하기 위해 만든 것으로 총 10책으로 구성되었고 여기에 원구단과 관련된 도설이 실려있다. 이 도설에 그려진 모습 그대로 건립되지는 않았지만 실제 지어진 원구단과 상당 부분 유사하고, 원구단이 건립된 시기와 거의 비슷한 무렵에 제작되었다는 점에서 원구단 건립에 기초 자료로 활용되었음을 짐작할 수 있다. 또한 건축물의 기본설계는 건물을 조성하기 전에 미리 세워두는 것이 일반적이므로, 이전부터 원구단의 배치와 건물 형태, 재료, 기타 준비 사항에 대한 초안은 이미 마련되었을 것이다.

원구단의 주요 부분이 대체적으로 완성된 뒤 주변 가옥의 정비 등 추가적인 공사가 계속 진행되는 중에, 원구단은 1901년 무렵 새롭게 중수되기 시작한다. 1901년 12월 9일 궁내부가 탁지부로 올린 문서에 원구단 중수 비용에 대한 언급이 있어 이를 알 수 있다. 여기에는 원구단 3층 석물의 규모와 비용, 우이동과 창의문 밖에서의 재료 반입, 각

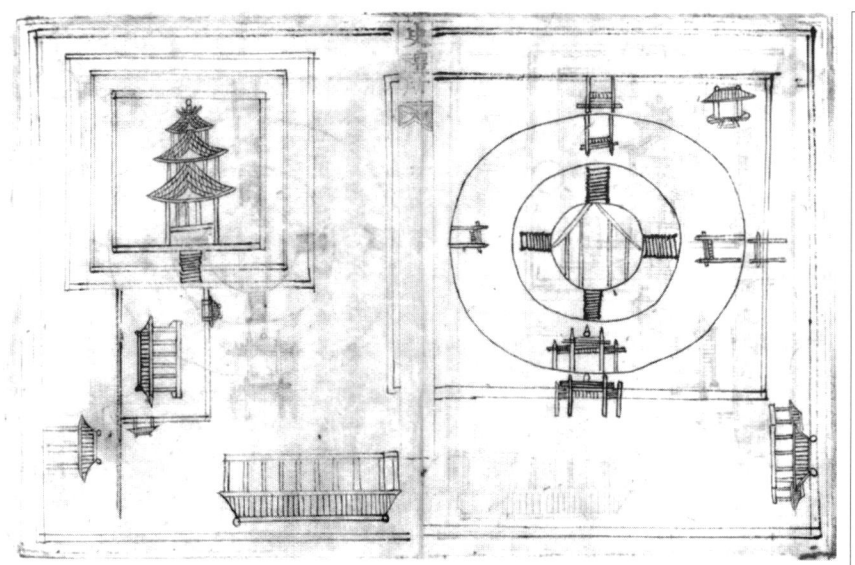

19, 20 《대한예전》의 원구단 도설.
도설에는 황궁우 동서무와 원구단 위의 동서무가 그려져있지 않으나 원구단 정상에 지붕이 있는 구조물이 그려져있다. 이것은 실제 황막이라는 시설물로 세워졌다.
"역대 전례에 원구단은 모두 남교에 있었는데, 본조는 황성 안 회현방 경운궁의 동쪽에 있는 것을 모범으로 삼았다. 다만 그 예만을 취하고 그 자취에 대해서는 구애되지 않았다. 따라서 교라 하지 않고 원구라 한 것이다. 대개 시제로서 마땅하게 하려는 뜻이다."

공사에 대한 비용 등을 상세하게 기록하고 있다. 특히 눈에 띄는 부분은 '舊壇撤毀都給錢二百四十兩(구단철훼도급전이백사십냥)'이라는 내용으로, 애초의 단을 허물고 다시 단을 조성했음을 알 수 있다. 한편 각층의 규모를 척수로 기록하여 중수 당시 단의 규모를 추정할 수 있다. 원구단 중수 시 3층 석물의 규모에 대한 사항은 다음과 같다.

圜丘壇三層石物 下層下正址臺三百四十九尺二寸 中層下正址臺二百三十四尺 上層下正址臺一百十八尺 下層廳板石三百四十七尺五寸 中層廳板石二百二十兩尺 寸 上層廳板石 百二尺六寸 下層上正址臺三百四十九尺二寸 中層上正址臺二百三十四尺 上層上正址臺一百十八尺

여기서 각층의 바닥 크기에 대한 추론을 통해 중수 당시의 규모를 가늠해볼 수 있다. 먼저 1층은 349척 2촌, 2층은 234척, 3층은 118척이다. 이는 길이의 단위로, 단은 원형이기에 원둘레를 말한다. 즉, 1층은 원둘레($2\pi r$)가 349척 2촌이니 지름(r)은 111.21척이 되고, 같은 방법으로 2층은 지름이 74.52척, 3층은 37.58척이 된다. 따라서 1층은 지름이 33.697미터, 2층은 22.58미터, 3층은 11.387미터로 환산된다. 애초의 단과 비교해보면, 1층의 크기만 약 10미터정도 줄어들었을 뿐 2층과 3층의 크기는 거의 비슷하다. 따라서 중수 시 단은 1층의 크기만 조절하여 다시 구성한 듯하다.

아울러 중수 시 공사 항목에 3층 난간석과 황궁우 삼문 외 난간이 있는 것으로 보아 당시 원구단의 난간과 황궁우 삼문의 공사도 있었으리라 여겨진다. 다만 애초에 있던 것을 다시 고쳐 세웠는지에 대한 의문은 있으나, 공사 항목과 공사 당시 사진을 고려해보면 이는 중수 시

21, 22, 23 중수 무렵 원구단과 황궁우 삼문의 모습.
왼쪽 위의 사진은 원구단의 공사가 진행 중인 모습으로 추측되는데, 여기에서 원구단 단상의 난간과 황궁우 앞 삼문이 설치되지 않았다. 따라서 원구단의 난간과 황궁우 삼문은 중수 시 새로이 설치된 것으로 짐작된다. 아울러 황궁우 삼문 앞에는 해시계인 앙부일구가 있었다.

새로이 만들어졌다고 볼 수 있다. 또한 황궁우 삼문 남쪽에는 천문 관측 기구이자 해시계인 앙부일구仰釜日晷가 설치되었던 것으로 보인다. 현재 해시계는 황궁우 영역의 서쪽 빈터에 영문도 모른 채 놓여있다.

이상의 내용을 토대로 애초의 원구단과 중수된 원구단 규모를 기록을 통해 비교해보면 〈그림 24〉와 같다.

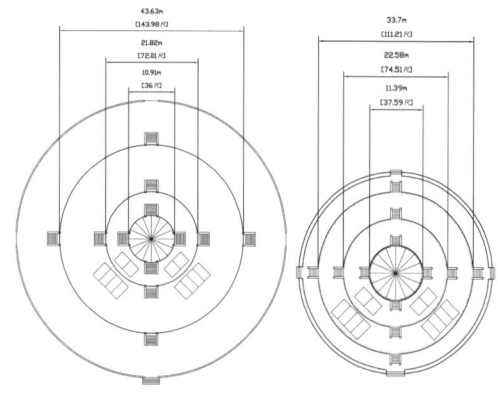

24 애초의 원구단(왼쪽)과 중수 이후의 원구단(오른쪽) 비교. 그림에서 치수가 적혀있지 않은 외부의 원형 담장은 1층과 2층의 간격을 고려하여 그린 것으로 실제 원구단 외곽 담장의 크기는 아니다.

원구단은 중수 이후에도 한차례 수리 공사가 있었던 것으로 보인다. 그것은 1906년에 작성된 것으로 보이는 원구단의 개수에 대한 축문에서 알 수 있다.

한편 원구단의 중수 공사는 전체 영역의 공간구성에도 많은 변화를 불러왔는데, 가장 큰 변화를 준 공사는 원구단 동쪽에 새로 건립된 석고각石鼓閣 영역이었다. 원래 위치는 현재의 롯데백화점 본점 뒤편 주차

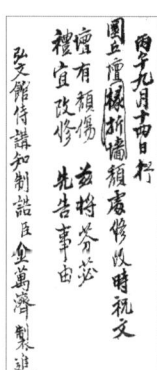

25 원구단 개수 축문.
丙午九月十四日行
圓丘壇椽折墻頹處修改時祝文
壇有頹傷 玆將芬苾
禮宜改修 先告事由
弘文館侍講知制誥 臣金萬濟製進

"병오년(1906, 광무 10) 9월 14일 행함.
원구단의 서까래와 담장의 무너진 곳의 수리시 축문.
단에 무너진 곳이 있어 이에 향기로운 제사를 올리고 예로써 마땅히 개수하오니 먼저 사유를 고합니다.
홍문관시강지제고 신 김만제 제진"

26, 27, 28 현재의 석고와 해시계.
3개의 석고가 잔디밭 위에 덩그러니 세워져있다. 석고의 테두리에 부조된 용 문양 장식이
무언가 말하는 듯하다. 1936년 여름 지금의 위치로 옮겨졌다.

장 영역 한복판으로 추정 된다. 석고각은 석고(돌북)가 안치되었던 건축물이고, 이 영역의 정문은 남대문통으로 난 광선문光宣門이었다. 현재는 서울 웨스틴조선호텔의 서쪽, 황궁우의 남서쪽 빈터에 석고만이 단 위에 초라하게 세워져있다. 해시계와 마찬가지로 본래의 위치와 모습을 잃어버린 채 지나는 행인을 아무 말 없이 맞이하고 있다.

석고가 놓여있던 석고각은 고종황제 즉위 40주년을 기념하여 당시 최고의 건축가였던 심의석沈宜碩의 솜씨로 조성되었다. 1902년 1월 광선문과 함께 공사가 시작되어 같은 해 12월 대부분의 공사를 마무리하고, 1903년 무렵 완성한 것으로 보인다. 현재 국립중앙도서관에 소장되어 있는 〈석고각 상량문〉에 의하면 "光武七年 癸卯閏五月乙巳(광무칠년 계묘윤오월을사)"에 상량한 것으로 확인된다.

〈대한제국관원이력서〉에 의하면, 원구단과 황궁우, 석고각 등 당시 대표적인 공사를 주관했던 천재적인 건축가 심의석은 본관이 청송靑松으로 1854년 8월 3일 태어났고, 주소는 서울 남서 명례방明禮坊의 명동 제43통 6호였다. 따라서 당시 서울 중심부 근대건축의 변화상을 직접 보고 자랐으리라 추측된다. 그가 공사에 직접 참여한 건축물로는 벽돌

29, 30, 31 석고각과 석고의 옛 모습, 그리고 〈석고각 상량문〉.

조 건물인 배재학당, 러시아 건축가 사바틴의 설계에 의한 독립문, 정동제일교회, 이화학당 본관, 상동교회, 탑골공원의 팔각정, 손탁호텔, 덕수궁의 석조전, 한국 최초의 원형극장인 협률사, 광화문의 기념비전 등이 있다. 이처럼 심의석은 목조와 석조, 벽돌조 등의 건축을 두루 섭렵했고, 이런 그의 기술적 경험이 고종황제의 상징적인 건축이었던 원구단 영역의 건축물, 즉 석조의 단인 원구단과 목조의 팔각정인 황궁우, 석고를 안치했던 석고단과 석고각(혹은 석고전), 그리고 광선문 등 전체 공사를 담당하는 배경이 되었음을 짐작할 수 있다.

한편 석고각 내에 있던 석고는 과거부터 미완성인 채로 남겨졌고, 그나마도 애초 위치가 아닌 엉뚱한 곳으로 옮겨져 현재에 이른다. 또는 눕혀졌던 본래의 자태를 잃고 현재는 세워져있다.

석고가 미완성으로 남은 까닭은 당시 표면에 문자를 새겨넣을 예정이었던 탓이다. 이는 1939년 손호익의 연구 보고서(《南別宮考》下, 《文獻報國》 제5권 제8호)로써 추론할 수 있다. 그는 한 노인의 설명을 인용하면서, 석고 표면에 문자를 새겨넣을 계획이 있으나 하지 못했다고 언급한다. 한편 《매천야록》 광무 5년 신축辛丑의 기록에 따르면, 김성근이 석고를 제작하여 성상의 중흥공덕을 기록하되, 비용은 외부 기부금으로 충당

조선 황제의 애달픈 역사를 증명하다 71

32, 33, 34 석고각 내외부 모습.

하며, 공사를 송성건의소頌聖建議所에 맡기자고 건의했다. 이에 대하여 이유승이 국가의 사가史家들에 의해 성상의 공덕이 기록될 터인데 굳이 석고에 새길 필요가 있는가 하고 상소한 내용도 더불어 기록되어있다. 또한 현재 석고를 살펴보면 양쪽 표면이 다르게 마감되어 있다. 이러한 당시 상황과 기록, 현황을 종합해보면, 석고는 고종황제의 공덕을 기록하는 문자를 새긴 다음 석고각 안에 눕혀 안치하려 했던 것으로 보인다. 그리고 석고 건립 목적에는 결국 고종황제의 상징적 권력에 대한 과시가 내재했음을 알 수 있다.

옛 사진 자료를 보면 석고각은 정면 5칸, 측면 3칸으로 되어있다. 특히 바깥쪽 칸의 너비가 정면과 측면 모두 좁아 독특하고, 내부에도 기둥을 생략하지 않고 정·측면과 동일한 배열로 세워놓았다. 또한 내외부 상부의 구조는 다포식으로, 많은 공포와 장식이 화려했음을 알 수 있다.

그러나 석고·석고각 건립과 관련하여 이 시기의 기록을 보면, 공사비 마련을 위해 각지에서 많은 보조금을 모았으며, 비용 부족 때문에 공사가 지연되었던 것으로 보인다. 석고각 건립과 직접 관련이 있던 송성건의소의 발문을 보면, 재정이 매우 궁핍하여 각 군에 공사비를 요청한 적이 있음을 수 있다. 당시의 재정 상황을 보여주는 다른 기록으로 광무 4년(1900) 무렵의《매천야록》을 들 수 있다. 여기에는 국고

35, 36, 37 송성건의소 발문과 영수증.

公函 敬啓者 本所財政이 窮乏ᄒ고 幾乎停役이온고
(…) 承 僉位議長旬敎ᄒ와 依京江例ᄒ야 各郡 (…)
鹽井魚磯와 往來船商處의 擧皆請助ᄒ옵기 (…) 司
貴郡의 派送ᄒ옵고 玆에 仰牒 (…) 照亮ᄒ신후
貴境內 各浦港鹽井魚磯船 (…) 閣等處의 到底
曉飭ᄒ오셔 使此莫重國役 (…) 至中停케ᄒ시믈
仰要 光武七年 四月二十七日 建議所發文有司
前郡守李建重 前參奉 尹進學 海美郡守 閣下 再

"삼가 말씀드립니다. 본소의 재정이 궁핍하여 거의
공사가 중지되었습니다. (…) 첨위의장의 구교를
받들어 경강의 예에 의거하여 각 군 (…) 염정,
어기와 왕래하는 선상처에 모두 도움을 청하여 (…)
귀 군에 파송하니 이에 문서를 보냅니다. (…)
살피신 후에 귀 경내에 각 포항, 염정, 어기선 (…)
각 등처에 철저히 효칙하셔서 이러한 막중한
나라의 공사가 (…) 중간에 정지되지 않도록 우러러
바랍니다. 광무 7년(1903) 4월 27일 건의소발문
유사 전군수 이건중 전참봉 윤진학 해미군수 각하"

 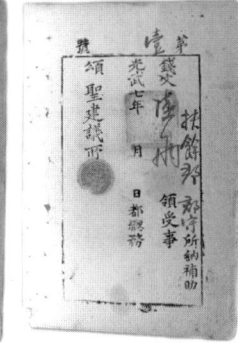

가 궁색하니 산릉도감山陵都監을 재력가 민영준(閔泳駿, 민영휘)과 민영식 閔應植 등에게 맡겨 그들의 가산家産으로 역비役費를 충당하게 했다고 적혀있다. 이 모든 기록은 대한제국 시대 국가 경영의 어려운 상황을 짐작케 한다.

아울러 석고각의 정문인 광선문은 정면 3칸의 팔작지붕이었다. 석고각보다는 격이 낮게 만들어졌지만 원기둥과 원형 초석을 사용하여 나름대로 격식을 갖추었다. 이 문은 1902년 11월 29일 완성되었다.

석고각 주변에는 많은 초가와 기와집이 있었는데, 이들 가옥에 대한 철거와 매입 등 주변 정리 작업이 원구단의 공사와 더불어 진행된 것으로 보인다. 이는 원구단 동쪽 지역 청인들의 가옥 매입과 철거 공사에 드는 비용을 요청한 1901년 6월 25일의 문서나, 원구단의 정비와

38, 39 광선문 정면과 후면.

아울러 주변 가옥의 철거 비용이 포함된 1903년 7월 28일의 문서에서 확인된다. 특히 1903년 정비의 내용에는 가옥 철거와 함께 원구단 영역의 수리도 포함되어있는데, 황막黃幕이라는 용어가 등장하여 주목된다. "'圜丘壇黃幕及左右廡與四面墻門塗黃油淸人都給工錢'으로 지폐 402원을 지불한다"는 내용이 그것이다. 여기서 원구단 단상에 있던 동서무와 함께 정상부에 설치된 것은 황막이라는 용어로 명명되었다는 점과, 동서무와 황막, 유문 모두 황색 기름으로 칠하였으며 이것을 중국인에게 공사를 맡겼음을 알 수 있다. 《경성부사》1권에도 "壇은 三層より成り花崗石を以て造り, 中央上部に黃色塗圓推形の屋根を設けた(단은 3층으로 화강석으로 만들었고 중앙 상부는 황색을 칠한 원추형의 지붕을 설치했다)."고 기록되어있어 현재 서울역사박물관에 전시된 원구단 모형처럼 구리나 동으로 만들어지지는 않았을 것이다.

석고각이 있던 이 영역에는 1923년에 총독부립 경성도서관(조선총독부도서관)이 들어서게 된다. 광선문은 1927년 6월 남산 북쪽 기슭에 있는 동본원사東本願寺로 옮겨져 그곳 정문으로 사용되었고, 석고각은

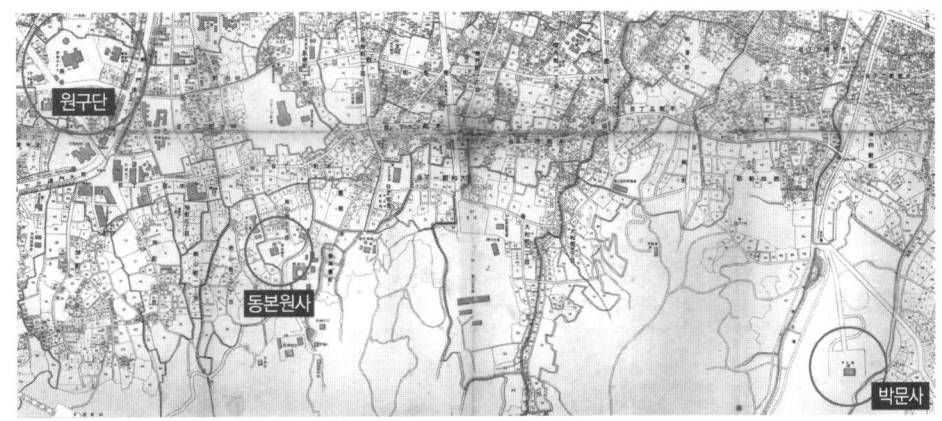

40 1936년 〈대경성정도〉에 나타난 원구단과 동본원사, 박문사의 위치.

41, 42, 43 남산 동본원사로 옮겨진 광선문과 박문사로 옮겨진 석고각. 그림 41은 남산 동본원사로 옮겨진 광선문의 모습. 사진 왼쪽에 "大韓阿彌陀本願寺"라고 쓰인 편액이 보이는데 이것은 1906년 조선황실에서 하사한 것으로 1910년 봉양식을 했다고 기록되어있다. 또한 그 왼쪽으로 종루도 있는데 이것은 경기도 지평군 용문산 상원사에서 구해온 것으로 조선에서도 귀중한 것이었다고 소개되고 있고, 받은 것은 1907년으로 되어있다. 감정은 세키노關野 박사에게 받은 것으로 되어있다. 세키노는 감정서에서 이 종을 신라 경순왕의 명으로 주조된 것으로 밝히고 있다. 그림 42의 43은 박문사로 옮겨진 석고각의 모습으로, 그림 42에는 우측 상부에, 그림 43에는 박문사의 오른쪽으로 비스듬하게 석고각이 보인다.

조선 황제의 애달픈 역사를 증명하다

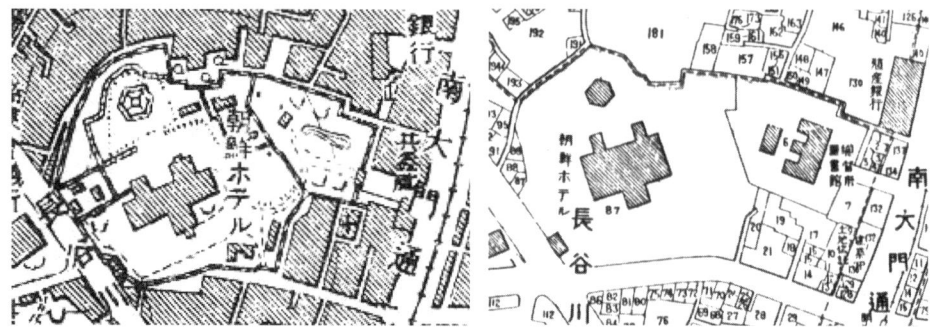

44, 45 1921년 〈조선지형집성〉(부분)과 1936년의 〈대경성정도〉(부분).
1921년 지도에는 원구단 영역에 조선호텔과 황궁우, 소공로 쪽으로 난 정문과 재실 등이 보이고, 동쪽으로는 석고각과 광선문이 확인된다. 또한 원구단 영역에 전사청, 신실 등으로 추정되는 건물과 그 외 부속 시설물로 추정되는 건물도 보인다. 1936년 지도에는 석고각 영역에 총독부 도서관이 들어서있다.

1935년 4월 이토 히로부미를 기리는 박문사博文寺로 옮겨져 종루로 사용되었다. 결국 석고각에 안치되었던 석고만이 그곳에 남아 현재에 이른다. 총독부립 도서관이 들어서기 이전의 지도를 보면 원구단을 중심으로 들어선 광선문과 석고각의 위치를 확인할 수 있다.

이러한 원구단 전체 영역은 중국 천단의 공간 구성과 유사해 보인다. 방형과 원형의 담장이 천단 영역을 구성하고 그 북쪽으로 원형의 회음벽을 둘러 황궁우 영역을 구성한 형식이 대한제국 시대 원구단과

46, 47, 48, 49 중국 천단과 황궁우의 구성.

비슷하다.

    방형과 원형으로 에워싼 원구단의 담은 지금도 여러 사진으로 확인되지만, 황궁우는 그 전체 구성이 완전히 변형되었고 자료도 거의 없어 확인하기 어려운 실정이다. 당연히 원구단 전체 구성에 대해서는 더욱 확인하기 어렵다. 다만 몇몇 사진과 남아있는 유적을 통해 그 구성을 추정해볼 수 있을 뿐이다. 여기서는 옛 기록과 시각 자료, 유적 현황 등을 통해 원구단을 재구성해보았고 그 결과는 〈그림 52〉와 같다. 특히 황궁우 동쪽에 남아있는 협문은 옆에서 보면 부채꼴로 휘어져있어 황궁우 주위가 원형의 담장으로 둘러싸였음을 확인시켜준다. 아울러 삼문 양옆에 일부 남아있는 담장은 삼문 두께의 반 정도로 되어있어, 삼문을 중심으로 원구단과 황궁우 영역에는 담장이 이중으로 구성되었음을 알게 해준다.

50, 51 휘어진 황궁우 협문과 삼문 옆 담장.

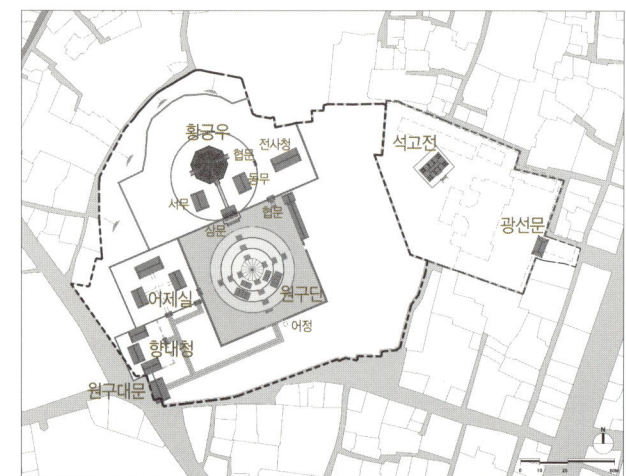

52~59 원구단 추정 배치도와 관련 사진 자료. 추정 배치도는 황궁우 지역 실측도와 1912년 지적도, 국가기록원의 석고전 도면을 겹쳐서 작성하였다. 또한 〈매일신보〉 1911년 9월 5일자의 기사 내용으로 볼 때 원구단과 석고각은 각각의 영역이 담장으로 구분되었던 것으로 보인다.

철도호텔의 건립과 원구단 철거, 그리고 조선호텔

1910년 8월 29일 일제에 의해 대한제국 국권이 피탈된 뒤, 원구단 영역은 1911년 2월 20일 건물과 대지가 모두 총독부 소관으로 이전되었다. 이후 일제는 세계 각국에 그들의 시정施政을 알리고자 '시정5년기념조선물산공진회施政五年記念朝鮮物産共進會'를 경복궁에서 열기로 하고, 내외국인을 숙박시킬 장소로 총독부 철도국 주관으로 1913년 3월 15일 원구단이 있는 곳에 조선경성철도호텔(이후 철도호텔로 명명하고 이 자리에 새로 신축된 호텔은 조선호텔로 명명한다)을 기공한다. 이 무렵은 전국적으로 철도 건설이 거의 일단락되고, 철도 이용객과 외국인 수가 증가함

60~63 철도호텔의 모습.
총독부 철도국은 신축된 호텔의 형식을 북미 근세식에 따르면서 조선의 취향을 가미하고, 후면을 'ㄷ'자로 돌출시켜 안뜰을 구성한 다음 황궁우와 조화시키고자 하였다고 한다.
철도호텔의 후원은 당시 벨기에 영사관의 매각과 함께 이곳으로 옮겨진 장미를 심어 장미정원rose garden으로 꾸미면서 한국 최초의 조원造園된 정원이 되기도 했다.

에 따라 서양식 호텔이 필요한 시기이기도 했다. 결국 황제국으로 격상된 대한제국의 상징적 건축물이었던 원구단이 일본 식민 지배의 상징물에게 자리를 내주고 헐리게 된 것이다. 장소와 건축물이 가졌던 대한제국 시대의 상징이 새로운 전략적인 의미와 건축물로 인하여 또 다른 권력의 상징으로 대체된 것이기도 했다. 다행히 황궁우와 재실, 전사청, 석고각, 광선문 등 시설물은 철거를 면했지만, 이후 석고각과 광선문은 장충단공원 앞 박문사와 남산 동본원사로 옮겨지고, 석고각 내의 석고단도 조선호텔 후원으로 옮겨지는 수난을 겪었다. 이렇게 원구단은 새로운 권력의 등장과 함께 철저하게 분해되어갔다.

철도호텔은 약 6750평의 대지에 지하 1층, 지상 3층, 객실 규모 69실의 벽돌조로 세워졌다. 독일인 게오르크 데 라란데Georg de Lalande가 설계하고 일본인 호리우치 기사가 공사하여 1914년 9월 30일 준공하였으며, 같은 해 10월 10일 개관했다. 당시 호텔의 건축자재는 대부분 외국제로, 실내장식재와 침구 등은 영국, 독일, 프랑스의 제품을 사용

64, 65 철도호텔의 전경과 조선호텔의 건물·배치.

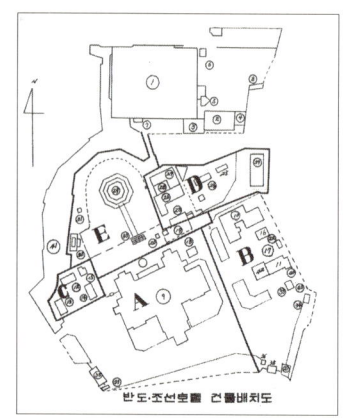

하였고, 건설 재료 및 석재의 경우 내벽용 벽돌은 한국산을, 그 외는 일본산을 사용하였다고 한다.

당시 철거를 면했던 재실 건물은 이후 아리랑하우스라 명명되어 춘·하·추실로 구분하여 음식점 및 연회 장소로 이용되었고, 아울러 호텔의 정문도 옛 원구단의 정문을 그대로 사용하였다.

일본에 의해 건립된 철도호텔은 광복 후 그 정체성이 문제가 되었고, 아울러 서울의 비약적인 발전으로 인해 1967년 7월 7일 오전 7시 정업식을 갖고 현재의 웨스틴조선호텔로 새로이 건립되었다. 이것은 국제관광공사와 아메리칸 에어라인즈의 합작 투자로 세워졌으며 1967년 9월 16일 착공하여 1970년 준공되었다. 호텔의 설계와 감독, 공사 감리사로 벡텔Bechtel Overseas Corp.이 선정되었다. 건축설계는 윌리엄 테이블러 설계사무소William Tabler Architect에서 하고, 실내장식은 핸리 앤드Henry End Associates, 기초 골조 설계는 와이만 윙Wayman C. Wing이 담당하고, 시공은 한국의 현대건설과 삼환건설이 공동으로 참여했다.

66, 67 신축 당시 조선호텔의 모습.

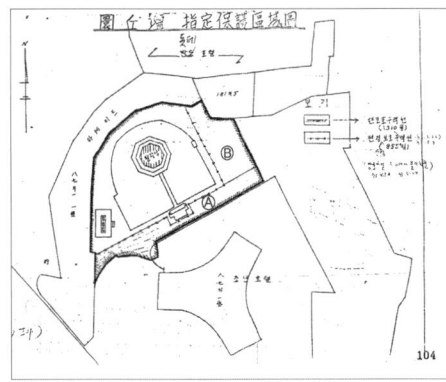

68 축소 예정되었던 문화재보호구역.

이후 신세계가 1995년에 웨스틴 체인의 지분을 완전히 인수하여 오늘에 이른다.

조선호텔이 건립되면서, 1967년 7월 15일 황궁우를 중심으로 한 이 지역 1505평이 사적 157호로 지정되었다. 그러나 같은 해 10월 21일자 〈관보〉에는 지정 면적이 1310평으로 줄어들었고, 1974년 문화재 지정 면적의 일부가 롯데그룹에 매각되어 1070평으로 축소되었다. 또한 1988년 올림픽을 준비하기 위한 관광센터의 건립 기금 조성을 위해 국제관광공사(현 한국관광공사)에서 일부 문화재보호구역의 매각 계획을 세워, 〈그림 68〉의 A와 B 지역을 해제할 계획도 세웠다.

한편 조선호텔의 신축과 함께 그때까지 남아있던 원구단의 정문과

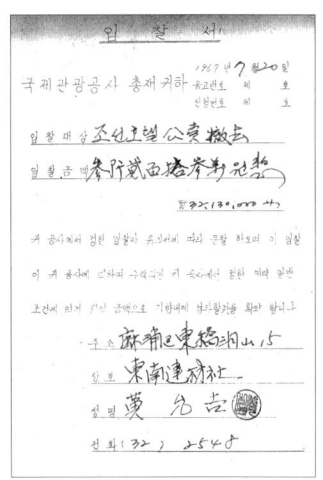
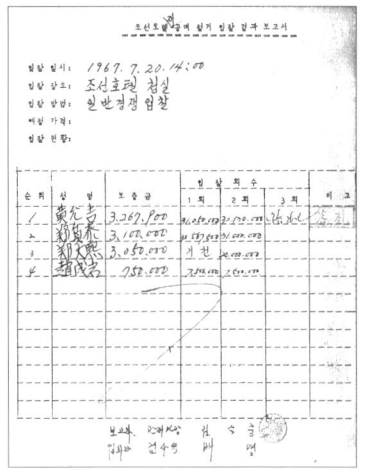

69, 70 조선호텔 건축물 매매 문서.

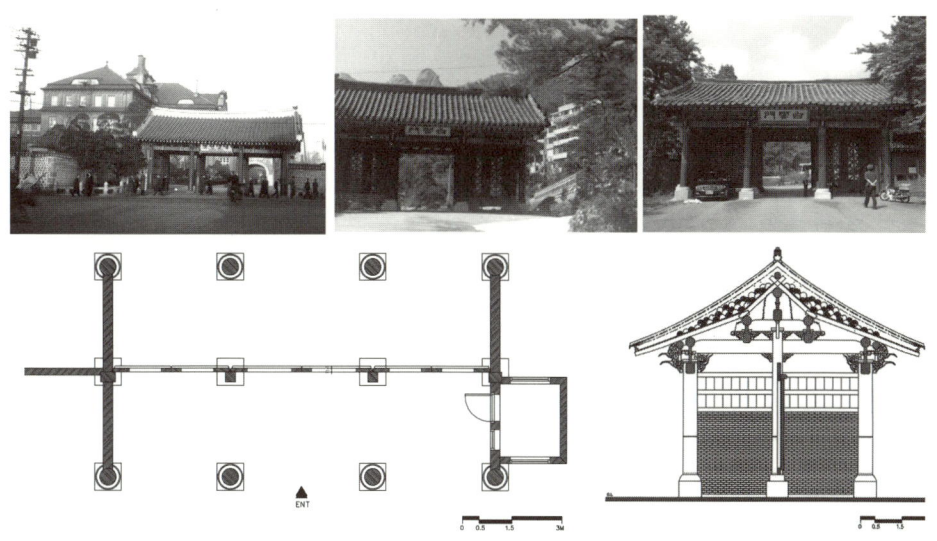

71~75 철도호텔 당시와 그린파크호텔로 옮겨진 직후의 원구단 정문.

　재실, 전사청 등의 부속 건물은 해체되어 손실되거나 어디론가 방매放賣되었다. 한국관광공사의 입찰 문서에는 1967년 7월 20일 이들 부속 건물을 공매한 기록이 있고, 마포구 동교동에 소재한 동남건재사가 3213만 원에 낙찰 받았다고 되어있다. 다행히 최근 원구단의 정문이자 조선호텔의 정문으로도 사용되었던 문이 우이동 그린파크호텔에서 발견되었다. 현판을 '백운문白雲門'으로 고쳐 달았고, 지붕마루와 잡상 등의 모습이 약간 변형되었지만 전체적인 자태는 여전히 원구단의 위상을 보여준다.

　아울러 그린파크호텔에는 정체를 알 수 없는 건물이 2동 더 있다. 하나는 주거 형태의 건물이고 다른 하나는 정자다. 이곳으로 옮겨진 후 인수각이라는 이름을 달고 음식점으로 사용된 주거 형태의 건물은 내부 단청의 흔적과 대들보의 크기, 기단의 높이 등으로 볼 때 예사 건물이 아닌 듯하다. 또한 건물 내부에는 기유년(1969) 7월 15일 신시(오후

조선 황제의 애달픈 역사를 증명하다　83

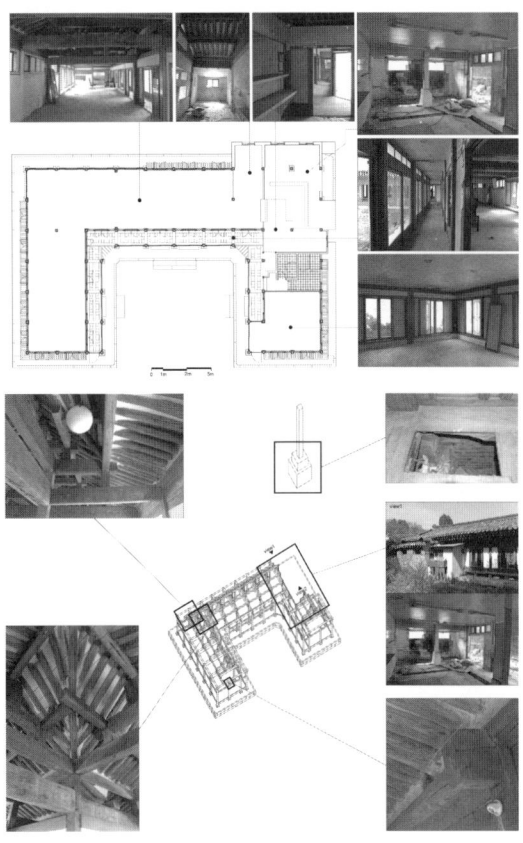

76, 77 인수각 평면 구성.

3~5시)에 입주 및 상량했다고 적혀있다. 그린파크호텔에서 1970년대 무렵 근무한 관계자의 말에 의하면 이 건물은 조선호텔에서 정문과 함께 옮겨왔다고 한다. 1967년 무렵까지 남아있던 재실과 일부 부속 건물이 이곳으로 함께 이전된 것으로 추정된다. 따라서 조선호텔 신축 때까지 정문과 함께 있던 부속 건물들도 다른 곳으로 이전되어 현재 어디엔가 남아있을 가능성도 있다.

기억과 욕망, 건축

건축과 도시를 해석하는 핵심은 공간과 시간, 사람으로 잘 짜여진 총체를 이해하는 것이다. 다시 말해 단순한 물리적 공간-형태의 개념을 넘어서 개인과 사회, 역사적·장소적 의미가 내재하며, 우리의 정신과 몸으로 동시에 경험되는 총체의 이해다. 이 세 가지 핵심은 분리할 수 없는 불가분의 관계에 있다. 그러나 이 글에서는 건축의 핵심적 요소로서 공간에 치중해온 기존의 시야에서 벗어나, 시간과 사람이라는 속성에 목적을 두고 그것을 이해하려 하였다. 이를 통해 그 시대, 그 장소에 살았던 사람들을 기억하고, 그들의 일상과 욕망 등 역사의 소리를 건축물을 통해 발견하고 이해하려 하였다.

대한제국 시대 건축과 도시는 당시 사람들의 기억과 욕망이 각인된 표상으로, 당대를 이해하는 지름길이다. 그 한가운데 원구단이 존재한다.

원구단이 당대의 대표적인 표상이 될 수 있었던 까닭은 대한제국이 황제국으로서 진정한 독립국의 발걸음을 거기서 시작했기 때문이다. 따라서 원구단에는 건축적 특성 외에 새로운 역사적 기억이 더해지고, 권력의 이동과 사람들이 추구했던 욕망도 함축하게 되었다. 현재 이 터 위에 세워진 조선호텔도 1960년대 후반의 기억과 욕망을 잘 표상한다.

전통과 근대, 현대의 모습이 중첩된 역사 도시 서울의 도시 공간. 그 속에서 원구단은 과거에서 현재에 이르는 건축의 의미와 역사적인 기억, 욕망 등이 겹겹이 중첩된 사회·문화상을 조명해주는 하나의 키워드로 자리매김하고 있다.

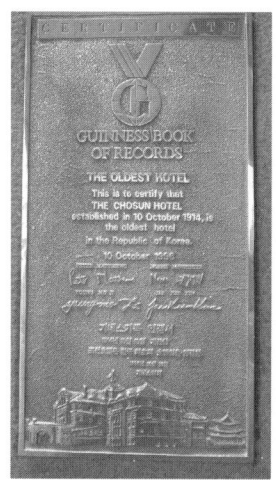

78, 79 1914년 10월 10일 개관한 조선호텔은 현존하는 우리나라 최고의 서구식 호텔로 기네스북에 등재되었다. 지금 건물은 1970년에 새로 지은 것이다.

궁궐 의례의 변화와 존속

조재모_ 경북대학교 건축학부 교수

조선의 유교주의는 국가 정치의 근본 철학이자 생활의 윤리였으며 한편으로 통치의 수단으로 작용한, 그야말로 거시적으로 사회를 규정하고 있던 기반이었다. 특히 예치禮治의 관점은 주자朱子 성리학을 숭상해온 유학자에게는 놓을 수 없는 가치였으며, 이를 통해 자신의 예제적 위치를 설정하고 생활 속에서 구현하고자 노력하는 전통을 만들어냈다. 조선 시대의 궁궐을 바라보는 다양한 시각 중에서, 궁궐을 유교적 의례 공간으로 바라보는 입장은 궁궐의 건축계획과 생활사를 연결하는 요긴한 관점이다. 궁궐은 중앙 정치의 공간이자 왕실의 생활공간으로서 국가적 제도에 의해 그 공간 속에서의 움직임이 규정되었다. 《국조오례의國朝五禮儀》[1]로 대표되는 조선의 국가 의례는 궁궐 같은 구체적인 공간 대상을 전제로 작성되었으며, 역으로 새로운 의례의 도입이 건축물의 개영改營으로 이어지기도 하였다.

그러나 삼대三代 이래로 수천 년을 이어져온 예치의 관점은 막강한 근대화의 압박 속에서 완전히 재검토해야 할 대상이 되었을 가능성이 농후하다. 근대화의 과정 속에서 예치의 가치는 지속될 수 있었을까? 이는 건축 외적인 관심사지만, 궁궐은 그 공간적 대상으로서의 위치를 점하는 만큼 건축 역시 이 문제로부터 자유로울 수 없다.

조선의 궁궐과 의례

궁궐을 의례의 공간으로 이해하는 것은 실로 연원이 오래된 논의의 결과물이다.[2] 궁궐은 분명 정치 행위의 장이자 왕실의 생활공간이라는 실질적 기능을 담보하는 곳이다. 이러한 궁궐을 의례의 공간으로 이해할 수 있는 까닭은, 유교주의 사회에서 임금과 왕실 가족, 그리고 모든 신하의 행동마저 의례 속에서 규정되어야 하는 엄격함이 존재했기 때문이다. 주周나라의 치세를 이상향으로 삼으려는 동양적 상고주의尙古主義[3]의 관점에서 당시 공간은 의례와 결부되어 이해되었고, 후대의 궁궐과 궁중 의례는 그 논의와 실제 모두 동일한 규범적 원형을 염두에 둔 채로 전개되어왔다. 이 규범적 원형이 현존하거나 명징하게 파악될 수 있는 물리적 실체가 아니라 문헌상으로만 존재하는 그 무엇이었다는 점은 후대 궁궐과 그 논의의 전개가 복잡해질 수밖에 없는 이유가 되기도 하였다. 조선 궁궐의 입장에서 보자면, 그들의 궁궐을 이상적인 예치 사회의 공간으로 목적하게 된 시점부터는 궁궐의 하드웨어와 소프트웨어가 유교주의의 의례로 설정되어야 하는 과제를 안게 되었다고 할 수 있다.

조선왕조의 궁궐이 유교적 의례 공간으로 거듭나는 것은 세종 때의 일이다.[4] 역대 군주 중에서 처음으로 경복궁景福宮 근정전에서 즉위한

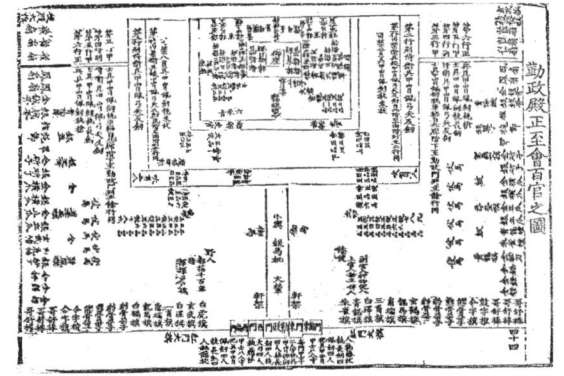

1 《국조오례의》 가례서례
〈근정전정지회백관지도勤政殿正至會百官之圖〉.

세종은 재위 7년부터 본격적으로 경복궁에 임어臨御하였으며 이 시기에 경복궁 내에서는 여러 건의 건축 공사가 진행되었다. 영추문迎秋門, 건춘문建春門, 광화문光化門, 융문루隆文樓, 융무루隆武樓 등 성곽문, 사정전思政殿, 경회루慶會樓, 강녕전康寧殿 등 제 전각에 대한 개수 작업을 비롯하여, 동궁東宮, 내루內樓, 문소전文昭殿, 북문北門, 흠경각欽敬閣, 교태전交泰殿, 계조당繼照堂, 함원전咸元殿, 자미당紫薇堂, 종회당宗會堂, 송백당松栢堂, 인지당麟趾堂, 청연루淸燕樓 등의 건립이 중요한 공사였다. 이들 전각의 공사는 궁궐의 위엄을 갖추는 일뿐만 아니라 의례의 정비와도 밀접한 관련이 있다. 예를 들어 사정전의 개영과 상참 의례常參儀禮의 정비, 강녕전의 수리와 중궁전 의례의 정비, 동궁의 궐내 설치와 왕세자 의례의 정비는 모두 시기적으로나 내용상으로 상호 일치되는 점이 뚜렷하게 발견된다. 세종은 유교주의적 이상 사회를 만들기 위해 중국의 고제와 시제, 전조 고려의 의례를 참조하면서 국가 의례의 규범을 만들어가기 시작하였고 이와 더불어 궁궐의 건축 공간을 예에 합당하게 개영해갔다. 말하자면 세종 대 이후의 경복궁은 《세종실록》 오례의와 이후 《국조오례의》로 법제화되는 의식 체제를 수용한 공간적 장치라고 해도 좋을 것이다.

성종 대의 《국조오례의》는 세종조 이후 지속적으로 이루어진 의례 정비의 결정판이었다. 이 속에서 궁궐 의례는 중국 황제에 대한 각종 사대례, 조하朝賀, 조참朝參, 상참을 비롯한 조회 의식, 관례와 혼례, 교육과 과거 시험, 연회 등 가례嘉禮의 각 항목으로 설정되었고, 흉례凶禮의 상장례 의식의 많은 부분 또한 궁궐 내에서 이루어지도록 규정되었다. 《국조오례의》의 의례 항목이 사용하는 궁궐의 공간은 근정전, 근정문, 사정전, 군주의 내전, 중궁의 정전, 동궁의 정당 그리고 상장례의 빈전과 혼전으로 각 전각은 모두 의례에 합당하도록 계획되었다. 전각의 규모와 바닥 구성, 마당의 개수와 크기, 월대와 문, 계단과 행각의 구성 모두 해당되는 의례와 함께 일체화되었다.

실상 궁궐이라는 공간은 대단히 복합적이어서 그 속에서의 모든 행위를 '의례'라는 딱딱한 규정으로만 이해할 수는 없다. 시시때때로 변화하는 왕실 가족의 구성과 규모, 정치적 상황, 임금을 비롯한 왕실 구성원 개인의 욕구 등에 의해 궁궐의 일상이 항상 규정대로 이루어지지만은 않았기 때문에, 단순히 하나의 개념에 의해 궁궐을 이해하는 것은 오히려 오해를 낳을 수도 있다. 하지만 건축 행위의 관점에서 보자면 어떠한 기능을 담고자 하는가, 즉 누가 살기 위한 공간이며 어떤 행위가 일어나리라 예상되는 공간인지에 따라 공간을 계획하는 것은 건축의 생성 이후 오랜 연원을 갖는 관점이라 할 수 있으며, 조선 시대의 궁궐도 예외일 수는 없다.

세종부터 성종에 이르는 치세에 이루어진 엄격한 의례 규정은 조선조 500년을 통하여 지켜져야 하는 규범으로 인식되었던 것은 분명하다. 영조 시대의 《국조속오례의國朝續五禮儀》[5]를 비롯하여 각종 논의와 실제 사례를 살펴보면 성종의 《국조오례의》는 항상 모범적 기준으로 인식되었다. 문제는 규범에 대한 강한 인식과는 별도로 실제로 이러한 행위들이 지속적으로 이루어지지는 않았다는 점이다. 예를 들어 임금과 신하가 만나 의식과 회의를 진행하는 '조의朝儀'에 속하는 조하, 조참, 상참은 조선 후기에 들어서면서 모두 약화되었다. 조하례는 비교적 잘 준행된 편이지만, 느슨해진 조하 때의 반열을 정비하기 위해 정조는 품계석을 설치했으며 따로 〈정아조회지도正衙朝會之圖〉라는 그림을 간행하기도 하였다.[6] 닷새에 한 번씩 하도록 규정된 조참 역시 중종 말년을 거치면서 빈도가 급감하여, 급기야 효종조에 들어서는 이미 형식화된 조참례를 매년 정월에만 한 번 하기로 정례화하였다. 매일 아침의 상참례는 점차 경연經筵 중심의 체계로 변경되었다. 인조는 "상참은 형식에 가깝다. 경연을 자주 개설하면 경들이 일을 주달하기에 매우 편리할 것이다" 하며 상참보다는 경연에 의존하여 신하들과의 일상적 회의를 진행하고자 하였다.[7] 영조 대에 들어 상참을 다시 복원하려는 노력이 있었지만 "상참하는 날에는 각사가 근무를 그만두는데, 상참은 바로 조종조에서 날마다 행하던 예절입니다. 지금 만약 날마다 상참을 행한다면 각사는 장차 업무를 볼 날이 없게 될 것"이라는 교리 김약로金若魯의 말처럼 이미 상참은 형식화된 비일상적 의식으로 인식되고 있었다.

　　오히려 조선 후기에 중시되던 의례는 진연례進宴禮와 상존호上尊號 등 왕실 구성원 개인을 위한 것이었다. 임금이 신하로부터 하례 받는

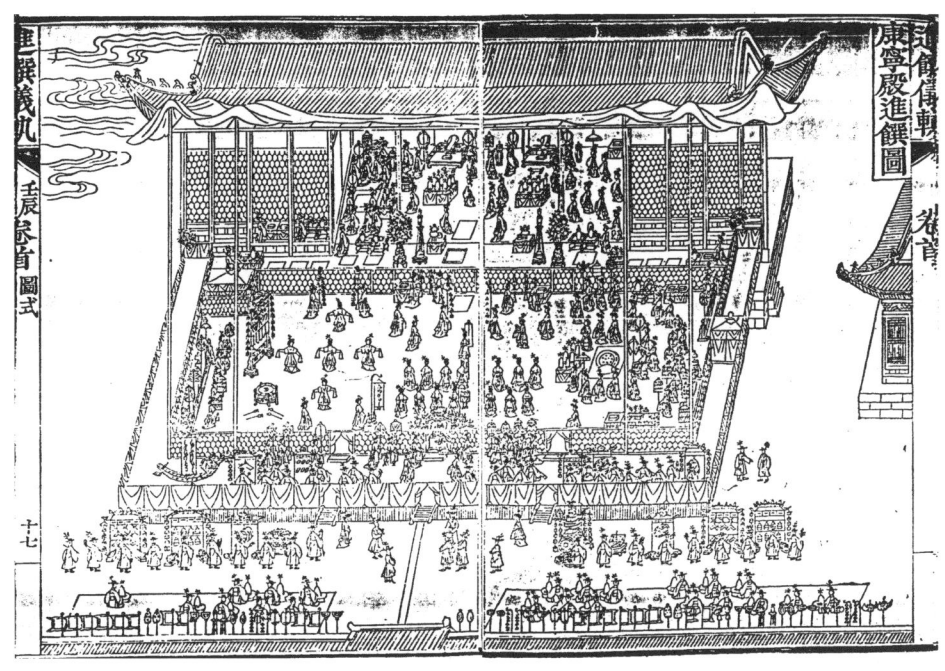

2 《진찬의궤》의 〈강녕전진찬도康寧殿進饌圖〉.

일을 줄이는 대신 임금이 대비전, 왕대비전 등 왕실 내부의 어른에게 예를 올리는 의식이 많아진 것이다. 개념적으로 보자면 '의義'보다 '은恩'으로 무게중심이 이동하는 양상이었다고 할 수 있다. 진연례와 상존호 의식은 영조조를 거치면서 비로소 명문화된 의절로 확립됨으로써 이전보다 확대된 규모의 진연이 이루어졌다. 특히 순조조에 들어서는 진연, 진찬進饌 등의 이름으로 예가 확대되어 외연外宴과 내연內宴뿐만 아니라 야연夜宴, 회작會酌 등 복합적인 일련의 의례가 자주 설행되었고 고종조에 이르러 상당히 높은 빈도의 진연 설행이 있었다.

궁궐 의례의 변화와 존속 91

조하, 조참, 상참 등 조의朝儀 의식의 형식화와 퇴조, 진연과 상존호의 활성화 등 의례적 중심점의 변동은 궁궐 공간의 쓰임새에도 영향을 미친다. 침전에서의 내진연內進宴을 위해 가설무대가 설치되기도 하고, 침전의 각 전각들이 점차 일관된 형식을 갖게 되는 것도 이와 무관하지 않다. 의례 규정의 오리진origin이 중국 고대의 의례에 있었던 만큼, 조선의 건축 관습에 비추어 적합하지 않은 의례가 변경되거나, 의례에 적합하지 않은 전각이 개영되는 것은 비교적 빈번하게 일어나는 현상이었다. 특히 정침正寢이라는 개념이 변동되는 양상은 의례의 조선화가 만들어낸 대표적인 결과였다. 원론적으로 정침은 주인의 생활과 의식을 담는 가장 중요한 건물로 《국조오례의》 체제에서는 사정전, 선정전 같은 편전에 정침의 개념이 대입되어있었다. 하지만 온돌에서 생활하는 우리의 관습과 편전의 건축은 잘 맞지 않았기 때문에, 정침의 기능이 분화되어 생활의 기능은 침전으로 옮겨가고 의식의 기능만이 편전에 남는 현상이 나타났던 것이다. 경복궁의 종적 배치가 아닌 창덕궁의 병렬적 배치가 조선 궁궐의 배치 모델로 자리 잡게 되는 것도 의례의 규범을 조선의 관습과 합치시켜나가는 과정의 결과로 이해할 수 있다.

요컨대, 조선 시대 궁궐의 의례는 건축 공간을 균제均齊하고 체계화하는 굳건한 장치로 작동하여왔으며, 의례가 《국조오례의》와 《국조속오례의》 등 성문화된 법전의 형태로 존재했다는 점은 궁궐의 이해에 대단히 중요한 대목이다. 하지만 그 속에서 놓쳐서는 안되는 점은, 그럼에도 불구하고 의례 항목 각각의 중요성, 실제 운영의 빈도, 의례와 공간 사이의 관계가 항상 유동적일 수 있는 항목들이었다는 점이다.

조선의 개국 이후 세종 연간의 경복궁 개영과 성종 연간 《국조오례의》에 이르는 논의의 과정, 조선 중기의 조의朝儀 약화와 임진왜란 이후의 임어 궁궐 변동, 영조의 《국조속오례의》 찬집纂輯과 정조의 의례 복원 노력 등은 모두 이러한 유동성을 드러내는 장면이었으며, 이러한 관점은 고종 대 이후 국가적 위상 변동의 상황에도 어쩔 수 없이 지속되어야 했던 경향이다.

새로운 도전 — 근대와 외세, 그리고 대한제국

주지하다시피 조선은 19세기 후반에 이르러 격변의 시기를 맞이하였다. 이미 정조의 민본 정치와 수원 화성의 영건 공사 등을 근대사회의 맹아적 기점으로 이해하는 견해도 탄력을 받고 있는 마당에, 한편으로는 고종, 순종으로 이어지는 일련의 왕조 말기 사정을 근대화의 무엇으로 설명하기에는 대단히 힘겨운 논의가 될 수밖에 없음에도 '근대'라는 참으로 어려운 표현을 이 시기에 붙일 수 있다면, 19세기 후반의 조선은 근대를 맞이하여야 할 운명에 처해있었다고 해야 할 것이다. 근대에 관해서는 너무나도 다양한 입장의 차이가 존재하지만 이 시기를 근대의 일부로 간주할 때, 실상 근대는 외세의 압력과 서구화로의 진입, 문호 개방과 쇄국의 갈등 같은 수많은 단어들의 비정상적 조합으로밖에는 설명되지 않는 아이러니를 갖고 있다. 중요한 것은 이 시기의 다층적인 변화 과정에서 궁궐과 궁중 의례의 전통적 관계는 존립의 문제에 직면했다는 점이다.[8]

그간 조선은 중국 중심의 세계 질서 속에서 제후국의 입장을 취해왔다. 제후국의 입장은 국제 정치 질서의 일부이기도 하였고 예제상의 신분을 뜻하기도 하였다. 궁궐의 건축 공간과 의례는 대내적으로는 만인지상의 지존인 임금을 정점으로 하는 예치의 표현이었으며, 중화적 세계 질서 속에서 가져야 하는 국가 간 예제 신분의 규정을 따르는 것이었다. 조선 궁궐의 예제적 위상은 제후국의 그것이어야 했으며, 그 속에서 이루어지는 수많은 의례와 행위 역시 제후국에 알맞게 구성되어있었다. 《국조오례의》 가례의 첫머리가 '正至及聖節望闕行禮儀(정지급성절망궐행례의)', '皇太子千秋節望宮行禮儀(황태자천추절망궁행례의)', '迎詔書儀(영조서의)', '迎勅書儀(영칙서의)', '拜表儀(배표의)' 등 중국에 대한 사대 의식으로 구성된 까닭은 이와 같은 연유이다. 명-청 교체 이후 발현되었던 조선중화 의식朝鮮中華意識과 오랑캐가 아닌 현실적 강대국으로서의 청국에 대한 재인식이 혼재되어있었지만, 고종의 시대 역시 이러한 세계 질서의 인식으로부터 자유로울 수 없었다. 서양에 대한 지리적 인식은 이미 존재했으나 즉위 당시의 고종에게 서양 세계는 문명과는 전혀 다른 이미지로 인식되었으며, 이는 전통적인 화이 관념華夷觀念에 의거한 결과였다.

그러나 점차로 서양이 중국을 대체할 만한 존재로 인식되기 시작하면서 조선 정부도 적극적이고 구체적으로 대외 상황을 이해하려는 태도를 보이기 시작하였다. 이는 청국이 갖고 있던 제국으로서의 중화라는 신화적 이미지가 그 근원부터 흔들림을 의미할 뿐만 아니라 완전히 새로운 세계 질서로 편입되기 위한 준비를 시작하여야 함을 뜻하는 대대적인 변화였다. 1880년 12월, 조선은 고종의 지시에 따라 통리기무아문統理機務衙門을 설치하였다. 통리기무아문은 사대事大, 교린交隣, 군무軍務, 변정邊政 등에 관련된 일을 전담하는 국가기관으로, 이 기관의 설치는 결국 조선이 배외 척사排外斥邪를 기조로 하던 대對 서양 정책을 수정하여 외국과의 교섭 및 통상, 군사력의 강화 등을 적극적으로 추진하게 되었음을 의미한다. 다만 배외 척사의 대척점으로 생각할 수 있는 개념을 '문호 개방'이라 한다면, 이는 분명히 수동적으로 서양, 그리고 그로 대표되는 근대의 문제를 받아들이려는 태도라 하겠지만, 실상 이 시기의 움직임은 문호의 개방이 아니라 새로운 세계 질서를 인정하고 그 질서를 구성하는 한 나라로서 자리매김하고자 하는 시도였다고 하는 편이 옳다. 이는 또한 조선 정부를 위태롭게 만들던 외세의 문제로부터 자주적으로 독립하기 위한 탐색이기도 하였다. 결국, 근대로 명명되는 이 시기의 대외 인식은 '만국공법萬國公法'이 지배하는 새로운 세계 질서의 인정이라 요약될 수 있다. 이에 대해 강상규는, 19세기 동아시아의 문명사적 전환기라는 상황에서 근대국가 간 질서를 상징하는 '만국공법'이란 서구와의 대규모 물리적 충돌과 그에 따른 불평등 조약의 체결이라는 새로운 위기의 접점에 놓여있었다고 할 수 있으며, 만국공법은 주권국가sovereign state라는 '새로운 국가 형식'과 함께 조약 체제treaty system라는 '새로운 국가 간의 교제 및 교섭 방식' 등을 다루고 있다는 점에서 대단히 상징적이면서도 구체적인 의미를 동시에 지니고 있었다고 진단한 바 있다.[9]

1896년 5월에 출간된 《공법회통公法會通》[10]의 서문에서 이경직은 "지금 이 공법 한 권의 책은 천하의 여러 나라들이 서로 사귈 때의 일을 모았고, 그 처리가 잘된 것과 잘못된 것, 논의가 공정한지 편향되어 있는지를 명확히 드러내어, 그 정수를 모아 절충하였으며, 그 훌륭한 법을 본보기로 하여 수록함으로써 사사로움이 없으니 온 세계가 서로 친하게 될 방법에 이보다 나은 것이 없을 것이다. 이제 마침내 우리 군주께서는 제왕의 징표를 지니시고 정신을 떨쳐 일으키며 이치를 헤아려 자주의 기틀을 확립하시어, 장차 오주의 사이에 있는 여러 나라들과 교분을 맺으려 하신다. 이때 위로는 조정의 관리들에서부터 아래로는 일반 백성에 이르기까지 날로 개명해가면서, 한 분이신 군주가 치세를 이루도록 도와서 완성해가려 한다면, 이 책을 버려두고 무엇으로써 할 것인가?"라 하여 이 시기 세계사적 인식의 전환을 잘 보여주었다. 조선이 만국공법적 세계 질서를 인식하고 《공법회통》 같은 서적을 정식으로 발간한 것은, 청국과의 조공 관계를 통해 외부 세계와 관계를 맺어온 그간의 방식을 청산하고 본격적으로 새로운 시대를 준비하겠다는 고종과 조선 정부의 의지로 평가할 수 있을 것이다.

이러한 인식과 전략상의 변화는 유교적 건축 공간과 의례에서도 거대한 지각변동을 야기할 수 있는 것이었다. 어쩌면 예제적 신분 질서에 의해 세계를 유지하는 것을 이상으로 삼아야 하는 유교적 사회 체계가 그 근간의 대부분을 상실하게 되었다고 보아도 무방할 사건이었다. 청국의 절대적 위치가 더 이상 유효하지 않다는 것은, 현실적으로는 불평등한 조약으로 점철되었을지라도 이상적으로는 조선 스스로 세계와 관계 맺기를 자주적으로 시작할 수 있다는 의미였으며, 이는 천자국과 제후국, 중화와 오랑캐라는 오랜 시스템의 파기를 뜻하기 때문이다. 더욱이 태양력의 사용, 의복의 근대화 혹은 서구화, 새로운 군대와 법령, 도량형 개혁 등 수많은 '근대적' 조처와 양반을 중시하여온 조선 내부의 신분 질서의 붕괴 등이 500년간 법으로 삼아왔던 의례의 규범을 그대로 준용할 수 없게 만들었다는 점 역시 주목할 만한 변인이다.

3 고종과 운명을 같이한 경운궁(덕수궁)의 모습.

고종은 1897년 10월 12일 황제로 등극하고 이튿날의 선포를 통해 정식으로 대한제국을 출범시켰다. 그간 활발하게 개진되어오던 칭황稱皇의 상소를 받아들여 황제국을 향한 모든 절차를 일사천리로 진행하였는데, 이 과정에서 참조된 의례적 규범은 명明나라 제도였다. 명의 제도를 따랐다는 것은 중화적 존재로서 황제국의 형식을 갖추었음을 의미한다. 고종과 왕후, 태자 등 왕실의 가족과 조상에게 존호尊號를 올리는 일, 새로운 책문冊文과 보인寶印의 제작, 환구단의 건립과 종묘, 사직, 영녕전 등에 고유하는 의식 등은 모두 중국 의례에 근거하였다. 건축 시설 역시 경운궁의 즉조당을 태극전으로 이름하고, 사직의 위패 역시 태사太祀, 태직太稷으로 위상을 높였다. 대한제국이 만국공법에 근거한 근대적 주권국가를 의도했음에도 《대명집례》에 근거하여 이 모든 과정을 진행했으니 대단히 흥미로운 대목이다. 근대적 주권국가와 중화적 황제국 이미지의 병존은 1899년 8월 17일에 제정된 《대한국국제大韓國國制》[11]에도 드러난다. 《대한국국제》는 서문에서 "옛날 우리 태조대왕이 탄생함에 천명에 응하여 창업刱業 수통垂統하였으되 오히려 이러한 정제定制를 반시頒示하지 않은 것은 대개 겨를치 못함이 있어서이다"라 하여 대한제국의 뿌리를 조선의 개국에 두고 있음을 분명히 하였다. 또한 "세계 만국의 공인된 바 자주독립한 제국帝國"으로서 "500년 전부터 전래되었고 앞으로 만세에 불변할 전제정치專制政治"이며, 황제는 무한한 군권을 향유하여 군대의 통솔, 계엄과 해엄, 법률의 제정과 반포, 집행, 개정, 행정 관료의 직위 여탈 및 봉급 수여, 사신의 파송과 국가 간 약조의 체결 등 모든 권한을 부여받는 전제적 황제국가로 명시하고, 이들 항목은 모두 공법公法에 의거하였음을 적시하였다. 즉 대한제국의 성립에서 나타난 의례적 과정은 중화적 예제에 근거한 항목들로 구성하였지만 그 국제는 분명 서양 근대국가의 모델을 참조한 것이다.

고종 시대의 정책과 사회의 경향은 '구본신참舊本新參'[12]으로 표현되곤 한다. 구본舊本은 근본적으로 명-청 교체기 이후 등장한 조선 정통론의 계승에 그 뿌리를 둔다. 대한제국이 도입한 각종 국가 의례의 근간이 명나라 황제의 격식을 모델로 하였던 것은 바로 이 때문이다. 환구단을 건설하여 천자의 예를 갖추고자 한 점이나 친왕親王 제도의 도입, 황실의 존호 사용, 수령 제도의 부활 등은 모두 같은 맥락이라 할 수 있으며, 홍릉洪陵 영건의 모델로 명나라 효릉孝陵을 삼은 점도 마찬가지였다. 만국공법적 질서 속에서도 양력을 전적으로 사용하기보다 음력 병행을 지속하였던 점이나 기존 길례吉禮 제사와 명절을 유지한 것도 그러하다. 군주의 모델로 당파에 치우치지 않고 만민에 기반하려 한 탕평군주의 모습을 상정하고 민국을 수립하려고 한 점은 특히 중요한 대목이라 하겠다. 한편, 이에 대비되는 신참新參은 서양식 근대국가 모델을 수용하며 만국공법의 세계 질서를 인정하는 태도에 기반한다. 공장, 학교, 병원, 교통, 통신 등 신식 혹은 근대식 시설을 도입하고 이를 관리·육성할 수 있는 제도적 기반을 만든다거나 국제 활동을 담당할 기구를 설립하고 군을 현대화하며 산업화를 추진하는 등 서양적 관점의 부국강병과 식산흥업殖産興業을 이룩하려는 경향은 모두 신참의 구성 요소였다. 가장 특징적인 것은 '대한국국제大韓國國制'의 반포로서, 자주독립국가임을 만천하에 선포하고 황제가 정치·군사·재정을 장악하는 전제권을 확립하였으며, 이를 뒷받침하는 궁내부宮內府를 설치하여 그 안에 철도원鐵道院, 서북철도국西北鐵道國, 광학국鑛學局, 수민원綏民院, 평식원平式院, 박문원博文院, 통신사通信司, 내장원內藏院 등 부속 기구를 두어 근대화 사업을 담당케 하였다. 또한 의회인 중추원中樞院을 설립하고, 국기와 국가, 휘장과 훈장 등 근대적 국가 상징물을 제정하고 만국우편연합, 만국적십자협약, 만국박람회 등에 가입한 것도 새로운 변화였다.

이렇듯 중화주의적 유교 질서와 만국공법의 근대 세계 질서라는 이질적인, 심지어 대립적이기까지 한 두 가지의 관점이 혼재되어 나타난 것은 대한제국의 성립 과정 면면에서 그 동인을 찾을 수 있다. 대한제국 탄생의 직접적 계기는 갑오개혁(1894)과 을미사변(1895)이었다. 이들 사건은 양상이 서로 다르지만 결국 두 사건 모두 일본이 제국주의적 본

질을 드러낸 사건이었으며, 결국 고종은 새로운 우방을 찾아 아관파천(1896년 2월)을 단행하였다. '국상정치國喪政治'로 표현되는 기간에 고종은 자주독립국가 건설을 준비하며 경운궁을 수리하여 임어하기까지 칭제稱帝에 대한 여론의 지지를 확보하였다. 칭제의 명분은 첫째, 조선이 중화 문명의 전통을 계승하고 있다는 점, 둘째, 만국공법에 비추어 문제가 없다는 점, 셋째, 민民과 국國이 하나되는 민국을 세워야 한다는 점 등으로 요약된다. 여기에서 중화적 전통과 근대적 만국공법의 질서가 함께 거론된 것은 주목되는 지점이다. 실질적으로 대한제국 탄생의 주역은 교전소校典所, 사례소史禮所, 법규교정소法規校正所 등의 인사들이었는데, 이들은 대부분 급진적인 개화파도 아니고 보수적인 유생도 아닌, 동도서기東道西器를 따르는 개신 유학 그룹에 속하는 사람들로, 신분적으로도 하층 양반이나 중인층의 인사가 많았다고 밝혀져 있다.[13] 고종 또한 "새로운 것에 빠져 옛것을 잊거나 모든 일을 바꾸는 것은 도리어 나라를 어지럽게 만드는 것이므로 나라를 위한 일이 못된다. 반대로 시대의 변화를 모르고 옛것은 좋고 새로운 것은 나쁘다는 이유로 어려운 일을 억지로 하려는 것도 국가를 위한 일이 아니다. 절충하고 참작하여 정치해야 한다"는 입장을 표명한 바 있다. 말하자면, 구본신참은 표현 그대로 새로운 것과 전통적인 것, 만국공법의 질서와 유교적 세계관 등이 결합된 절충적인 양상이었다. 아울러 그 속의 항목들은 때로 대립적이기도 하였지만, 대한제국이 새로운 중화로서의 제국帝國이 아니라 중국 일변도의 외교 관념에서 벗어난 자주적 국가임을 알리기 위한 틀로 이해해도 괜찮을 것이다.

실상, 이 글에서 대한제국의 성격을 하나하나 논하는 것은 적절치 않다. 다만 대한제국 성립을 전후한 조선의 상황을 개략적으로 살펴봄으로써 이 시기의 궁궐이 직면하였던 복잡한 문제들을 들추어 궁궐의 의례가 변동되지 않으면 안 되었던 조건을 참조하려 한다. 대한제국의 평가를 논외로 하더라도, 유교 질서에 근거한 대외 관계는 더 이상 절대적인 가치를 갖지 못하게 되었다는 점, 그리고 만국공법적 질서에 근거한 새로운 외교 방식이 필요하게 되었다는 점은 명확하다. 새로운 시대는 조선 사회에 근원적인 변화를 요구했음에 틀림없으며, 그 속에서 조선적 정체성을 유지하는 일, 혹은 유지될 수밖에 없는 요소 또한 병존했다는 점은 놓지 말아야 할 관점이다.

황실과 국가의 의례 변동

고종은 일찍이 정조 연간 유의양柳義養이 편찬하였던 《춘관통고春官通考》를 《오례편고五禮便攷》로 개칭하며 왕세자 혼례 절차 등을 개정한 바 있으며 이후 수년간 이 책의 내용을 두고 논의를 지속하였다. 《오례편고》에 대한 고종 대의 관심은 근본적으로 조선 개국 이래로 법전으로 준용되어온 의례의 체제를 발전적으로 보완하고자 하는 것에 다름 아니다. 하지만 대한제국 성립을 전후하여 조선은 외부적으로는 만국공법의 세계 질서 체제로의 편입에 어떤 방식으로든 대응하여야 하였으며, 내부적으로는 전통적인 기반 계층이었던 양반을 대신한 새로운 지식인에 의해 신문물을 수용하고 양력을 사용하는 등 복잡한 상황을 맞이하고 있었다. 궁궐 의례의 관점에서 보자면 이들 변화는 모두 기존의 의례 체계를 새롭게 정비하지 않으면 안 되는 조건이 되었으며, 조선 왕실은 분명히 새로운 선택을 하여야 하였다. 단적으로, 이 시기 궁궐 의례는 크게 두 방향으로 변화했다. 하나는 명나라 의례 규범을 근거로 하여 황실 의례를 수립하는 것이고, 다른 하나는 만국공법적 질서를 근거로 하여 근대적 의례를 수립하는 것이다.

시대의 변화와 상황에 따라 의례 규정이 변경되는 것은 보편적인 일이다. 세종 연간의 의례 정비가 그러하였고, 《국조오례의》가 그러했으며, 영조 연간에 《국조속오례의》를 찬집한 것 역시 같은 맥락이었다. 그리고 기존 의례가 법제적으로 재정비되기까지 그때그때 상황에 맞추어 세세한 의절을 설정하는 것은 항상 있는 일이었다. 고종 2년에도 "지금부터 종친부宗親府나 의빈부儀賓府는 언제든지 조회하는 반열의 동쪽 반열에 들어와 참가할 것이다"라는 지시를 내린 바 있는데, 이는 종친의 반열이 항상 서쪽 무반의 반열과 함께하였던 그동안의 의절을 변경한 것이었다. 소소한 변화의 와중에도, 상당수 의절은 큰 틀이 변

4 순종의 국장 장면.

화하지 않고 지속되는 경향을 띤다. 특히 관례, 혼례, 상례, 제례로 대표되는, 생략할 수 없는 통과의례적 행위는 큰 변화 없이 지속되었던 듯 보인다. 마지막 임금의 마지막 순간인 순종의 국장國葬에 있어서도 간소화된 면이 있기는 하나 절차와 복제, 기물 등 대부분의 측면에서 기존 흉례의절의 큰 틀이 변화 없이 유지되었던 것은 통과의례의 지속성에서 비롯되었다고 할 수 있다.

대한제국 선포 이후의 전통적 의식은 왕, 즉 예제적 신분으로서의 제후 의례에서 황제 의례로 변경되었다. 대한제국 선포 약 4개월 전에 설치된 사례소는 역대 임금의 치적을 정리하고 황제국 위상에 적합한 전례를 정비하기 위해 설치된 기구로서, 이곳에서 편찬한 《대한예전大韓禮典》은 과거의 예법을 변경하여 새로운 '제국'의 사정에 맞도록 제정된 것이다. 《대한예전》은 모두 10권 10책의 필사본으로, 간기刊記가 없는 것으로 보아 정식으로 간행되지는 않았을 것이며 지금은 장서각 도서에 포함되어있다. 책의 내용을 살펴보면, 권1에는 황제 즉위에 관계되는 18개의 의식을 수록하였고, 이어 권2에 길례 73개 의식, 권3에 각종 단묘의 도설과 의식에 관한 것들, 권4와 5에 악무와 의장, 의물, 복제 등이 기록되어있으며, 권6 이후로는 길례, 가례, 흉례, 빈례, 군례 같은 의절을 기록하였다. 권1에 즉위 의식을 별도로 정리한 것은 당장의 필요에 의한 것으로 보인다. 《대한예전》이 이전의 《국조오례의》 체제와 다른 점은 왕, 왕비, 왕세자 등의 호칭을 황제, 황후, 황태자 등으로 바꾼 점, 정전의 이름을 태극전으로 한 점, 전篆을 표表로, 교서敎書를 조서詔書로, 재계齋戒를 서계誓戒로, 오사五祀를 칠사七祀로 변경한 점을 들 수 있다. 호칭의 변화와 함께 전반적으로 의식의 규모가 커지고 의장을 화려하게 하는 양상도 제국의 면모를 드러내기 위한 제도적 장치라 할 만하다. 환구단이라는 제천 시설을 설치하여 황제로서 하늘의 명을 받는다는 의미를 상징하였던 점, 칭호를 군주에서 대군주로, 전하를 폐하로 바꾼 점, 의식에서 만세호를 사용하고 각종 기물과 복제도 황제의 그것에 준하는 것으로 변경한 점 등은 모두 대한제국의 의례적 기반을 전통적인 황제 의절을 기준으로 변경한 것이었다. 또한 《국조오례의》 가례의 첫머리를 장식하였던 '正至及聖節望闕行禮儀', '皇太子千秋節望宮行禮儀', '迎詔書儀', '迎勅書儀', '拜表儀' 등의 사대 의식과 중국 사신을 맞이하거나 중국 황제의 죽음에 거애擧哀하는 절차 등이 폐지된 것은 중국 중심의 세계관이 용도 폐기되고 있음을 단적으로 드러내는 대목이라 할 수 있다.

이렇듯 대한제국의 의례 체계는 《국조오례의》로 대표되는 중화 세계의 오랜 전통이 만들어온 시스템의 범위 내에서 제후의 의식을 황제의 그것으로 격상시키는 양상을 띠고 있었다. 이러한 의식의 바탕에는 "지금 우리나라의 법은 완전히 개명되지도 못하였고 또 옛것을 그대로 지키지도 못하여 비유컨대 사람이 절반은 일어서고 절반은 앉아서 엉거주춤한 채 이러지도 저러지도 못하여 제 몸을 가누지 못하는 것과 같다"는 인식 속에서 "지금 천하에 개화하고 문명한 나라가 적지 않으나 그 정치를 따져보면 모두 다 옛 법을 지키며 훌륭한 규정이 있으면 반드시 취하여 쓸 뿐이다"라는 고종의 생각이 깔려있다. 그러나 한편으로는 "타국에 가는 사신들의 복장은 우선 외국의 규례를 참작하여 고쳐 정할 것이다"라고 한 것처럼, 외교 관계상에서는 근대식 혹은 서양식이라 할 법한 요소들이 선택적으로 수용되었던 것도 사실이다. 아울러 "의복 제도에 변통할 수 있는 것이 있고 변통할 수 없는 것이 있는데 예를 들면 조회와 제사·상례 때에 입는 옷 같은 것은 모두 선대 임금들이 남겨놓은 제도인 만큼 이것은 변통할 수 없는 것이다. 그러나 수시로 편리하게 만들어 입는 사복과 같은 것은 변통할 수 있는 것"이라는 지적은 일견 당연한 것으로 읽히지만, 이 속에는 구본과 신참의 양면적 갈등이 내재하는 게 사실이다. 근대를 받아들이면서도 정통성을 유지하려는 조선의 입장이 여실히 드러나는 대목이다.

결과적으로 위와 같은 의례의 개정 방향은 황실과 국가의 개념을 분리하여 사고하는 데서 비롯했다고 볼 수 있다. 예제적 존재로서의 황실과 그 구성원 개개인은 오랜 기간 지속되어온, 그리고 지속되어야 한다고 믿어온 유교적 교의에서 벗어날 수 없었으며, 국내 정치의 체계 역시 오랜 관습이 만들어낸 전통에 근거하고 있음에도 불구하고, 적극적이건 수동적이건 새롭게 인식된 세계 속의 국가로서 대한제국은 국제적 관계가 요구하는 방식으로 '존재' 할 수 밖에 없었던 것이다. 황실과 국가가 분리된 상태로 이해되고 있다는 것은 기존의 세계관, 국가관에 중대한 변화가 있었다는 의미이다. 내적으로는 관성에 의한 중세 지향적 성격이, 외적으로는 외재적 요인에 의한 근대 지향적 성격이 표출되는 것 역시 동일한 선상에서 이해될 수 있는 대목이다. 어쩌면 조선 개국 초기에 국가적으로는 유교주의를 표방하면서도 왕실 내부 혹은 민간 깊숙한 영역에서는 불교적 색채가 지속된 것과도 맥을 같이하는 양상이라 할 수 있다. 사회의 시스템은 일시에 전환될 수 없기 때문에, 개개인의 일상을 규정하는 통과의례적 요소들과 전통에 기대어 존재하는 정통성의 요소들은 급격한 변화의 와중에서도 지속될 수 밖에 없는 성격을 띠었던 것이다.

　이러한 분리된 사고는 역법에서 명쾌하게 드러난다.[14] 의식을 규정하는 의례는 근본적으로 특별한 시점에 행하여진다. 가장 큰 규모의 조회인 조하는 정월 초하루와 동지, 매월 첫날과 보름 등에 열렸고, 각종 제사는 기일 등 정해진 날짜와 관련이 있다. 따라서 역법의 변경은 모든 의식의 존재근거를 뒤흔드는 지각변동이라 할 수 있다. 그럼에도 조선이 갑오개혁을 통하여 태양력 전용을 제도화한 것은 일본이 메이지 유신으로 양력 사용을 시작한 것과 관련 있으며, 양력이 갖는 "근대적"인 이미지, 국제적 교류에 적합한 역법이라는 생각과도 무관하지 않다. 그런데도 1896년의 기록에는 "또 신력(태양력)과 구력(시헌력)의 날짜는 원래 서로 어긋나는 점이 있으니, 정성스럽게 하고 신중히 하는 도리에 있어 더욱 마음이 편치 못하다. 지금부터 태묘, 전, 궁, 각릉과 각원의 제향은 한결같이 구식을 따르고 무릇 대사, 중사, 소사의 달과 날짜는 모두 구력을 쓰라"고 한 것은 전래의 의식이 음력과 뗄 수 없는 관계에 있기 때문이다. 태양력과 시헌력時憲曆을 동시에 사용하는 방식, 즉 이중력의 시행은 구본신참의 태도에 닿아있는 것이다. 황현은 《매천야록》에서 "개국 505년에 왕이 러시아 공사관에 머물렀다. 처음으로 시헌서를 고쳐서 시헌력이라 하였다. 국기일, 사전, 경축일, 오랜 명절을 역서의 상단 난외 부분에 기재하였다. 태양력과 일·월·화·수·목·금·토는 하단 난외 부분에 기재하였다. 공적인 일이나 사적인 일이나 모두 음력을 따랐지만, 오직 조야의 문서만큼은 양력 일자로 표기하였다. 수천 년 동안 이루어진 습관을 갑자기 바꾸는 것은 어려운 일이었다"고 말하였다. 즉, 종묘, 사직, 전각의 제사, 명절과 기원절을 음력으로 하고, 행정의 조서, 칙서, 공문은 양력으로 하고 있었다.

임현수는 아관파천 이후의 시헌력과 명시력明時曆에서 상단 난외 부분에 각종 의례가 해당 음력 일자로 기입된 것을 두고 "이는 음력의 고유한 기능이 의례력儀禮曆이라는 점을 강조하려는 의도로 풀이된다"고 하였다. 또한 조선적 유교 전통에서 국가적 의례의 설행은 국가 운영의 기본적 활동이었는데, 음력과 양력으로 역법이 분화됨에 따라 의례와 타 영역 사이의 분리가 일어나는 것을 두고 "전통 사회의 정교미분政敎未分의 상황이 해체되고 종교와 정치의 구분, 종교와 종교 아닌 것 사이의 구분이라는 근대적 상황이 비로소 발아하고 있었음을 알리는 신호탄"이라고 해석하였다. 이는 국가 의례 그 자체인 왕실 의례가 갖고 있었던 국가 운영의 "필수 요건"으로서의 성격이 와해되어 왕실 의례를 왕실의 그것으로만 이해하기 시작하였다는 것이며, 또한 유교 제의가 사회를 규정하는 총체적 규범으로서가 아니라 하나의 종교적 행위로 인식되기 시작하였음을 의미한다.

그런데 1896년부터 발행된 시헌력과 대한제국 시기에 들어와 발행된 명시력에 기입된 의례에는 전통적인 국가 의례가 아닌 것도 포함되어 있었다. 시헌력, 명시력에 기입된 의례는 대부분 길례로서 대사, 중사, 소사, 묘전궁의 제향, 왕실 가족의 탄신과 기신 등인데, 이와 별도로 이른바 '국가경일國家慶日'로 분류할 수 있는 의례가 함께 존재하고 있는 것이다. 이러한 의례는 갑오개혁 이후에 생겨난 왕태후폐하경절(王太后陛下慶節, 음력 1월 22일), 천추경절(千秋慶節, 음력 2월 8일), 개국기원절(開國紀元節, 음력 7월 16일), 만수성절(萬壽聖節, 음력 7월 25일), 왕태자비전하

탄신(王太子妃殿下誕辰, 음력 10월 20일), 서고일(誓告日, 음력 12월 12일) 등이다. 임현수는 이렇게 새로 제정된 의식일과 관련하여, 신이나 죽은 자들에 대한 제향만큼이나 태조가 조선을 개국한 날, 임금의 즉위일 등 역사적 사건이 있었던 날과 살아있는 자들의 기념일을 중시하는 경향이 강해 졌다고 평하였다. 새로운 의식일조차 명시력에서는 음력으로 기록되어 있었지만, 1908년을 끝으로 명시력의 발행을 중지하고 발행된 역서인 대한융희3년력, 대한융희4년력에서는 의례가 국가경일을 중심으로 양력으로 기록되었으며 전통적인 의례가 역서에서 사라지게 되었다. 순종 즉위년의 기록을 살펴보면 "나라의 역법에서 이미 양력을 사용하고 있습니다. 초하룻날 아침에 축하 조회 예식을 거행해야 하겠으니 음력 정월 초하루와 동짓날의 축하 조회 의식은 이제부터 진행하지 않는 것" 이 좋겠다는 내각총리대신 이완용의 제의를 받아들였고, 다음 해에도 설날에 덕수궁, 즉 고종에게 세배하고 경하하는 의식과 조회를 모두 그만두라고 지시하였던 사실을 확인할 수 있다.

또한 의식의 형식에서도 전통적인 관념과는 상당히 다른 모습들이 발견되기도 한다. 왕비가 연회를 위해 용산의 총독관저에까지 출궁하기도 하였고, 개국기원절에 베풀어진 경회루 연회에서는 각국 공사가 부부 동반으로 국왕을 배알하였고, 각 부의 칙임관 역시 부부 동반으로 연회에 참석한 바 있다. 왕비가 출궁하는 행위, 부부 동반으로 연회를 여는 방식은 전통적인 관념에서 보자면 대단히 이례적이다. 전통적인 연례가 외연과 내연으로 구분되어 남자들의 외연에는 여자 무희를 사용하는 일조차 경계해왔고, 여성이 중심이 되는 왕실 가족의 내연에는 마당에 발을 쳐서 남녀의 공간이 섞이지 않도록 배려했던 전통에 비추어볼 때, 이는 거의 불가능한 일이었다. 황현이 부부 동반 연회에 대해 "모두 구미의 풍습이다"라 평한 것은 남녀의 공간을 명확히 구분하고 의식에 있어서도 남녀를 구분하여온 조선적 의례와는 다른 모습이었기 때문이다.

이와 같이 통과의례와 길례 의식을 중심으로 지속되던 전통적 의식의 의미와 형식은 대한제국의 성립을 전후하여 황제의 위상에 걸맞은 의식으로 확장되기도 하였으나, 점차로 약화되어가는 경향을 드러내고 있었다. 복제 변동, 역법 변동 등 전통적인 의식을 위협하는 외부 요인에 적극적으로 대응하기보다는 "지켜내어야 하는 대상"으로 잔존하다가, 결국 가장 보수적인 상제례를 제외하고는 많은 부분이 사라진 것으로 보인다. 반면 근대성으로 포장된 국가 기념일이 등장하고 이들 의식의 형태가 서양의 그것으로 변화해가면서 국가의 의례는 점차 유교적인 엄격성에서 탈피해가고 있었다.

궁궐의 새로운 요구

전통 시대 의례 공간으로서의 궁궐은 근대사회에 들어 두 가지 경향의 변화에 직면했다. 조선 정부는 대한제국의 성립을 전후하여 내적으로는 전통적 세계관 속에서 제후국으로부터 황제국으로의 의례 격상이라는 경향에, 외적으로는 만국공법적 질서로의 편입과 연관된 근대적 의식의 정립이라는 또 다른 경향에 반응하여야 하는 상황에 놓였다. 조선의 이전 500년과 마찬가지로, 근대기의 궁궐 또한 이러한 건축 외적 변화에 따라 새로운 시설의 건립이나 기존 건축 공간의 개영 등 건축 내적 변화를 맞이하였다. 경복궁, 창덕궁, 창경궁, 경희궁, 경운궁 등 5개의 궁궐이 한양 도성의 많은 면적을 차지하고 있던 중세적 도시 구조는 새로운 방식으로 재정비되어야 하였고, 환구단의 건립, 종묘 의례의 격상 등 굵직한 변화가 이어졌다. 궁궐 내에 양관洋館이 설치되었고, 기존의 전각에서도 서양식의 실내장식이 등장했으며 새로운 형태의 가구가 실내를 채우기 시작하였다. 전통적인 좌식 공간의 개념은 종종 입식으로의 변경 요구에 직면하였으며, 궁궐과 관청의 전통적인 관계도 변화를 겪었다. 이 모든 것은 근대적 국가로 자리매김하려는 대한제국의 입장과 무관하지 않다.

첫 번째 방향성, 즉 황제국으로서의 위상을 갖추어가는 모습은 고종의 황제 즉위식에서 잘 드러난다. 황제를 상징하는 각종 의장을 환구단에 설치하여 그곳에서 즉위식을 거행하였으며, 경운궁으로 돌아와 태극전에서 백관의 하례를 받고 황후와 황태자를 책봉하는 일련의 의식을 거행하였다. 천자의 시설인 환구단을 설치한 것, 즉조당을 태극전으로 개칭하여 천자의 정전으로 삼은 것, 이후 경운궁을 정비하면서 새롭게 영건한 정전을 근정, 인정, 명정, 숭정이 아닌 중화中和라는 이름을 붙이고 전각 내외의 상징물을 황제의 그것으로 한 것 등은, 모두 조선이 더 이상 중국의 제후국이 아님을 표방하기 위한 건축적 장치들이었다. 하지만 19세기 말의 상황은 그렇게 단순하게 정리될 수 있는 것이 아니었다.

5 경복궁 집옥재.

6 환구단.

고종 31년 말의 기록에서는 "임금과 신하가 서로 만나는 예법을 참고하여 고쳐 정하되 될수록 간소하게 개정할 것"이라는 고종의 지시를 살펴볼 수 있다. 조정 관리의 예복을 간소화하고 지방의 감사, 유수, 병사, 수사 이하가 상달하는 공문서의 형식도 간략하게 하였으며, 관리들 상호 간에 만나거나 호칭하는 예법을 고치도록 하였다. 이 기록에서 가장 중요한 대목은 "이제부터 나라 정사에 관한 사무는 내가 직접 여러 대신과 토의하여 결재하겠다. 의정부를 대궐 안에 옮겨두되 내각으로 고쳐 부르고 장소는 수정전修政殿으로 하며, 규장각은 내각이라고 부르지 말 것이다"라는 부분이다. 조선 사회의 국가 운영은 임금과 관료 사이의 끊임없는 의견 조정과 견제를 통한 것이었음을 고려할 때, 의정부의 궐내 이설移設과 내각으로의 변동은 실상 군권의 견제와 관련이 있다. 의정부는 이미 조선 후기에 비변사 중심 체제로의 전환을 겪으면서 그 역할이 쇠퇴하였지만 최고 행정기관의 지위는 유지했다. 1884년에는 통리군국사무아문統理軍國事務衙門을 의정부에 합병하는 등의 변화를 겪다가, 1894년 갑오개혁 때 영의정 등 삼정승을 없애고 총리대신 체제를 구성하면서 그 직제가 크게 바뀌었다. 의정부를 궁궐 안으로 옮기고 내각으로 개칭한 것은 이러한 과정의 끝에 놓여있는 사건이었다. 의정부를 육조거리에서 궐내로 옮긴 것은 정치체제의 변동일 뿐만 아니라 궁궐 안팎의 전통적인 구성을 변화시키는 일이었다. 수정전은 조선 전기에는 존재하지 않았던 전각일 뿐만 아니라 보편적인 전각 형식을 띠지도 않았다. 의정부가 이곳으로 옮겨지기 전 수정전에 대한 보수가 있었으며, 《북궐도형》 등에서 파악되는 수정전 일곽의 모습은 의정부 이설 이후의 상황으로, 그 이전의 모습을 그린 것으로 이해되는 《경복궁배치도》의 모습과는 꽤 다르다고 이혜원은 지

적하였다.[15]

대한제국기에 들어서도 국정 운영은 의정부회의를 거쳐 이루어지는 것이 기본 형태였지만, 실제로 황제정의 집행 기구는 궁내부라 할 수 있다. 1896년 9월 내각을 폐지하면서 의정부가 회복되기는 하였으나 명칭만 의정부일 뿐, 내각제의 틀을 유지하면서 의정의 위상은 형식적인 데 국한하고 국왕이 만기를 통령한다는 것을 명문화하였다. 또한 의정은 상례, 혼례 등 왕실의 통과의례가 있을 때 외에는 궐석闕席으로 두었기 때문에 의정부의 존재는 전통 사회의 의례를 집례하는 것으로 국한되었다. 궁내부대신조차 의식이 있는 경우를 제외하면 거의 궐석으로 되어있었던 것으로 보아, 전통적 관제는 전통적 의례에 국한되어 운영되고 있었다고 할 수 있다.

궁궐 내 전각의 이용에서 발생할 수 있는 변화는 좌식 공간으로부터 입식 공간으로의 변화다. 조선의 궁궐에서 입식 공간으로 분류될 수 있는 것은 주로 의식용의 전각이다. 대표적인 것은 근정전, 인정전 같은 정전으로, 전각 내외의 공간을 의식에서 함께 사용하기 때문에 방전方甎으로 마감한 바닥을 둔 입식 공간으로 구성되었다. 기타 부속시설 중에서도 입식 공간이 다수 있었지만, 전통적인 건축 관습에서 볼 때 생활의 공간은 기본적으로 좌식이었다. 그러다가 근대기에 들면서 침전의 공간에도 입식화가 진행되기 시작하였다. 예를 들어 1917년 창덕궁 화재 후 경복궁에서 이건된 희정당과 대조전은 서양식 포치porch의 설치 등 전각 형태뿐만 아니라 실내공간의 형태에서 큰 변화를 겪었다. 두 전각은 모두 침전의 역할을 하였는데, 전통적으로 침전의

7 창덕궁 희정당 전경.
8 창덕궁 희정당 내부.

중앙부는 3칸의 대청이 자리하여 전통적인 의식 공간으로 사용하는 것이 보통이다. 그러나 새로운 희정당과 대조전에는 대청에 응접실을 꾸미며 탁자와 의자를 두었고 방 안에도 입식 생활의 흔적이 덧칠해져있다. 희정당 응접실의 벽 상부에는 해강 김규진(金圭鎭, 1868~1933)의 산수화 대작이 걸려있다. 하나는 〈금강산 만물상도〉고 하나는 〈총석정 해금강도〉다. 그림은 폭 8.85미터, 높이 1.8미터 정도의 큰 규모다. 희정당과 마찬가지로 대조전 실내 역시 입식 가구가 즐비하게 들어서있고, 마루를 깐 모습도 서양식으로 낯설다. 왕의 침실인 동쪽 온돌은 좌식 공간으로 꾸몄고 왕비의 침실에는 침대를 놓았다. 대청의 동쪽 벽 상부에는 봉황을 그렸고 서쪽에는 백학 그림으로 장식하였다. 이 두 그림은 오일영, 김은호, 이상범, 노수현 화백의 합작품이며 각각 폭 5.3미터, 높이 1.8미터 정도 되는 큰 그림이다. 희정당과 대조전 공사의 기본 방침이 "조선식을 위주로 하고 그 나머지는 양식을 참고하기로" 한 것이기는 했지만, 좌식 전용의 공간에 입식 요소가 상당 부분 삽입됨으로써 전통적인 의례의 배경이 되기는 어려운 모습으로 바뀐 것이

궁궐 의례의 변화와 존속 113

다. 또한 '실내장식'이라는 요소가 도입되어 임금의 상징과 관계없는 해금강도, 만물상도를 그려넣은 것도 개념적으로 큰 변화에 해당한다고 하겠다. 이는 인정전 실내에 마루를 깔고 커튼 박스와 전등을 설치한 것과 맥을 같이하는 부분이다.

기존 전각의 변화만큼이나 주목되는 것은 양관의 건설이다. 1900년경 경운궁에는 다수의 양관이 설치되었다. 돈덕전, 구성헌, 정관헌, 중명전, 석조전 등이 그것이다. 돈덕전에서는 순종의 즉위식이 있었고, 중명전은 1901년 황실 도서관으로 지어진 건물로 고종의 편전이나 외국 사신을 알현하는 공간으로도 사용되었다. 석조전은 거실과 접견실, 황실의 침실과 욕실 등으로 구성되었으며, 정관헌은 연회 등을 위해 건립하였다. 이들 전각의 용도를 보면, 본디 정전에서 이루어지던 즉위식 거행, 전통적인 전각에 투영되어있었던 편전 기능이나 사신 접

9 덕수궁 석조전.

견의 기능, 심지어 침전의 기능을 수행하기도 한다. 이처럼 전래의 공간과 전혀 다른 공간에서 동일한 행위가 수용되었다는 것은 이들 행위가 갖고 있었던 의례적 엄밀함이 약화되었음을 의미한다. 특히 환구단과 태극전을 사용했던 고종의 즉위식과는 달리 순종의 즉위식이 돈덕전에서 거행되었다는 점은, 당시의 국가 상황을 고려한다 할지라도 특기할 만하다. 국가 권위의 추락에 의해 황제의 예로 즉위할 수는 없었겠지만, 오랜 전통에 따라 원래의 정전을 사용할 수 있었음에도 양관에서 즉위식을 거행했다는 것은 결국 전통적 의례의 전면적 파기를 뜻하기 때문이다. 한편 황실 밖 궁내부, 탁지부, 평리원, 한성전기회사 등이 모두 서양식으로 지어졌으며, 경운궁과 환구단을 중심으로 방사상의 도로망을 구축하여 서울의 도시 구조를 서양식으로 개조하고자 했던 시도도 존재했다.16 이 모든 것은 결국 전통적 의례의 지속이 얼마나 협소한 부분에서만 가능했었는지를 보여준다. 상장례를 중심으로 한 최소한의 의례만이 남겨진 채, 조선적이라 할 수 있는 전통성은 점차 소멸되어갔다.

전통적 정치체제의 약화, 통과의례를 제외한 의례의 소멸은 다수 궁궐을 선택적으로 운영하여온 그간의 관습을 바꾸게 하였다. 조선왕조 궁궐 운영의 가장 큰 특징 가운데 하나는 다수 궁궐의 운영이었다. 고종 연간에 들어 경희궁의 궁역을 각 사묘의 궁방전宮房田으로 분할해주면서 이미 궁궐 운영 방식의 변화는 시작되었지만, 경복궁과 창덕궁이 양대 궁궐 체제는 비교적 적극적인 방식으로 활용되고 있었다. 그러나 아관파천, 고종의 양위 등을 거치면서 각 궁궐은 원래의 역할로부터 괴리되어갔다. 고종의 덕수궁, 순종의 창덕궁만이 미약하나마 원래의 기능을 유지할 뿐, 조선의 여러 궁궐은 이미 유명무실해진 상태였다. 특히 일제강점기로 접어들면서 궁궐의 공간은 손쉽게 활용할 수 있는 도시 내 거대 필지나 다름없이 그 격이 추락하였고, 물산공진회 장소로, 시민들의 위락 시설로 변모하였다. 이러한 궁궐의 최후에 대해서는 이 책의 다른 글을 참고하기 바란다.

궁궐의 쇠락과 궁중 의례의 퇴조는 같은 길을 걸을 수밖에 없다. 조선의 궁중 의례는 황제국 의례로 격상되면서 일견 확장되는 모습을 보였으나, 근대기의 전반적 경향은 사라질 수 없는 것만 잔존해가는 양상이었다. 상장례로 대표되는 통과의례가 비교적 지속성을 가질 수 있었던 것은, 그것이 국가 차원의 의례이기 이전에 개인적 통과의례의 속성을 지녔고, 그래서 가장 건드리기 어려운 지점이었기 때문으로 해석된다. 다만 유의할 점은, 이러한 변화가 오로지 외재적 요인에 의해 수동적으로 이루어진 것만은 아니라는 사실이다. 의례 소멸의 과정에서도 기존 의례가 지닌 상징성을 대체할 만한 새로운 의식의 형태를 탐색하였고, 어떤 경우에는 근대적 면모를 갖추기 위한 적극적 변모의 과정을 거치기도 하였다. 결국 이 글에서 다루고자 했던 '궁궐 의례의 변화와 존속'은 조선적, 넓게는 중화 세계적 '예禮'가 근대의 시기에 어떤 의미를 갖고 있었는가로 압축된다. 군생의 생존 법칙으로서의 예치 관점은 국내의 사회계층과 국제적 관계를 규정해온 기준이었으며, 이 관점을 파기하는 것은 대단한 모험일 수밖에 없었음을 이해하여야 한다. 아울러 국제사회의 일국으로 존립하기 위해 선택해야 했던 내재적·외재적 이유로부터 이 문제를 바라보아야 한다. 이 시기의 민본주의와 예치 지향이, 근대 정치체제의 수립과 외교의 관점이 그 자체로 미래지향적이건 수구적이건 간에, 그 속에는 복합적인 문제가 내포되어있다. 그로부터 영향 받은 궁궐의 건축 또한 서양 건축의 이식으로만 해석할 수 없다. 근대기의 궁궐을 파괴의 과정으로만 인식하면, 근대와 전근대, 유교주의와 근대주의, 중화적 세계 질서와 서양적 만국공법, 자주와 외세가 가장 첨예하게 갈등하였던 중요한 시기를 그저 양자 간의 대립 속에서 일방적으로 패배하는 과정으로만 오독할 위험이 있다. 오히려 그 과정 속에서 발현된 다양한 사고와 경향을 읽어내는 작업이 중요하다.

---

[1] 《국조오례의》는 성종 5년에 완성된 조선 시대의 법전으로 길례, 가례, 빈례, 군례, 흉례의 오례 각 항목의 예법과 절차를 상세히 다룬다.

[2] 유가궁실제경학사儒家宮室制經學史라 일컬어지는 학문으로 聶崇義, 馬端臨, 張惠言, 胡培翬, 洪頤煊 등에 의해 크게 융성하였다.

[3] 상고주의尚古主義는 과거 지향적 유토피아 개념으로 하夏·은殷·주周 삼대의 치세를 이상적인 사회상으로 인식하는 태도다. 궁실제 경학의 연구 문헌 역시 상고주의와 관련하여 《예기禮記》, 《의례儀禮》, 《주례周禮》의 삼례서를 중심으로 하고 있다.

[4] 세종조의 경복궁 개영에 관해서는 김동욱, 〈조선초기 경복궁 수리에서 세종의 역할〉, 《건축역사연구》 11권 4호, 한국건축역사학회, 2002.12. 참조.

[5] 성종조의 《국조오례의》를 수정·보완하여 편찬한 영조조의 책으로 새롭게 등장하거나 필요성이 발생한 의절을 포함시켰을 뿐만 아니라, 경복궁이 없는 상황에서 경복궁 중심으로 기술된 의례 규정을 창덕궁, 창경궁, 경희궁의 상황에 맞도록 수정한 '고이考異' 편을 싣고 있다.

[6] 정조의 품계석 설치와 〈정아조회지도〉의 제작에 관해서는 조재모, 〈영·정조대 국가의례 재정비와 궁궐건축英·正祖代 國家儀禮 再整備와 宮闕建築〉, 《대한건축학회논문집 계획계》, 21권 12호 통권 206호, pp.217~224, 2005.12. 참조.

[7] 《인조실록》 권38 인조 17년 4월 21일 무신戊申. 경연 제도의 확립에 관해서는 강태훈, 〈경연과 제왕교육〉, 《한국교육학전서》, 재동문화사, 1993. 참조.

[8] 최근 사학계에서도 고종 시대에 대한 관심이 높아지고 있다. 이태진, 《고종시대의 재조명》, 태학사, 2000., 교수신문, 《고종황제 역사청문회》, 푸른역사, 2005., 한영우 외, 《대한제국은 근대국가인가》, 푸른역사, 2006. 등은 이 글의 작성에 크게 참고된 서적들이다.

⁹ 강상규, 〈고종의 대내외 정세인식과 대한제국 외교의 배경〉, 《대한제국은 근대국가인가》, 푸른역사, 2006.

¹⁰ 《공법회통》은 국제법 서적으로 독일 법학자 Johannes C. Bluntschli, 《Das moderne Völkerrecht der civilisierten Staaten als RechtsuchÄ dagestellt》, 1867.를 William A. P. Martin이 청에서 한역漢譯한 것으로 10권 3책의 활자본이다. 우리나라에서는 1896년 학부편집국에서 3책으로 인쇄, 배포되었다.

¹¹ 《대한국국제》는 1899년 반포된 한국 최초의 근대적 헌법으로 근대 제국의 절대 왕정 체제를 도입하여 왕권의 전제화를 꾀하는 것이었다. 이 글에서는 서영희, 《대한제국정치사연구》, 서울대학교출판부, 2003.을 참고하였다. 《대한국국제》의 내용은 다음과 같다.

    제1조, 대한국은 세계 만국에 공인되어온 바 자주 독립하온 제국이니라.
    제2조, 대한제국의 정치는 이전부터 오백년간 전래하시고 이후부터는 항만세恒萬歲 불변하오실 전제 정치이니라.
    제3조, 대한국 대황제께옵서는 무한하온 군권을 향유하옵시느니 공법公法에 이르는 바 자립 정체이니라.
    제4조, 대한국 신민이 대황제의 향유하옵시는 군권을 침손할 행위가 있으면 그 행위의 사전과 사후를 막론하고 신민의 도리를 잃어버린 자로 인정할지니라.
    제5조, 대한국 대황제께옵서는 국내 육해군을 통솔하옵셔서 편제編制를 정하옵시고 계엄・해엄을 명령하옵시니라.
    제6조, 대한국 대황제께옵서는 법률을 제정하옵셔서 그 반포와 집행을 명령하옵시고 만국의 공공公共한 법률을 효방效倣하사 국내 법률로 개정하옵시고 대사・특사・감형・복권을 명하옵시느니 공법에 이른바 자정율례自定律例이니라.
    제7조, 대한국 대황제께옵서는 행정 각 부府의 관제와 문무관의 봉급을 제정 혹은 개정하옵시고 행정상 필요한 칙령을 발하옵시느니 공법에 이른바 자행치리自行治理이니라.
    제8조, 대한국 대황제께옵서는 문무관의 출척黜陟・임면을 행하옵시고 작위・훈장 및 기타 영전榮典을 수여 혹은 체탈遞奪하옵시느니 공법에 이른바 자선신공自選臣工이니라.
    제9조, 대한국 대황제께옵서는 각 국가에 사신을 파송 주찰駐紮케 하옵시고 선전・강화 및 제반약조를 체결하옵시느니 공법에 이른바 자견사신自遣使臣이니라.

¹² 한영우, 〈대한제국을 어떻게 볼 것인가〉, 《대한제국은 근대국가인가》, 푸른역사, 2006. 그리고 유사한 개념으로 '동도서기東道西器'에 대해서는 노대환, 〈19세기 동도서기론 형성과정 연구〉, 서울대학교 국사학과 박사학위논문, 1999.를 참조할 수 있다.

¹³ 한영우, 〈대한제국을 어떻게 볼 것인가〉, 《대한제국은 근대국가인가》, 푸른역사, 2006.

¹⁴ 역법에 관해서는 임현수의 견해에 전적으로 기대어 서술하였다. 임현수, 〈대한제국시기 역법정책과 종교문화〉, 《대한제국은 근대국가인가》, 푸른역사, 2006.

¹⁵ 이혜원, 〈고려대학교 박물관 소장 '경복궁배치도'의 제작시기와 史料價値에 대한 연구〉, 《건축역사연구》 17권 4호 (통권59호), 한국건축역사학회, 2008.

¹⁶ 김광우, 〈대한제국 시대의 도시계획―한성부의 도시개조사업〉, 《향토서울》 50집, 1990.

일제에 의한 조선 궁궐 수난사

평양의 황건문이 남산으로 내려온 까닭은?
- 궁궐 전각의 민간 이건과 변용

대한제국, 평양에 황궁을 세우다
- 풍경궁의 영건에서 훼철까지

창경원과 우에노공원, 그리고 메이지의 공간 지배

일제강점기에 궐 밖으로 옮겨진 전각은 헤아릴 수 없이
많다. 조선의 정궁인 경복궁만 하더라도 일제강점기에
철거되거나 궐 밖으로 이건된 건물이 356동(4648칸)에
이른다. 경희궁은 1930년에 이르러 몇몇 회랑을 제외한
거의 모든 전각이 철거되었다. 이렇게 사라진 전각
가운데 상당수가 민간에 팔려 이건移建된 후 음식점,
기생집, 살림집, 사찰 등으로 사용되었다. 심지어 이들
가운데 일부는 바다 건너 일본으로까지 옮겨졌다.
황건문 현판은 동국대학교 도서관에서 보관 중이었으나
전시장 패널 뒤에 아무렇게나 방치된 상태였다. 나머지
유구遺構의 행방은 확인되지 않았고, 수소문 끝에 인근
야산에 버려진 주춧돌 여섯 개를 찾아낼 수 있었다. 평양
이궁에서 600리 길을 내려와 비에 젖어 지붕이 내려앉고,
결국엔 이렇게 뿔뿔이 흩어져 내버려진 신세가 되었다.

평양의 황건문이
남산으로 내려온 까닭은?

— 궁궐 전각의 민간 이건과 변용

박성진_마드리드공과대학 석사과정

정조正祖 임금의 일대기를 다룬 MBC 사극 〈이산李祘〉(2007)에서 정조는 아버지인 사도세자가 숨겨놓은 유품을 찾기 위해 어렸을 적 인왕산에 오른 기억을 떠올리며 이렇게 말한다.

"아바마마와 인왕산에 유관遊觀을 나갔을 때, 내 기억이 맞는다면 황학정黃鶴亭에 잠시 머물렀을 것이네. 그렇다면 그 거북바위를 찾았던 곳은 이 부근 어디일 것이네."

매우 상세하여 얼핏 그럴싸한 설정으로 보이나 이런 상황은 실제로 불가능한 일이었다. 황학정이 지금의 인왕산에 자리 잡은 시점은 1922년으로, 정조가 1800년에 승하하고도 한참 후의 일이기 때문이다. 본디 황학정은 경희궁에 있던 전각으로 일제강점기인 1922년에 인왕산으로 옮겨졌다. 드라마는 건물의 역사를 모른 채 현재의 위치만을 보고 이야기를 구성한 것이다.

황학정처럼 일제강점기에 궐 밖으로 옮겨진 전각은 헤아릴 수 없이 많다. 조선의 정궁인 경복궁만 하더라도 일제강점기에 철거되거나 궐 밖으로 이건된 건물이 356동(4648칸)에 이른다. 경희궁은 1930년에 이르러 몇몇 회랑을 제외한 거의 모든 전각이 철거되었다. 이렇게 사라진 전각 가운데 상당수가 민간에 팔려 이건移建된 후 음식점, 기생집, 살림집, 사찰 등으로 사용되었다. 심지어 이들 가운데 일부는 바다 건너 일본으로까지 옮겨졌다. 또한 당시 경매되었던 전각 중 일부는 한인들에게도 매각되었는데, 이것이 사회적으로 문제시되기도 했다. 친일파로 알려진 장헌식張憲植은 한성부윤으로 있으면서 경복궁의 석재와 목재를 구입해 집을 지어 〈대한매일신보〉로부터 "기막히다"는 질타를 받았다.

사실 일제강점기 이전에도 궁궐 전각의 이건이 없지는 않았다. 인조는 1632년에 광해군이 지은 인경궁仁慶宮을 헐어다가 창경궁을 수리하는 데 사용했고, 현종은 창덕궁의 집상전集祥殿을 고치기 위해 경덕궁敬德宮의 집희전集禧殿을 옮긴 일도 있다. 1917년에는 화재를 입은 창덕궁을 정비하기 위해 경복궁의 많은 전각이 이건되었다. 이 과정에서 경복궁 강녕전康寧殿이 창덕궁의 희정당熙政堂으로 바뀌었고, 경복궁 자경전慈慶殿 북쪽의 만경전萬慶殿은 창덕궁에 옮겨 세워져 1920년 경훈각景薰閣이 되었다. 하지만 이러한 사례는 주로 궁궐 내부에서 이루어졌거나 화재로 소실된 전각을 복구하기 위하여 간혹 다른 궁궐의 전각을 옮긴 것이나, 일제강점기에는 궐 밖 민간으로 전각 이건이 이뤄졌다는 점에서 큰 차이가 있다.

일제강점기에 일본에서 제정된 법률에 의하면 건축문화재도 이송·반출의 대상이고 동산動産문화재와 같은 성격으로 이해되고 있었다. 일제강점기의 문제는, 이렇듯 궁궐의 전각을 동산문화재 개념으로 인식하여, 건물 자체의 상황과는 별도로 외부 요구와 주변 상황에 따라 건물 이건이 이루어짐으로써 사적 소유권의 개념이 형성되었다는 데 있다. 일제강점기 궁궐 건축의 민간 이건 사례는 문화재 보전의 공적 소유 개념이 사적 소유 개념으로 전환되는 경우였다. 따라서 일제강점기의 전각 이건은 앞서 언급한 인조나 현종 때의 건축문화재 보존과는 전혀 다른 훼철毀撤로 보아야 한다.

경복궁에는 후원과 궁성을 제외하고도 대략 7225.5칸 규모의 전각이 있었는데, 이 가운데 1990년대 중반까지 남아있던 것은 10퍼센트가 채 안 되는 695.5칸에 불과했다. 이 글에서 주목하는 것은 나머지 90퍼센트(6530칸)에 대한 이야기다. 현재 사라진 전각의 소재와 쓰임, 이건 경위 등을 모두 파악할 수는 없겠지만, 서울의 궁궐 가운데 근대기에 가장 큰 훼손을 겪은 경희궁과 경복궁의 대표적인 전각과 평양 풍경궁의 황건문 이건 사례를 통해 궐 밖 궁궐 건축에 대해 살펴보겠다.

경희궁

2008년 5월 9일 〈KBS 전국노래자랑〉 종로구 편 녹화가 경희궁慶熙宮에서 진행되었다. 자못 그 광경이 궁금하여 창덕궁 앞에서 택시를 타고 행선지를 경희궁이라 말했는데 기사가 도무지 알아듣질 못한다. 위치를 설명해주었더니 기사는 그제야 "아! 서울고등학교 자리요? 거기 서울역사박물관이잖아요"라며 되레 핀잔을 준다. 이제 경희궁에 대한 기억은 서울역사박물관과 서울고등학교에 밀려 '경희궁공원', '경희궁지' 정도로 희미하게 남아있다. 숭정전 일곽에서 벌어진 〈전국노래자랑〉의 혼탁한 풍경만 보더라도 이곳을 궁궐이라고 부르기엔 민망한 현실이다.

본래 경희궁의 위상은 이렇지 않았다. 1617년에 창건된 경희궁은 임금이 잠시 거처하는 궁궐로 조성되기 시작했지만, 창건 당시 정전·동궁·침전 등이 무려 1500칸에 달했다. 한때는 이름 있는 전각만 해도 120채가 넘었고, 부속건물까지 합하면 수천 칸에 이르렀

1 경희궁 숭정전 일곽에서 열린 〈전국노래자랑〉 녹화 모습.

다고 한다. 인조 대인 1624년 처음 사용한 이후 영조 대까지 160년 동안 열일곱 번 경희궁으로 이어移御하여 대략 62년간 이용되었으니 조선왕조의 이궁離宮으로서 어엿한 위상을 지녔다고 할 만하다. 하지만 정조 대에는 한 번도 이어하지 않다가 경복궁 중건과 함께 방치되기 시작한다. 1868년 궁내의 빈 땅이 4궁(용동궁, 수진궁, 명례궁, 어의궁)에 경작지로 분배되면서 경희궁은 궁궐로서 권위를 완전히 상실했다. 1910년 일제에 의한 국권피탈 당시 경희궁에는 오로지 숭정전, 회상전, 흥정당, 흥화문 및 무덕문지, 각 회랑, 황학정만이 남아있었고, 궐내에 경성중학교가 들어서자 이들마저도 이건·변용變用되기에 이른다. 1911년 6월 26일 경희궁의 모든 토지와 건물은 총독부에 인계된다.

광복 후에도 경희궁의 처지는 별반 다르지 않았다. 경성중학교는 폐교되었지만 그 자리엔 다시 서울고등학교가 들어섰다. 1980년 서울고등학교가 서초동으로 이전하면서 이 터는 현대건설에 매각되었고,

평양의 황건문이 남산으로 내려온 까닭은? 125

이후 다시 서울시에 매입되었다. 그러나 서울시는 어렵사리 되찾은 경희궁지를 1985년 공원용지로 지정해 경희궁공원으로 개방하더니, 이도 모자라 발굴되지 않은 경희궁 궁역 위로 육중한 서울역사박물관을 세움으로써 향후 궁궐 복원의 여지를 스스로 막아버렸다. 경덕궁, 경희궁, 서궐, 새문안대궐, 야주개대궐, 흥화문대궐 등으로 불리며 희미하게 이어 내려오던 조선왕조 궁궐의 역사가 아이러니하게도 역사박물관 아래 묻혀버린 셈이다.

어좌에 불상이 들어앉다, 숭정전과 회상전

1929년 발행된 《별건곤別乾坤》 제23호에 '벽해상전같이 격변한 서울의 옛날 집과 지금 집'이라는 제목의 글이 실렸다.

> 경전본정 종점에서 정남으로 보이는 남산 지맥에 한 종루가 있으니 차는 일본인의 조계사다. 그 정문은 원래 평양이궁의 황례문(황건문)으로 대정 14년에 이건하였고 그 문내 좌측에는 큰 암석상에 '동악선생시단' 육자를 각하얏스니 전일 선조 때 유명한 문장 이동악 안눌 선생의 유지다. 그리고 그 사의 본당인 조선식 건물은 원광해조가 건축한 경희궁의 정전인 숭정전으로 대정 15년에 이축한 것이다. 그 사는 조선 고적의 집합소라 하여도 가하다.

이 글에서 드러나듯이 남산에 있던 일본계 사찰 조계사曹谿寺에는 경희궁의 숭정전崇政殿과 회상전會祥殿, 풍경궁의 황건문 등 높은 가치를 지닌 궁궐 전각들이 옮겨 세워졌다. 숭정전은 궁궐에서 가장 중히 여기는 정전이요, 회상전은 임금의 침소였다. 황건문은 궁궐의 대외적

2 1902년 경희궁 숭정전.

상징인 정문이었다. 이렇듯 궁궐의 기본 골격을 이루며 핵심적인 역할과 상징을 담당해야 할 정치공간과 내밀한 생활공간이 어찌하여 이곳까지 오게 되었는지, 가히 벽해상전에 비유될 만한 처지가 된 것이다.

숭정전은 조계사로 옮겨지기 전부터 이미 궁궐의 정전으로서 쓰임과 위상을 잃어버린 상태였다. 경희궁과 함께 오랫동안 방치된 숭정전은 19세기 말에 그 행각行閣이 곡식 창고로 사용되었다. 1869년 4월 의정부에서 곡식 창고가 부족하니 경희궁 빈터에 새로 짓자고 상주上奏하자, 고종은 새로 짓지 말고 숭정전의 행각을 임시변통해 사용하라고 지시한 것이다. 1904년이전 프랑스인 교사 알레베크Charles Aleveque가 촬영한 사진에는 지게를 가진 일꾼 옆으로 박석을 걷어내고 숭정전 주변을 경작지로 사용한 흔적이 엿보인다.

숭정전의 본격적인 훼철은 1910년 경성중학교가 경희궁에 들어서면서 시작된다. 이후 1924년까지 숭정전은 경성중학교의 교실로 사용되었고, 1926년 3월 경성부 대화정 삼정목의 조동종曹洞宗 양본산별원 조계사로 매각·이건되어 본당으로 사용되었다. 한 나라의 대소 신료가 막중한 국사를 논하던 정치공간이 졸지에 사찰의 법당으로 뒤바뀐 것이다. 어좌御座가 있던 곳엔 불좌佛座가 있고, 임금이 앉던 자리엔 불상이 놓였다.

광복 이후에도 형편은 크게 달라지지 않았다. 1945년 조계사가 혜화불교전문학교(현 동국대학교) 소관이 되자 숭정전은 다시 강의실로 사용되었다. 그런데 어떻게 된 영문인지, 이 시기 숭정전은 조계사 때보다 더 심하게 훼손되었다. 전통 문살 대신 벽과 유리창이 생기고, 중앙

3 동국대학교의 강의실 겸 강당 역할을 한 숭정전.

4 1970년대 초 동국대학교 항공사진에 나타난 숭정전과 황건문의 배치.

에 출입문이 만들어졌다. 내부에선 학생들이 신발을 신은 채 의자에 앉아 강의를 들었다. 1963년경에는 체육관(선무도장)으로 사용되는 등 숭정전은 학교 사정에 따라 이런저런 용도로 사용되면서 점차 원형을 잃어갔다.

숭정전이 다시 한 번 이건되어 현재 위치로 온 때는 1977년이다. 동국대학교가 대대적인 시설 확장을 계획하면서 숭정전 이건 및 복원 공사를 추진하였고, 1977년 2월 8일 학교 법당 정각원正覺院으로 개원하여 지금에 이른다. 1980년대 말에는 경희궁을 정비하면서 동국대 내의 숭정전을 원래 자리로 이건하는 방안이 검토되었으나, 소유권 문제와 부재의 손상 우려로 본 건물은 교내에 그대로 남겨둔 채 1989년 경희궁지에 현재의 숭정전을 새로 지어 복원하였다. 숭정전이 두 개가 되어버린 것이다.

5 현 동국대학교 정각원으로 사용 중인 숭정전의 모습.

원래 숭정전은 1618년 창건 이래 별다른 피해를 입지 않아 창건 당초의 모습을 간직한 건물이었다. 여러 사진 기록으로 미루어볼 때 일제강점기에도 숭정전의 이런 가치는 상당 부분 유지되었다. 그러나 광복 후 동국대학교 시설물로 활용되면서 건축물로서뿐만 아니라 입지 환경 면에서도 심각하게 훼손되었다. 1974년 1월에는 숭정전이 서울시 유형문화재 제20호로 지정되었음에도 동국대학교이 시설 확장 계획에 따라 다시 한 번 옮겨지면서 복원 공사가 진행되었다. 한 건물의 보존 및 복원은 건물 그 자체만의 문제가 아닌 이상, 주변의 공간 환경을 함께 고려할 필요가 있다. 현재의 위치로 이건된 숭정전은 이 점이 간과되었고, 결국 더욱 열악한 공간 환경 속에 놓이게 됐다. 숭정전의 문제는 현재의 입지에 대한 역사적·건축적 타당성 부재에 있다. 오늘날 숭정전은 조선 중기의 건축양식과 조선 궁궐 건축의 근대기적 상황을 보여주는 궁궐 밖 사례로서 큰 의미가 있다. 하지만 현재의 장소는 단지 학교 시설 계획상의 편의를 위한 곳이지, 숭정전의 역사적 상황과 건축적 가치를 반영하는 장소라고는 전혀 볼 수 없다.

한편 조계사에서 숭정전과 동고동락했던 또 하나의 전각은 바로 경희궁 회상전이다. 순조 31년에 건립된 회상전은 경희궁의 정침으로 정면 7칸 가운데 중앙 3칸이 툇간이다. 기단은 툇간에 맞춰 중앙 절반가량이 전면으로 돌출되고, 여기에 다시 계단이 있는 이중 기단이었던 것으로 보인다. 《서궐영건도감의궤西闕營建都監儀軌》 실입實入 편에는 주요 전각의 목재 수량이 기록되어있다. 이로써 전각의 규모와 그 위상을 따져볼 수 있는데, 회상전은 단일 전각의 규모로는 가장 많은 목부재가 사용되었으며, 칸수도 18칸에 이른다. 게다가 회상전 일곽에는 벽파담碧波潭이라는 수水공간이 화계花階와 어울려 공간의 아름다움을 더했다. 물량적인 면과 공간구성의 미학적인 면 모두 크게 공을 들인 전각이었다.

회상전은 조선총독부 설치 이전인 통감 정치 시대에 일본인 소학교의 임시 교실로 사용되다가, 이곳에 경성중학교가 들어서자 1911년부터 1921년까지 중학교에 부설된 임시 소학교 교원양성소의 교실 및 기숙사로 사용되었다. 이후 1928년 5월 조계사로 매각된 회상전은 주지 집무실로 사용되었다는데, 더 이상 자세한 기록은 찾아볼 수 없다. 단지 1936년 1월 15일자 〈동아일보〉 기사를 통해, 전날 조계사에서 발생한 화재로 회상전이 소실되었음을 파악할 따름이다.

이토 히로부미를 기리게 된 흥화문興化門

동국대학교가 자리한 서울 중구 필동 근방은 일제강점기에 일본의 각 종파에서 남산의 경승지를 골라 제각기 사찰을 건립했던 지역이다. 일본인 거주 지역이었던 남산과 그 주변에는 꽤 많은 일본계 사찰이 모여있었다. 이 중 조계사와 더불어 대표적인 일본계 사찰로 이름을 날린 것이 박문사博文寺였다. 박문사는 이토 히로부미를 기리는 사찰로 일본인 및 친일파 위령제, 조선인 교화강습회, 태평양전쟁 필승대회 등이 행해진 곳이다. 곧 단순한 종교시설로서의 의미와 역할을 넘어, 식민지 지배 이념을 실천하는 중심 기구로 기능했다.

이런 사찰에 경희궁의 정문인 흥화문이 옮겨져 정문으로 사용되었다. 총독부가 '조선의 고적·명소 보존령'에 따라 1931년 6월 경희궁 전각으로는 유일하게 조선의 고적으로 지정한 흥화문은 이듬해인 박문

6 박문사 경춘문으로 사용된 흥화문.

사의 정문으로 이건되었다. 조계사는 황건문을, 이웃하는 박문사는 흥화문을 옮겨와, 두 사찰이 경쟁적으로 우리 궁궐의 문화유산을 정문으로 삼은 셈이다. 그런데 흥화문은 1932년 박문사로 옮겨가기 전에도 이미 한 차례 이건된 전력을 갖고 있었다. 《경성부사京城府史》는 "원래 흥화문은 경희궁지의 동남쪽 모퉁이에 있고, 동향으로 지어졌지만 대정 4년(1915) 8월 도로 수리(경성시구 개수계획) 때 도로를 따라 남향으로 이전했다"고 기록한다. 여기서 흥미로운 점은 본디 동향이었던 흥화문의 방향이 이건 과정에서 도로와 면하는 남향으로 바뀌었다는 것과, 흥화문이 도로 수리 시에 영향을 받을 만큼 도로와 인접하지 않았다는 것이다. 이건 이전에 촬영한 사진에 나타난 도로와의 이격 거리로 보아, 흥화문 이건 원인을 일제가 설명하는 도로 수리로는 볼 수 없다.

이 같은 정황으로 미루어, 흥화문 이건에는 다른 요인이 작용했음이 틀림없다. 《조선지형도집성朝鮮地形圖集成》의 '대정 10년(1921) 수정 측도 경성(경성서북부)①'에서 그 단서를 찾을 수 있다. 이 지형도를 보면, 도로를 대면하고 있는 흥화문 뒤로 별도의 건물 4동이 들어서있다. 그리고 이는 담장과 같은 하나의 영역으로 묶여있다. 이 건물들은 1915년의 지형도에서는 보이지 않던 것이다. 상황을 종합해볼 때, 흥화문은 경희궁지에 들어선 특정 시설[1]의 정문 역할을 위해 도로에 대면하여 이건된 것이다. 단지 그 시기가 도로 수리 때와 같았을 뿐이다. 이는 기존에 알려진 것과는 달리, 박문사로의 이건 이전에 이미 흥화문이 다른 목적으로 한 차례 이건·변용되었다는 사실을 말해준다. 이때 이미 흥화문은 제자리를 떠나온 것이다.

당시 박문사는 흥화문에 그치지 않고 경복궁의 선원전과 그 부속 건물까지 옮겨와 사찰 건물로 삼았으며, 원구단 자리에 있던 석고전石

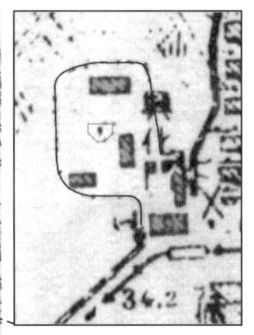

7 1915년 이건하기 전 동향으로 서있는 흥화문.
8 1930년 이건 후 도로에 대면하여 남향으로 선 흥화문.
9 흥화문 뒤로 들어선 일단의 건물들과 경계.

鼓殿까지 해체하여 종각으로 사용했다. 1935년 3월 23일자 〈매일신보〉는 다음과 같이 전한다.

경성 남대문통에 있는 지금 총독부도서관 구내에 숨은 장미와 같이 옛 정조가 길이 흐르며 사람의 눈에 흔히 띄지 않는 숨은 건축물이 있다. 이것은 이름을 석고전이라 하여 국보적 조선 대표 건물에 하나다. 몇 해 전에 이곳에 있는 광선문光宣門은 약초정 조동사로 옮겨갔고, 이제 또 이 석고전마저 장충단에 있는 박문사로 옮겨 종각을 만들기 위하여 오래지 아니하여 이전 공사에 착수하게 될 것이라 한다. 한때의 영화를 자랑하던 역사적 건축물들이 때를 따라 이리로 저리로 옮겨다니며 여기에 소용이 되고 저기에 이용이 되는 이즈음 이제 멀지 아니하여 옮아갈 석고전은 어떠한 것인가.

1932년에서 1935년 사이에 흥화문은 물론이고 원구단 석고전, 경복궁 선원전 등이 박문사로 옮겨진 것이다.

광복 후 박문사가 혜화불교전문학교의 기숙사로 사용되면서 흥화문은 그 입구로 사용되었다. 1959년 그 자리에 영빈관이 세워지고, 1973년 7월 신라호텔이 이를 인수하면서 흥화문은 새 주인을 맞아 서울신라호텔의 정문이 된다. 그러다가 1988년 경희궁 복원 계획에 따라 결국 흥화문은 현재의 위치로 옮겨지고, 남산의 신라호텔 정문 자리에는 흥화문을 모사한 콘크리트 구조의 문이 세워져 옛 기억을 이어가고 있다. 하지만 경희궁지로 재입궐한 흥화문이 본래의 자리를 되찾은 건 아니다. 지금은 원위치에 구세군회관빌딩(서울시 종로구 신문로1가 58)이 들어섰기 때문에 불가피하게 서쪽으로 230미터 정도 옮겨 보전해놓았다. 현재 흥화문은 서울시립미술관 경희궁분관 입구 쪽에 위치한다. 본래 경희궁의 정전인 숭정전(남향)과 정문인 흥화문(동향)은 서로 다른

10 흥화문의 원 자리에 들어선 구세군회관.

축선상에서 교차하는 매우 독특한 배치를 이루었지만, 현재는 남향의 동일 축선상에 배치되어 경희궁만의 특색이 없어졌다. 또한 주변 환경 및 영역의 복원 없이 문만 이전해놓은 상태여서 궁궐 정문으로서의 위엄은 찾을 수 없다.

흥화문이 갖는 현재의 모순은, 본래 자리를 되찾아 복원할 수도 없고 그렇다고 복원하지 않을 수도 없는 상황에서 지금처럼 숭정전의 전면으로 이건되었다는 것이다. 이로써 어느 궁궐에서도 찾아볼 수 없었던 경희궁만의 독특한 배치 수법이 사라지고 말았다. 경희궁 복원의 관점에서 이는 결과적으로 왜곡된 모습을 불러왔다. 하지만 단순히 흥화문이 원래 자리를 찾는다고 해서 해결될 문제는 아니다. 흥화문의 이건은 경희궁 복원의 관점에서 이루어져야 하고, 그러기 위해서는 경희궁지 위에 들어선 서울역사박물관과 서울시립미술관에 대한 문제 해결이 선행되어야 한다. 하지만 2004년 서울시가 비용을 문제로 복원공사를 중단한 이후 현재까지 경희궁 복원과 관련된 움직임은 보이지 않는다.

새로운 정치를 여는 곳, 흥정당興政堂

궁궐의 정문과 정전, 정침이 모두 뜯겨가는 마당에 편전이라고 해서 온전할 리 없다. 경희궁의 편전인 흥정당은 임금이 정사를 돌보던 곳으로, 회상전의 남쪽에 위치했다. 《궁궐지》에서 흥정당을 '접신료개강연지소接臣僚開講筵之所'라고 설명하는 것으로 보아 이 전각은 왕이 대신들과 만나고 강연講筵을 열던 곳임을 알 수 있다. 그러다가 1915년 4월부터 1925년 3월까지 임시 소학교 교원양성소 부속 단급소학교의 교실로 사용되고, 1928년 3월에는 경성부 서사헌정 164번지 광운사光

11 광운사로 이건된 흥정당.

雲寺로 매각되어 그 부지의 동쪽으로 이건된 것이다.

 이건 후의 상황에 대해선 알려진 바가 없지만, 《경성과 인천京城と仁川》의 '사원' 편에서 '경성 고야산京城高野山'으로 등장하는 건물에 주목할 필요가 있다. 그곳이 광운사라는 설명은 없지만, 사진 속 건물의 독특한 건축 형식으로 보아 경희궁에서 이건된 흥정당이 틀림없다. 이를 뒷받침하는 또 하나의 정황은 '경성 고야산'이라는 사진 설명이다. 《조선지형도집성》 '대정 4년(1915) 측도 경성(기일)②'를 자세히 살펴보면 광운사의 소재지인 서사헌정에서 '고야산별원高野山別院'이라는 곳을 발견할 수 있는데, 이곳이 바로 광운사였던 것이다. 《대경성大京城》의 종교 편에서도 광운사를 진언종고야파眞言宗高野派로 분류하고 있다.

 광운사의 위치로 추정되는 곳은 현재 그랜드앰배서더 호텔 맞은편으로 장충동2가 일대다. 큰 훼손 없이 원형이 유지되었던 흥정당은 1950년대까지 이곳에 있었다는데, 건물 유지에 관한 정확한 기록이나 이후 행방은 알려지지 않았다.

국궁 중흥의 선언적 공간, 황학정

사직단 뒤쪽 인왕산 기슭에 자리한 황학정黃鶴亭은 오늘날 우리 국궁國弓의 메카로 인식된다. 그런데 불과 80여 년밖에 안 된 활터인 황학정이 어떻게 국궁의 메카가 될 수 있었을까? 이 터가 오래전부터 활터(등과정登科亭)였기도 했지만, 더 근본적인 이유는 황학정이 갖는 상징성과 건립 의미 때문일 것이다. 본래 황학정은 국궁의 쇠퇴를 안타까워한 고종황제가 이의 중흥을 위해 상징적으로 경희궁 내에 건립한 사정射亭이었다. 실제로 고종이 활쏘기를 장려하는 칙령을 내리고 경희궁에 황학정을 세우자 서울을 비롯한 여러 지방 도시의 사정에서 활쏘기 문화가 되살아나기 시작했다.

황학정은 19세기 후반에 건립되어 《궁궐지》나 〈서궐도안〉에서는 그 내력이나 위치를 확인할 수 없었다. 1940년 〈경희궁궁전배치도〉에서야 황학정이 등장한다. 그동안 황학정의 위치는 회상전과 융복전의 후면 정도로만 추정되어왔는데, 회상전을 조사하던 중 더욱 정확히 위치를 명증하는 사진을 발견했다. 회상전과 벽피담을 배경으로 찍은 경성중학교 학생들의 기념사진 속에 황학정의 일부가 살짝 노

12 이건 전 경희궁 내 황학정.

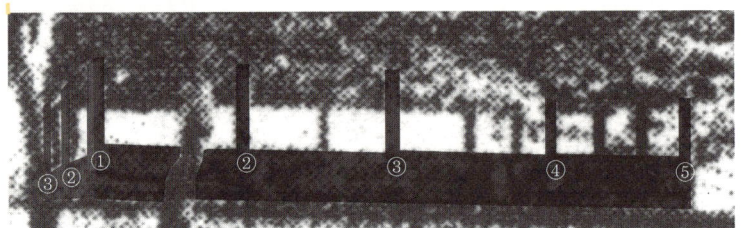

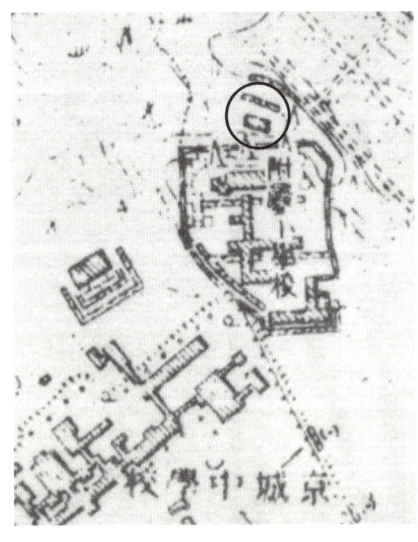

13 회상전을 배경으로 한 경성중학교 기념사진에 나타난 황학정의 후면.

14 《조선지형도집성》에서 파악한 황학정의 위치.

출된 것이다. 사진 상태가 좋지 못하고 건물이 담과 나무에 가려있지만, 뒤로 비치는 건물은 황학정임이 분명하다. 모든 창을 들어열개로 구성한 정자 건축의 고유한 특성은 물론, 어간을 두지 않고 정면 4칸, 측면 2칸으로 구성된 황학정만의 독특한 특징 등이 사진에서 확인된다. 아울러 〈서궐도안〉에서 회상전 후면에 어떠한 전각도 존재하지 않는 것과 달리, 이 사진에서는 건물이 보인다. 이로 미루어, 이것은 19세기 후반에 건립된 황학정이 확실하다.

활을 전통 무예 차원에서 보존하고자 했던 고종황제는 1899년 경희궁 회상전 북쪽 담장 부근에 황학정을 세우고 일반에 개방한다. 이는 민간인의 실제적인 출입 허용보다는 쇠락한 궁술을 중흥시키기 위한 국가적 차원의 상징적 개방으로 해석된다. 하지만 대한제국의 국운이 기울면서 궁술 중흥의 장이었던 황학정은 고관들의 기악妓樂 장소로 변질된다. 1908년 5월 24일자 〈대한매일신보〉에 실린 '잘들 논다'라는 제목의 기사는 "근일에는 각부 대신이 무슨 사건을 인함인지 사무는 돌아보지 아니하고 황학정에 모여 날마다 활쏘기와 기악으로만 세월을 보낸다더라"며 고관들의 작태를 지적하고 있다. 급기야 경시청에서 이곳의 출입을 금지하기에 이른다. 당시 사정에서는 이처럼 유흥성 기악과 오락, 흥행 위주의 궁술 시합이 성행하고 있었다. 심지어 1921년 6월에는 경성 기생 궁술 대회를 대비한 기생들의 궁술 연습 장소로 사용된 적도 있다.

이런 상황에서 총독부는 1921년 경희궁에 전매국專賣局 관사를 짓는다는 명분으로 황학정 이전을 계획한다. 〈황학정기〉는 "1922년 여름에 뜻하지 않았던 일로 정亭을 인왕산 아래 등과정 옛터로 이건하였다"라고 기록한다. 지난 1994년 황학정 수리 때 발견된 문서에 따르면,

이건의 주체는 기존에 알려진 것과는 달리 조선교풍회 회장 박영효朴永孝였다. 황학정을 양여讓與해달라는 박영효의 청원서가 1921년 9월 10일부로 총독에 제출되었고, 이듬해 1월 사직동 1번지의 국유임야 대부가 허가된 것이다. 대부분의 연구문헌에 황학정이 민간인에게 매각되었다고 나오는데, 박영효를 개인이나 민간으로 판단할 수는 없기에 이것은 매각이 아닌 양여로 보아야 한다.

이 시기 황학정 이건이 단순히 문화재 보존 차원에서 이뤄졌다고는 볼 수 없다. 황학정 임야 대부의 진행과 비슷한 시기인 1921년 11월 29일, 〈동아일보〉는 사직단공원 개설에 관한 소식을 전한다. 기사를 보면 경성부는 이전부터 사직단의 공원화를 계획하였고, 그 목적은 각종 운동경기를 위한 운동장이 주라는 것을 알 수 있다. 사정이었던 황학정은 이러한 사직단 공원화의 목적에 부합했던 것이다. 황학정 이건의 장소적 배경에는 이렇듯 사직단의 공원화 계획이 맞물려 작용했다.

한국전쟁으로 많은 사정이 멸실된 상황에서도 황학정은 인왕산 골짜기라는 입지조건 덕에 훼손을 면할 수 있었다. 실제로 인민군도 미군의 폭격을 피해 황학정을 군 사령부로 사용했다고 전한다. 한국전쟁이 끝난 뒤 황학정은 한때 한천각閒天閣과 더불어 관리인의 침소로 사용되면서 온돌이 깔렸는데, 한천각 이전과 함께 제거되었다.

2006년에는 황학정 전면 옹벽 공사를 통해 기존의 협소한 계단식 발사대를 독립된 발사 공간으로 조성하였다. 현재 황학정은 정면 네 칸 가운데 오른쪽 한 칸은 다른 칸보다 한 단 높게 누마루를 꾸몄고, 오른쪽 끝은 장초석長礎石으로 처리되었다. 정면 외부 기둥 사이에는 사분합문四分閤門을 달았으며, 내부는 우물마루와 연등천장椽燈天障으로 구성되었다. 1974년 1월 15일 서울특별시 지방유형문화재 제25호

15 사직동 인왕산 기슭에 위치한 현 황학정.

로 지정되면서 큰 훼손 없이 원형이 유지되고 있다. 현재 내부는 중요한 회의와 장안편사長安便射 놀이 같은 행사 때만 제한적으로 사용된다.

  1953년 한국전쟁이 끝났을 때 서울 내 사정 가운데 황학정, 석호정石虎亭, 서호정西虎亭 세 곳만이 살아남았다. 이 중 황학정은 등과정 옛터라는 장소 계승과 궁궐 내 사정이었다는 정통성을 바탕으로 국궁 명맥 유지의 중심적 역할을 담당해왔다. 한국전쟁을 전후로 잠시 다른 용도로 사용되었지만, 현재 황학정은 본래의 기능에 충실하게 활용되고 있다.

풍경궁

풍경궁은 1902년 평양에 건설된 대한제국의 이궁離宮이다. 그러나 1907년 8월 일제에 의한 '군대해산軍隊解散'으로 관제가 폐지되며 사실상 행궁으로서의 기능을 상실한다. 러일전쟁 중 군기고와 숙소로 사용되던 풍경궁은 결국 일제강점기에 식민 의료 기관인 자혜의원慈惠醫院으로 변모했고, 1914년 군용지에 포함된 풍경궁 전각은 병동이 되었다.

230킬로미터를 종단한 황건문

일제강점기에 남산의 조계사가 '조선 고적의 집합소'라 불릴 수 있었던 데는 조계사의 산문山門이었던 황건문皇建門의 역할이 크다. 풍경궁의 정문이었던 황건문은 조계사가 손수 옮겨갔다. 평양 자혜의원이 풍경궁에 들어서면서 궐내가 훼철되던 당시, 일제는 협소한 통로가 교통을 방해한다며 황건문을 철거하려 했는데, 이때 조계사가 황건문을 불하해달라고 요청해 1925년 경성에 있는 조계사까지 이건되어 간 것이

16 조계사 정문으로 이건·변용된 황건문.

다. 교통에 방해가 된다는 일제의 설명은 황건문을 훼철하기 위한 구실에 지나지 않았다. 《조선지형도집성》 '대정 4년(1915) 측도 평양②'에서 평양 시가지 구조와 풍경궁의 위치를 살펴보면, 평양역에서 정면으로 뻗어나가는 중심 도로축이 도시 조직을 대각선으로 가로지르고, 풍경궁과 황건문은 이곳에서 갈라져 나온 막다른 도로 끝에 자리했음을 알 수 있다. 따라서 황건문은 도심 교통 불편과는 무관했고, 다만 자혜의원으로 사용된 풍경궁 출입이 불편했던 것으로 보인다.

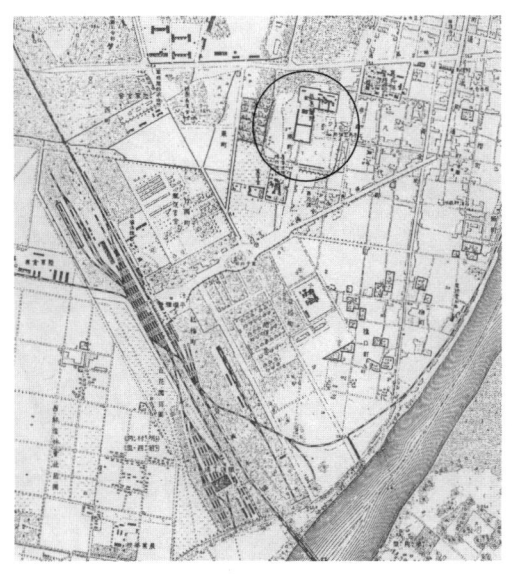

17 평양 시가지에서 풍경궁의 위치.

황건문은 수레 열한 대에 나뉘어 실린 채 경성으로 옮겨졌고, 8월부터 약 2개월에 걸쳐 공사를 한 끝에 마침내 남산 언덕배기에 다시 세워졌다. 이 같은 정황으로 보아 황건문 이건은 상당한 공을 들여 실행된 일이었다. 하지만 이듬해인 1926년 8월 4일 황건문의 지붕이 비에 무너지는 등 이건은 구조적으로 원만히 이루어지지 못했음을 짐작할 수 있다. 조계사의 산문일 때와 동국대학교 정문일 때의 황건문을 비교해보면, 초기에는 보이지 않던 구조부재들이 시간이 지나면서 추가적으로 보강되었음을 확인할 수 있다.

1971년까지 동국대 정문으로 남아있던 황건문은 이후 일대에 학생회관 등이 들어서면서 철거되었다. 처음에는 해체·보수할 계획이었으나 경비 문제로 결국 철거했다고 한다. 당시 〈동대신문〉은 '동대 80년

18 동국대학교 정문으로 남았던 황건문의 철거 현장.
19 인근 야산에 버려진 황건문의 주춧돌.

80대 사건'으로 황건문 철거를 꼽으며, "1910년 설립된 황건문이 1972년 12월 10일, 동국의 중문 구실을 해오던 중 학생회관 건립에 따라 철거돼 부여 무량사無量寺로 이전됐다"고 전한다. 하지만 무량사에 확인한 결과 보존 이건은 아니었고, 이 신문의 내용이 맞다면 무량사에서 그 목재만을 매입한 것으로 추측할 수 있다.

2006년도 조사 당시 황건문 현판[2]은 동국대학교 도서관에서 보관 중이었으나 전시장 패널 뒤에 아무렇게나 방치된 상태였다. 나머지 유구遺構의 행방은 확인되지 않았고, 수소문 끝에 인근 야산에 버려진 주춧돌 여섯 개를 찾아낼 수 있었다. 평양 이궁에서 600리 길을 내려와 비에 젖어 지붕이 내려앉고, 결국엔 이렇게 뿔뿔이 흩어져 내버려진 신세가 되었다.

1925년 수레 11대가 동원된 황건문 이건은 당시 운송 수단과 도로

사정, 평양과 경성 사이 거리 230킬로미터, 인력 동원 및 건축 비용 등 모든 면에서 신축만큼이나 큰 공을 들여야했다. 그럼에도 불구하고 이건이 실행된 것은 황건문의 조형적·미학적 가치 때문으로 보인다. 이에 대한 직접적인 언급은 없으나, 당시 〈조계사의 산문曹谿寺の 山門〉이라는 글을 통해 그들의 입장을 알 수 있다.

> 이 당시에는 아직 대화정 3정목의 조동종 조계사에도 조선식의 훌륭한 산문이 있었다. 이것은 평양에 국유재산으로서 남겨져있던 황건문으로 …… 평양에서는 이 문이 협소한 장소에 통로를 차지해서 교통에 방해가 되어 당국에서도 조심스럽게 철거하려고 했다. 하지만 조계사에서 가져와서 지은 그 문은 원형과는 몰라볼 정도로 훌륭한 것이 되었다. …… 옛날에 영광을 ○할 때까지 되었지만 조계사의 정문이 된 황건문도 ○과 함께 천만년의 말까지 남산의 일각에 빛날 것이다.

이들은 황건문의 건축적 아름다움에 주목하고, 이를 높게 평가한 것이다. 당시 황건문의 건축적 우수성은, 유사한 형식인 경희궁 흥화문과 비교해 볼 때 더욱 분명해진다. 풍경궁이 경희궁보다 궁궐로서의 위상은 더 낮음에도 불구하고, 규모나 건축 수법 면에서는 풍경궁의 황건문이 우위에 있었다. 두 건물 모두 우진각지붕에 다포계 형식이지만, 규모는 황건문이 1.25배 정도 더 컸다. 흥화문은 기둥 사이 공포가 4개지만 황건문은 5개(중앙은 6개)이고, 전면의 따세기와 또한 흥화문은 57개, 황건문은 70개로 차이가 났다. 흥화문은 전면 3칸의 폭을 모두 같게 한 반면, 황건문은 좌우의 협간(공포 5개)보다 어간(공포 6개)의 폭을

20, 21 황건문과 흥화문의 비교.

크게 하여 시각적 중심성과 안정성을 이룸으로써 황제의 위엄과 격식을 표현하였다. 풍경궁은 애초 행궁의 규모나 역할을 지녔다고 추측할 수 있지만, 황건문만큼은 이궁에 버금가는 건축적 위상을 갖고 있었다. 하지만 이렇듯 장대하고 기품 있던 황건문은 사라졌다. 남한 내 남아있던 평양 풍경궁의 유일한 건축 유산이었던 황건문은 철거되고, 지금 그 일대에는 볼품없는 콘크리트 건물들이 들어섰다.

경복궁

광화문의 옛 모습을 담은 유리건판 사진 가운데 문전 개천에서 아낙들이 빨래하는 낯선 풍경의 사진이 한 장 있다. 이 사진은 1927년 광화문이 건춘문建春門 북쪽으로 옮겨졌을 때의 모습이다. 조선총독부 건립으로 헐릴 위기에 직면했던 광화문은 야나기 무네요시柳宗悅 등 일본 민예학자들의 발언으로 철거를 면하고 그나마 건춘문 북쪽으로 옮겨진 것이다. 이처럼 조선의 정궁인 경복궁마저도 일제의 훼철 속에서 그

규모와 위상을 잃어갔다. 〈북궐도형〉에 나타난 경복궁의 건물 수는 509동(6806칸)이고 〈북궐도형〉 제작 당시 이미 이전되었거나 훼철된 건물 수는 113동(1301칸), 조선총독부 건립 이전에 남아있었던 건물 수는 369동(5505칸)이었다. 하지만 광복 후 남은 건물 수는 40동(857칸)으로, 일제 때 철거되거나 궐 밖으로 이건된 건물은 356동(4648칸)에 이른다.

경복궁이 이렇게 훼철된 까닭은 크게 두 가지다. 첫 번째는 1910년 국권피탈로 궁궐의 관리·소유권이 일본에 넘어갔기 때문이다. 1910년 5월 10일 왕실 사무를 총괄하던 궁내부宮內部는 경복궁 내 공원 신축을 위해 그곳에 있던 전각 4000여 칸을 경매한다. 이에 조선인과 일본인 80여 명이 경매에 참여했고, 전각은 이 중 10여 명에게 매입된다. 특히 일본인 기타이 아오사부로北井靑三郞이 전체의 3분의 1을 매각했는데, 그는 척식회사 총재 우사가와 가즈마사宇佐川一正의 서자庶子였다.

경복궁이 크게 훼철된 두 번째 요인은 1915년 경복궁에서 개최된 '시정오년기념조선물산공진회始政五年記念朝鮮物産共進會'때문이다. 일제는 공진회를 준비하던 1914년 7월 근정전 전면에 있는 흥례문과 이를 연결한 회랑, 기타 동쪽 공지에 있는 동궁, 자선당, 시강원 등 모든 건물과 문, 담장, 그 외 이용하지 않는 석재를 제거하였다. 건물 15동, 문 9개소(총 건평 791평)를 대금 1만 1374원 70전에 공매公賣하고, 1914년 9월에는 전시에 장애가 된다는 이유로 수목 26본을 대금 63원에 공매하였다.

광복 후 경복궁 복원 사업은 1990년에야 시작되었다. 복원의 기준 시점은 1888년, 즉 경복궁이 마지막으로 중건된 해다. 복원 사업의 기본 방향은 중심 건물을 지어서 기본 궁제宮制를 갖추는 것이다. 침전 구역은 1990년부터 1995년까지 강녕전 등 12동 794평, 동궁 권역은

1994년부터 1999년 말까지 자선당 등 18동 352평이 복원되었다. 조선 총독부 청사는 1996년에 철거되고, 그해부터 2001년까지 흥례문을 비롯하여 유화문 주변 행각, 어구, 영제교 등 6동 517평이 복원되었다. 2006년에 시작한 광화문 복원공사는 2010년 완료될 예정이다. 조선 제일 정궁의 위엄을 되찾고자 노력한 끝에 상당 부분 복원된 것은 사실이지만, 아직도 남겨진 많은 빈터와 선원전 터에 자리한 민속박물관 등은 여전히 해결해야 할 과제로 남아있다.

곡괭이에 헐려나간 융문당隆文堂과 융무당隆武堂

오늘날 후원後苑이라 하면 일반적으로 창덕궁의 후원을 떠올리지만 과거에는 경복궁에도 크고 넓은 후원이 버젓하게 자리하고 있었다. 지금의 청와대 자리가 그곳으로, 신무문神武門의 북쪽 밖으로 백악白岳 아래에 이르는 곳이 모두 경복궁의 후원이었다. 조선 초기에는 이곳에 연못을 파고 노루와 사슴을 길렀으며, 임진왜란이 끝나고 한양으로 돌아온 선조는 한때 이 후원에 임시 궁궐을 짓고자 전교를 내리기도 했다.

경복궁의 후원에 위치했던 융문당과 융무당은 각각 1868년 9월과 10월에 상량되어 주로 문·무과 과거를 시행하던 장소였다. 또 국왕이 종친들을 모아 큰 잔치를 주재할 때나 직접 군사를 사열할 때 등 국가의 행사를 위한 다목적 공간으로도 사용되었다. 〈북궐후원도형〉을 보면 융문당은 후원의 중앙에서 남향으로 자리를 잡고, 융무당은 융문당의 남동쪽에 서향으로 배치되어 두 전각 사이에 하나의 영역이 형성되어 있었다.

일제강점기 초기 경복궁이 크게 훼철될 때 융문당과 융무당은 경복궁 후원 깊숙한 지리적 입지 덕분에 다른 전각들과 달리 피해를 면할

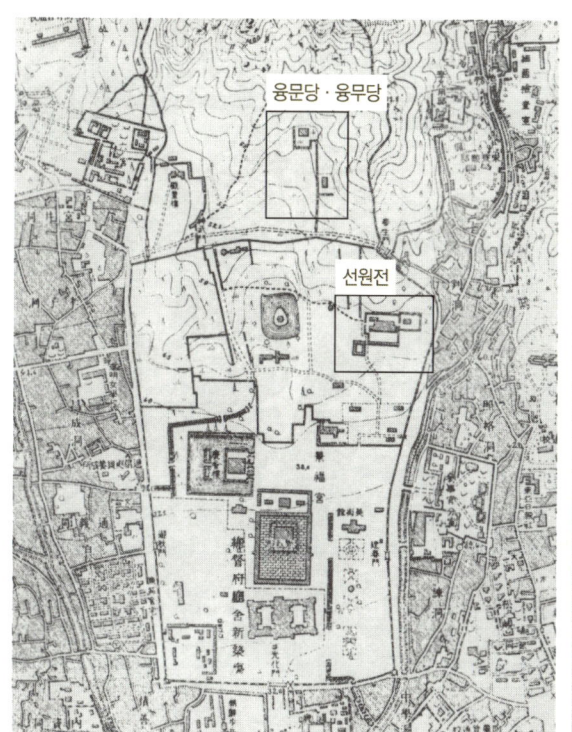

22 1921년 경복궁 지형도에 나타난 후원의 융문당·융무당과 선원전.
23, 24 경복궁 후원 시기 융문당과 융무당.

수 있었다. 하지만 경복궁에 조선총독부가 들어서고 일제의 통치가 심화될 무렵 경복궁 후원의 전각도 피해를 입게 된다. 1928년 8월 13일자 〈동아일보〉는 당시 융문당·융무당 이건에 대하여 기록하고 있다.

총독부 고적보존회에서 경비가 부족하다 하여 최근에 이르러 시내 각처에 있는 유래 깊은 고대 건물을 자꾸 헐어버리는 중인데 또다시 시내 총독부 뒤 춘당대에 있는 융무당과 융문당을 지난 11일부터 시내 입정정笠井町에 있는 일본 사람의 절 진언종 융흥사隆興寺에서 다수의 인부를 데리고 와서 헐기에 착수하였다. 내용은 전

25 융문당 융무당의 훼철을 보도한 신문 기사.

기 융흥사에서 총독부에 출원하여 동 건물을 그대로 보존한다는 조건으로 심지어 주춧돌까지 전부 가져다가 용산 경성부출장소 옆에 있는 빈터에다가 새로 건축하고 불상을 안치하여 소위 선남선녀들이 출입하여 명복을 빌게 되리라는바 문무과거를 보이던 곳이 갑자기 부처님 두는 곳으로 변하여가는 것은 보는 사람들로 하여금 적지 아니한 감개를 일으키게 하였다.

일제는 고적보존회의 보존 경비 부족을 융문당·융무당 불하의 표면적 이유로 내세웠지만, 그 이면에는 후원 내 총독부 관사 신축이라는 또 다른 이유가 존재했다. 일제는 융무당, 경농재 자리에 총독부 관사를 짓고 1929년 조선박람회 때는 융문당 영역을 박람회장으로까지 사용한다. 한편 《경성부사》는 융문당·융무당이 한강통 11번지(현 용산구 한강로 55) 고야산 용광사龍光寺의 본당과 객전으로 각각 이건되었다고 전한다. 이는 융흥사에 불하되었다는 〈동아일보〉 기사와는 다른 내용으로, 불하 주체 및 경로를 정확히 알아내기엔 어려움이 있다. 그런데 당시 일본계 사찰을 정리해놓은 《대경성》의 '종교' 편에 융흥사는 없고 (융문당·융무당 소재지에) 용광사가 있는 것으로 보아, 두 건물은 용광사로 불하된 것이 맞다.

1946년 광복 후 용광사 건물은 전재戰災동포 구호사업을 벌임으로써 불하 우선권을 취득한 원불교 소유가 된다. 한국전쟁 때는 국군이 이곳에 임시로 주둔하며 융문당을 전몰장병의 납골당으로 사용했지만, 그 후 융문당은 원불교의 대법당으로, 융무당은 생활관으로 계속 사용되었다. 2006년 조사 당시 융문당은 마루가 높아졌고 칸 사이가 막혔으

26 원불교 서울교당의 대법당으로 사용되던 융문당.

며, 현대적 문틀이 덧대어지고 횡축으로 재배치된 공간 내부에 강단이 들어서는 등 다소 변형이 있지만, 궁궐 건축의 형태가 비교적 잘 남아 있었다. 이에 반해 융무당은 주거 공간으로 사용되면서 건물의 후면과 우측면에 콘크리트 구조물이 덧붙는 등 원형이 크게 훼손된 상태였다.

    2006년 6월 19일 문화재청은 융문당과 융무당을 등록문화재 등록 대상으로 예고하였다. 하지만 소유자의 반대로 등록은 무산되었다. 원불교 측이 용산 서울교당의 재개발을 추진하면서 두 건물을 영산성지(전남 영광군 백수읍 길룡리)로 이건해 원불교기념관으로 사용할 계획이었기 때문이다. 결국 2006년 12월 4일 융문당과 융무당의 해체 작업이 시작되었고, 이듬해 8월에는 이건 및 복원 공사가 완료되었다. 현재 영산성지의 선학대학교 부근으로 이건된 융문당은 '원불교창립관'으로 활용되고 있다. 융무당은 옥당박물관으로 이건되어 '융무당 찻집'이라는 간판을 달고 차와 기념품을 판매하는 박물관 부속 시설로 영업 중이다.

    영산성지로 이건된 두 건물의 복원 시점은 19세기 중반 경복궁 후원 시기가 아니라 20세기 중반 이후 원불교 대법당 시기였다. 두 건물이 등록문화재로 등록되지 않았기에 이처럼 소유자의 임의적인 이건 행위와 설계 변경, 복원 시점 조정이 가능했다. 복원 시점과 기준, 그리고 이건 장소에 대한 명확한 근거 없이 공사가 이루어질 경우 건물과 장소가 지니고 있는 역사적 기억과 가치는 훼손될 수밖에 없다. 이런 관점에서 봤을 때, 결과적으로 영산성지로 이건·복원했다는 두 전각은 기본적인 공간구성조차 원형을 재현하지 못했다. 전면에 툇간을 갖는 융무당의 독특한 건축형식은 사라졌고, 석축이나 월대 등 외부 공간은 전혀 고려되지 않았다. 전각의 조형적·의장적 특징도 원형을 반영하고 있지 못하다. 게다가 함께 있어야 할 두 전각이 서로 다른 장

27-31 2006년 12월 전남 영광으로 이건하기 위해 해체되는 융문당과 융무당.

소로 옮겨짐으로써 본래 두 전각이 형성하고 있던 고유한 단일 영역성과 상호 조화는 오히려 심각하게 훼손되고 말았다. 지금 두 전각의 모습은, 오랜 시간 방치되었더라도 경복궁 후원에서 제자리를 지키고 있을 때 보였던 본연의 아름다움과는 큰 차이가 있다.

융문당과 융무당은 숭정전과 함께 일제강점기 궁궐 건축의 상황 변화를 엿볼 수 있는 대표적인 이건 사례다. 지금은 사라진 경복궁 후원의 존재를 가늠할 수 있는 중요한 건물이기도 하다. 광복 이후 줄곧 원불교의 법당으로 사용되었지만, 본래 건물의 역사적 위상과 근대기 두 차례의 불하 과정을 본다면 융문당·융무당은 한 종교 단체의 전유물로만 볼 수는 없다. 영산성지로 이건한 두 건물에 대해 현재 원불교는 구두로 문화재 등록 검토를 요청했다고 한다. 하지만 개발 논리에 떠밀려 두 전각을 이건하는 과정에서 우리는 이미 중요한 역사적 풍경과 현장을 잃고 말았다. 하나의 건물이 단순한 물적 사실만으로 역사가 되는 것은 아닌 만큼 우리가 계승해야 하는 대상은 오래된 건축물 그 자체만은 아닐 터이다.

총독부의 관사로 쓰인 선원전璿源殿

선원전은 경희궁의 흥화문, 석고단의 석고전과 함께 1932년 10월 남산 박문사로 나란히 옮겨졌다. 본래 선원전은 선대 임금의 어진을 모셨던 신성한 곳으로 경복궁 동북쪽에 위치하여 비교적 오랫동안 제자리를 유지하였다. 1915년에도 선원전 영역은 공진회장에 포함되지 않았으며, 경복궁 북쪽 지역을 모두 사용한 1929년 조선박람회 때도 유독 이 영역만은 제외되었다. 이는 당시 선원전 영역이 조선총독부 관사로 사용됐기 때문이다. 〈조선박람회장배치도〉를 보면 선원전부터 광화문[3]에 이르는 경복궁 북동쪽 영역은 박람회장에서 제외되어 있으며 관사官舍라고 표시된 것을 확인할 수 있다. 선원전은 주거 공간으로 사용되면서 임시 건물이 덧붙여졌으며, 건물 전면에는 텃밭이 일궈졌다. 총독부는 이곳을 관사로 쓰다가 1929년 경복궁 후원에 신축 관사가 완성되자 1932년 10월 박문사를 짓는다는 명분으로 선원전과 부속 건물들

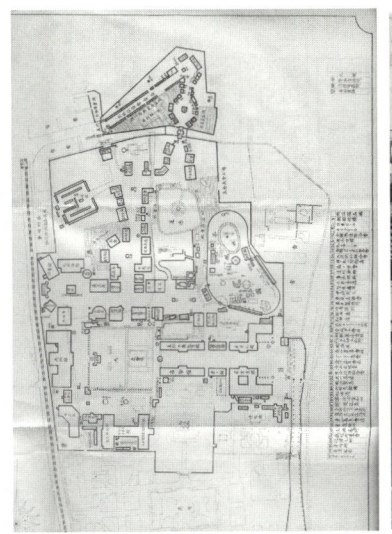

32 1929년 조선박람회장의 배치도.

33 조선총독부 관사로 사용되던 당시의 선원전.

을 불하한 것이다.

　흥미로운 것은 1908년 2월 경복궁 선원전을 한때 안동별궁으로 이건할 계획을 세웠다는 것이다. 〈대한매일신보〉 1908년 2월 29일자 '선원전 이건'이라는 기사에서 "경복궁에 있는 선원전을 훼철하여 안동별궁으로 옮겨지을 터인데 음력 이월 초사일부터 시역한다더라"고 전한다. 하지만 이건 이후에 관한 기사 보도가 없는 것으로 미루어보아 이건이 실행되었다고 보기는 어렵다. 현재 경복궁 내 선원전 터에는 국립민속박물관이 들어서있어 향후 복원에 큰 문제가 되고 있다.

기생의 놀이터가 된 비현각丕顯閣과 홍문관弘文館

일제는 시정 5년 기념 조선물산공진회를 준비하던 1914년 7월에 근정전 전면에 있는 흥례문과 회랑, 기타 동쪽 공지에 있는 모든 건물과 문, 담장을 모조리 제거하였다. 이때 방매된 궁궐 전각 중 다수가 남산동·필동·용산에 있는 일본계 사찰과 요정, 일본인 부호의 저택으로 팔려나갔다. 경복궁의 비현각과 수정전修政殿 일각의 한 건물은 이때 일본 요정으로 팔려나간 대표적 사례다. 당시 경성부 서사헌정 192번지의 남산장南山莊은 건춘문建春文 내의 비현각을 이건한 것이고, 남산정 2정목 50번지의 화월별장花月別莊은 수정전 남쪽의 한 전각을 이건한 것이었다.

경성에 일본 요정이 처음 등장한 것은 1885년으로, 당시의 공간적 환경이나 여건은 상당히 열악하였다. 1890년 이후 거류민이 증가하면서 화월花月, 정각井角 등 6~7개의 요정이 생겨났고, 1904년에 들어서야 제대로 된 건물에 기생 50명을 둔 쌍림관雙林館이 개업했다. 이 이후에 등장한 남산장과 화월별장 또한 일본인을 상대로 영업을 한 큰 규모의 요정이었다. 《경성부사》는 "남산장과 화월별장 외에 욱정1정목旭町一丁目, 앵정정2정목櫻井町二丁目, 강기정岡崎町 등에 있는 크고 장대한 조선식 건물들은 이때 경복궁에서 이축된 것이 많다"고 했는데, 그 위치를 확인해보면 모두가 일본 요정이었다.[4]

본래 사정전 동쪽에 위치한 비현각은 자선당과 함께 세자의 거처로 알려졌지만, 《궁궐지》와 《조선왕조실록》에는 왕의 인접 처소로서 주로 야대夜對 장소로 기록되어 있다. 선조 대에는 이곳에서 경연을 행하기도 하지만, 세자의 공간은 아니었다. 실제로 비현각이 동궁 영역에 포함된 것은 고종 대 경복궁 중건 때의 일이다.

한편 화월별장으로 옮겨간 수정전 남쪽의 전각이 무엇인지는 그간 정확히 알려지지 않았다. 그곳이 궐내각사에 해당하는 자리였고, 내반원, 승정원의 전각들 가운데 하나일 것이라고만 추측해왔다. 《경성의 면영京城の 面影》은 이 추측을 좀 더 구체적인 대상으로 좁혀준다.

남산장의 큰 조선 건물은 비현각이라고 하는데 경복궁 내 박물관의 남측에 있던 비현각의 일부로 명치 40년 불하되어, 일부는 남산장에, 일부는 오쿠라 남작이 사들여 내지로 가져가 박물관을 세웠으나, 대정 12년 지진 때 불타버리고 말았다. 비현각은 조선의 왕세자가 거처하던 유서 깊은 건물이다. 남산록南山麓의 화월별장에도 옥당玉堂이라고 불렸던 왕세자 어학문소御學問所였던 건물이 있다.

비현각, 자선당을 설명하면서 글의 말미에 옥당을 거론하는데, 이것이 바로 문제의 전각이다. 그런데 옥당은 홍문관의 다른 이름이다. 결국 화월별장으로 이건되었다는 수정전 남쪽의 건물은 궐내각사에 있는 홍문관을 지칭하는 것이다.

승정원의 서쪽에 있었던 홍문관은 옛날의 집현전이다. 성종 원년 (1470)에 홍문관을 설치하고 집현전과 같이 문학이 있는 선비들을 선발하였다. 〈북궐도형〉으로 규모를 짐작하면 정면 5칸, 측면 3칸이다. 하지만 1914년 일제가 공진회를 준비하면서 궐내각사의 모든 건물을 방매·철거할 때 같이 사라졌다. 현재 궐내가사 영역에 대한 복원 사업이 진행 중이다.

일본에서 되찾은 조선 궁궐의 유구, 자선당資善堂

〈공진회장전경배치도〉를 보면 자선당과 비현각 자리에 "대정수리조합모형大正水利組合模型"과 "O익수리조합모형O益水利組合模型"이 표기되어 있어, 두 건물이 철거된 자리에 공진회 시설이 재배치되었음을 알 수 있다. 이곳에 있던 자선당은 일제가 공진회를 준비하던 1914년 이미 철거되었다. 데라우치 총독과 밀접한 관계를 갖고 총독부 청사 신축에도 관여했던 오쿠라 기하치로大倉喜八郎가 자선당의 부재를 인수하여 도쿄의 자택으로 이건한 것이다. 당시 일본에서 제정된 법률에 의하면 건축문화재도 이송·반출의 대상으로 많은 문화재가 동산문화재와 같은 성격으로 이해되었다. 게다가 '조선보물고적명승천연기념물보존령' 제4조에는 "조선총독의 허가를 얻은 때는 보물의 수출 또는 이출이 가능하다"는 조항이 있어 문화재의 해외 반출이 가능했다. 오쿠라는 1915년 겨울 경복궁의 자선당을 양도 받아 도쿄 오쿠라미술관으로 이송한 뒤 약 2만 엔을 들여 조립 공사를 끝내고, 내외 장식 공사에 착수해 1916년 9월중 준공했다.

1917년 자선당은 '조선관'이라는 사설 미술관으로 개관되었다. 이건된 자선당의 모습이 《건축화보》 1918년 12월호에 실렸는데, 〈북궐도형〉에서 설명하는 자선당의 본모습(정면 7칸, 측면 4칸으로 합 28칸이고, 중앙부 6칸은 대청, 좌우 2칸씩은 온돌방)을 거의 유지하고 있었다. 그간의 사례를 보면, 일제에 의해 이건된 건물은 용도에 따라 의장적인 측면에서 일본색이 조금씩 가미되었다. 반면 자선당은 '조선관'이라는 용도에 부합하도록 본래의 건축양식과 의장이 잘 보존되었다.

자선당은 1923년 간토대지진 때 소실됐다. 하지만 기단을 비롯한 몇몇 유구가 남아, 그 터에 신축된 오쿠라호텔의 돌화분으로 사용되고

34 일본 도쿄 오쿠라 집고관 내의 자선당.

있음을 1993년 목원대 김정동 교수가 밝혀냈다. 그리고 1996년 1월 29일 오쿠라大倉家 사업주식회사의 결정으로 무게 110톤 분량의 유구석 288개는 반환되었다. 삼성문화재단에서 해체와 수송 비용을 부담하여 문화재관리국(현 문화재청)에 기증하는 형식을 취하였다. 문화재관리국은 이 유구를 경복궁 정비 사업에 활용할 계획이라고 했지만 석회질 석재가 화재로 고열에 노출되어 삭아버려 사용할 수 없었다. 1994년부터 1999년 말까지 자선당을 비롯한 동궁 권역 전각 18동 352평은 복원되었다.

잊혀진 궁궐 밖의 궁궐

지난 2006년 안동별궁의 전각이 경기도의 한 골프장에 있다는 사실이 알려지면서 세간의 이목이 집중되었다. 같은 해 경기도의 한 자재 창고에 보관 중인 목부재가 운현궁 아재당我在堂의 것이라는 사실이 밝혀지기도 했다. 이처럼 아직도 밝혀지지 않은 궁궐 건축의 이건 사례가 주변에 남아있다. 이 글에서 살펴본 사례는 극히 일부에 불과하다. 하지만 이 사실만으로도 당시 궁궐 건축의 이건과 훼철이 어떤 성격과 목적에서 이루어졌는지, 그 주체는 누구며 언제 이루어졌는지 어느 정도 미루어 짐작할 수 있다. 이 이건 사례들은 당시의 큰 흐름 속에서 발생한 것이고, 또 궁궐 건축으로서 이들의 지위가 당시 상황을 대표할 만하기 때문이다.

이 책에 등장한 열두 전각의 이건을 장소별로 살펴보면, 10개의 전각이 남산과 그 주변 지역으로 옮겨졌음을 알 수 있다(〈표 1〉 참조). 이곳은 당시 일본인 거주 지역이다. 북촌과 종로 일대가 조선인의 활동 영역이었다면, 남촌은 일본인의 거주 및 경제활동 영역이었다. 남촌의 일본인 번화가는 진고개, 본정(지금의 충무로), 황금정(지금의 을지로), 명치정(지금의 명동)을 중심으로 형성되었다. 조사 대상의 대부분이 일본 거류민 지역으로 이건됐다는 사실은 매각뿐만이 아니라 매입의 주체 역시 일본인이었음을 뜻한다. 실제로 1915년 조선물산공진회를 기점으로 뜯어져나간 경복궁의 전각 대부분이 지금의 남산동·필동·용산 등지로 이건되었다는 기록이 있다.

이건 원인을 분석해보면 조선물산공진회와 조선박람회 같은 궁궐 내의 대규모 행사가 계기(자선당, 비현각, 홍문관)가 되기도 했지만, 장소의 개별적 상황 변화(숭정전, 홍화문, 선원전)나 외부의 요청(황학정, 황건문, 융문당, 융무당)에 의한 것도 비슷한 비중으로 나타났다. 하지만 이건 후의 변용은 사찰 건물이 8개로 가장 많았으며, 요정집, 미술관 순이었다. 조선인이 이건의 주체였던 황학정만이 유일하게 본래의 기능을 유지할 수 있었다.

광복 후 남은 전각은 모두 7개로, 이들 모두 소유권과 상황 변화에 따라 계속 다른 목적으로 변용되었다. 심지어 이 가운데 4개의 전각은 또 다른 장소로 다시 이건되었고, 황건문은 결국 소유자에 의해 철거되었다. 현재 그나마 본래의 위치나 용도를 회복한 것은 황학정과 흥화문뿐이다. 사실상 본래의 위치로 이건 복원이 가능하다고 판단되는 것은 전무하다. 결국 이 전각들은 모두 현재의 장소에서 그 활용을 고민할 수밖에 없는 상황이다.

현재 몇몇 전각은 그들이 가진 역사적 배경과 건축적 위상과는 무관하게 또 다른 이건과 변용을 겪고 있다. 이는 궁궐 건축에 관한 그동안의 논의가 특정한 궁궐지宮闕址나 그 내부 전각의 복원에만 치우치면서 민간으로 이건된 전각들은 논의에서 소외되었기 때문이다. 지금 민간에 산재하는 궁궐 건축은 근대기 조선왕조 궁궐의 변모와 상황을 여실히 보여주는 역사적 산물로, 궐내의 전각과는 또 다른 가치를 갖는다. 궁궐과는 분리되어있지만 이들을 개별 건축물이 아니라 궁궐의 일부로 이해하고 그 위상을 회복하려는 우리의 노력이 필요한 때다.

---

[1] 경성공립중학교가 펴낸 《경희사림慶熙史林》에는 학교 후문에 있던 이색적 분위기의 흥화문이 옮겨간 데 대한 각별한 아쉬움이 나타난다. 이로 미루어, 당시 흥화문 뒤편에 들어섰던 건축물은 경성중학교의 시설로 추측할 수 있다.

[2] 지금의 현판은 1966년 배길기裵吉基가 쓴 것으로, 본래 현편의 행방을 알 수 없다.

[3] 당시 광화문은 건춘문 북쪽으로 이건되어 조선박람회장 정문으로 사용되었다.

[4] 당시에는 일본 요정과 조선 요정, 그리고 지나 요정으로 구분되어 영업을 했는데, 경성부 내 총 33곳의 일본 요정 가운데 10곳이 욱정1정목에 모여있었다.

〈표 1〉 궁궐 전각의 이건 및 변용 사례 분석

궁궐	전각	이건 시기	이건 장소	변용
경희궁	숭정전	1926 1989	경성부 대화정 3정목 26 (현 동국대학교 내)	법전→교실→**법당** →교실→**법당**
	흥화문	1932 1988	경성부 동사헌정 (현 서울신라호텔 정문)	궐문→**학교 통용문**→**사찰 산문** →기숙사 정문→호텔 정문→**궐문**
	회상전	1928	경성부 대화정 3정목 26 (현 동국대학교 내)	침전→교실·기숙사→**주지 집무실**
	흥정당	1928	경성부 서사헌정 164 (현 장충동 부근)	편전→교실→**법당**
	황학정	1922	경성부 인왕산 기슭 (현 종로구 사직동 1)	사정→**사정** →군 사령부→침소→사정
경복궁	융문당	1929	경성부 한강통 11 고야산 (현 용산구 한강로 55)	후원 전각→**법당** →원불교 법당→**원불교창립관**
	융무당	1929	경성부 한강통 11 고야산 (현 용산구 한강로 55)	후원 전각→**객전** →원불교 생활관→**찻집**
	자선당	1916	일본 도쿄 오쿠라 자택 (현 오쿠라호텔 내)	편전→동궁→**오쿠라미술관** →정원 화단→유구 보존
	비현각	1915	경성부 서사헌정 192 (현 장충동 남산 부근)	동궁→**일본 요정**
	홍문관	1915	경성부 남산정 2정목 50 (현 남산 부근)	궐내각사→**일본 요정**
	선원전	1932	경성부 동사헌정 (현 서울신라호텔)	사당→**법당**
풍경궁	황건문	1925	경성부 대화정 3정목 26 (현 동국대학교 내)	궐문→**사찰 산문** →학교 정문

* '변용' 항목에서 굵은 글씨는 이건 당시를, 밑줄 친 부분은 광복 후를 뜻함.

주체	원인	현 보존 여부	현재 상황	이축 복원 가능성
조계사	경성중학교 건립	○	문화재 지정으로 1976년 복원공사	×
박문사	도로개수 및 건물지 활용	○	문화재 지정 후 경희궁으로 이축	△
조계사	경성중학교 건립	×	1936년 화재로 소실	
광운사	경성중학교 건립	×	소재 불명	
조선 교풍회	전매국 관사 건립 및 사직단 공원화	○	문화재 지정 후 국궁장으로 활용	△
용광사	총독관사 건립 및 보존 경비 부족	○	등록문화재 등록예고되었으나 소유인인 원불교측의 반대로 무산되고 전남 영광군으로 이건	×
용광사	총독부 관사 건립 및 보존 경비 부족	○		×
오쿠라	조선물산공진회 개최	△	간토 대지진 때 소실되고, 유구석은 1996년 반환	×
남산장	조선물산공진회 개최	×	소재 불명	
화월별장	조선물산공진회 개최	×	소재 불명	
박문사	박문사 건립	×	소재 불명	
조계사	도로 개수	△	목재는 부여 무량사에 매각, 주춧돌과 현판은 방치	×

대한제국,
평양에 황궁을 세우다

— 풍경궁의 영건에서 훼철까지

김윤정_ 부산대학교 건축공학과 박사과정

잊혀진 궁궐, 풍경궁豊慶宮

광무 6년(1902) 5월, 대한제국의 황제 고종은 평양에 황궁皇宮을 세울 것을 지시한다. 구한말 일제와 외세 열강의 침략이 본격화되던 무렵, 대한제국 황실은 기울어가는 국운을 바로 세우고자 다양한 개혁 정책을 단행하였다. 그중에는 평양을 서경西京으로 삼고 평양외성 내에 황궁을 세우는 대규모 건설 사업도 포함되어있었다. 그러나 공사가 채 끝나기도 전에 러일전쟁이 일어났고, 한반도는 일제의 식민지가 되었다. 일제강점기에 대한제국의 황궁은 그들의 군용지와 식민 의료 기관으로 황폐화되었고, 한국전쟁까지 거치면서 황궁의 유구遺構는 완전히 훼철되었다. 유구와 함께 사람들의 기억에서 사라진 지 오래인 황궁의 이름은 바로 풍경궁이다.

건물을 지으면 후일 수리를 하거나 증축하는 일이 생기게 마련이

1 평양 풍경궁. 1932년 발간된 《평양부》에 실린 풍경궁(평양자혜의원)의 모습이다.

다. 그러다 보면 필요에 따라 철거하기도 하고 또 무엇인가 새로 짓기도 한다. 그것이 한 건물의 주기이자 역사다. 그리고 그 역사는 우리의 삶을 그대로 증거하기에 늘 문명사와 함께였다.

그렇다면 대한제국이 주관한 최후의 궁궐 창건 공사이자 대규모 관영 지방 공사였던 풍경궁 건설에 얽힌 우리의 역사와 삶은 어떠했을까? 풍경궁의 과거와 현재를 아는 이는 과연 얼마나 될까? 짧았던 존립 기간과 서울이 아닌 평양에 입지했었다는 이유 등으로 일반인은 물론 건축사를 비롯한 학계의 연구자에게도 풍경궁이라는 이름은 낯설다.

그래서 이제 막 연구자의 길에 들어선 필자는 첫 강의 주제로 풍경궁을 택했다. 풍경궁의 모습이 담긴 흑백사진 한 장과 100년 전 지도 몇 장을 들고 학생들 앞에 섰다. 그러고는 풍경궁을 아느냐고 물었다. 문화재에 매겨진 번호가 뭐 그리 중요하겠느냐마는, 덧붙여 우리의 숭례문과 같은 북한의 국보 제1호를 아느냐고도 물었다. 혹시나 하고 기대했지만, 웅성거림 끝에 돌아온 대답은 예상했던 대로 '처음 듣는다'거나 '모른다' 뿐이었다. 이렇게 낯선 풍경궁에 대한 이야기를 꺼내는

대한제국, 평양에 황궁을 세우다 165

것으로 필자의 첫 강의는 시작되었다. 그리고 학생들의 뇌리엔 처음으로 풍경궁이 세워졌다. 잊혀진 궁궐, 풍경궁은 그렇게 되살아났다.

구국과 황권 강화를 위한 개혁 정책, 풍경궁의 창건

평양에 풍경궁 창건 공사를 시작할 당시, 서울에서는 아관파천 이후 고종이 거처할 경운궁慶運宮 중건이 한창이었다. 고종을 비롯한 당시 지도부는 경운궁 중건 공사를 태조 이래 역대의 유지를 계승하고 쓰러져가는 국가의 중흥을 위한 중대 사업으로 여겼고, 이에 정부의 예산과 각종 기술자, 공사에 필요한 자재 등을 총동원하였다. 그야말로 국가의 총력을 집중시키고 있었다.

이러한 상황에서 고종은 황실 재정 가운데 내탕전內帑錢 50만 냥을 지원하면서까지 서울이 아닌 지방, 평양에 또 다른 궁궐인 풍경궁 건립을 지시했다. 도성에 경운궁 공사가 진행 중임에도 불구하고 재정적 위기를 무릅쓰면서까지 행궁을 건립하고자 한 까닭은 무엇이며, 또 그곳은 왜 평양이어야만 했을까? 그리고 건립 이후 황궁은 어떻게 사용되었을까?

이러한 의문점에 대한 실마리는 광무 6년 5월 1일(양력) 《고종실록高宗實錄》에 실린 당시 특진관 김규홍金奎弘의 제안에서 찾을 수 있다. 김규홍은 풍경궁 창건을 포함한 평양 서경복설西京復設을 최초로 제안하였다. 그는 양경兩京을 두는 것이 하늘과 땅의 조화를 받들고 천하의 명승지를 타고 앉으며 만대萬代의 장구한 계책을 위하는 길이라 하였다.

……在宣廟時 華人李文通 謂平壤有萬年王氣. 此雖形家之言 而邑誌所傳 亦非誣也. 且是邦人士 素尙義氣 緩急可用 故重臣權近 擬之岐 豊之地 豈不信哉. 今若建置西京 營繕離宮 增設隊伍 爲之守衛 以壯國威 以鞏基圖 則地愈增重 人思效忠. 非直爲觀瞻之美也. ……

위 제안의 핵심은 만년왕기萬年王氣를 가진 평양을 서경으로 삼아 그것에 이궁離宮을 영건하고, 군대를 증설하여 이를 지키게 함으로써 국가의 위엄을 장대하게 하자는 것이다. 이러한 발언은 당시 군제 개편과 평양의 지정학적 중요성이 부각되던 상황과 밀접한 관련이 있었다.

러시아식 군제 개편과 풍경궁

19세기 말, 한반도는 일제에 의한 청일전쟁(1894)과 동학농민군 초토화 작전, 을미사변(1895), 러시아·프랑스·독일에 의한 삼국간섭 등과 같은 서구 열강의 침략적 간섭으로 극도로 피폐해져있었다. 을미사변 이후, 왕실의 존립에 위험을 느끼던 고종은 마침내 1896년 2월 왕세자와 함께 러시아 공사관으로 거처를 옮긴다. 이 사건은 한반도를 지배하려는 외세 압력이 일본과 러시아의 첨예한 대립으로 압축되는 계기가 되었다.

1897년 2월, 경운궁으로 돌아온 고종은 대대적인 개혁 정책을 단행한다. 가장 먼저 연호를 '광무光武'로 바꾸고 국호를 '대한大韓'이라 천명한다. 그리고 스스로 황제에 즉위하여 대한제국을 탄생시킨다. 이는 자신이 자주국의 군주임을 공고히 함과 동시에 나라의 위엄을 높이고 자주독립의 기틀을 마련하고자 함이었다.

고종은 황제 즉위 이후, 군제 개편, 광무양전光武量田, 지계사업, 산업 진흥 정책 등 잇따른 개혁 정책을 추진하였다. 특히 군사 제도 개혁에 중점을 두어, 중앙군과 지방군을 정비하고 이를 확충하는 데 주력하였다. 그는 대한제국 성립 이전에도 위기에 처한 나라를 구하고 부국강병을 이루기 위해 무엇보다 군제 개혁을 우선시하였다고 한다. 그런데 이 무렵 군사 제도에서 흥미로운 사실은 군사훈련 방식과 군 편제를 러시아식으로 전면 개편하였다는 점이다. 이는 개항 이래 군대 근대화를 기치로 일본식 군사훈련과 제도를 도입하였던 것을 뒤로하고, 아관파천 이후 한반도에 진출한 러시아 세력의 영향을 받아들임에 따른 변화라고 볼 수 있다.

러시아식 군제 개편이란 1개 대대를 5개 중대, 1개 중대를 4개 소대로 편성하는 러시아식 군 편제를 기본으로 한 조직으로의 개편을 의미한다. 러시아로서는 자국의 영향력을 행사할 수 있는 친러연합군 결성에 유리하고, 대한제국의 입장에서는 비상시 대일방어對日防禦 차원에서 러시아와의 협력을 도모하는 데 유리하다고 판단했을 것이다. 실제로 러시아 군제의 수용은 대한제국이 선포되기 직전 조선 정부의 군사 교관 파견 요청에 응한 러시아가 교관을 파견하여 군대를 교련시킨 데서 시작되었다. 이는 선진 군제 도입은 물론 그로 인한 대외 관계에서의 파급 효과를 고려할 때 매우 중요한 의미를 갖는다. 이러한 군제 개편은 한반도에 대한 러시아와 일본의 첨예한 대립적 구도의 무게 중심이 일본에서 러시아로 옮아간 상황을 반영한다.

1899년 10월 평양진위대平壤鎭衛隊 역시 러시아군 편제로 개편되었다. 이는 중앙의 친위, 시위대 편제를 준용한 것이다. 당시 조선군은 을미사변 이후, 중앙군으로 친위대親衛隊, 지방군으로 진위대鎭衛隊를 두고 있었고, 이는 1907년 대한제국 군대가 해산될 때까지 조선군의 기본 편제로 유지되다. 평양이 관서의 요충지이므로 방비를 강화해야 한다는 전제 하에 평양진위대 병액兵額을 중앙군 편제를 참작, 원수부가 재편한 것이다. 원래 서북 지역의 경우 평안남도 안주가 중심이 되어 지방대 병영을 두고 있었으나, 지방대가 진위대로 통합되는 과정에서 그것이 폐지되고 평양진위대가 증설되었다. 변방 방위의 중요성이 강조되어 평양진위대는 1900년 9월, 1901년 2월 두 차례에 걸쳐 증설되었다. 이들은 평양을 중심으로 한 서북 지방군으로서 모두 러시아군 편제로 개편되었다.

이는 러시아와 일본의 대립 상황을 감지한 고종과 친러 내각이 비상시 대일

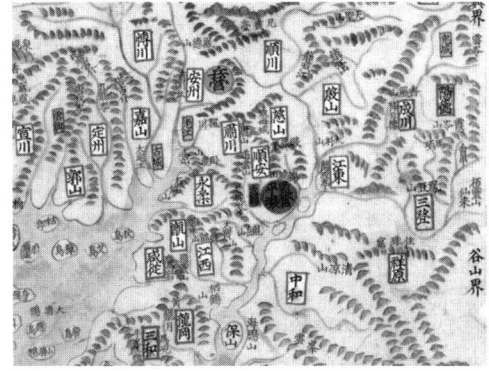

2 〈광여도〉 평안도 부분. 평안도의 이름이 평양과 안주에서 한 글자씩 따온 것이라고 할 만큼 예로부터 이 두 도시는 관서 지역의 요충지였다. 평안도는 평양에 감영을, 안주에 병영을 두었다.

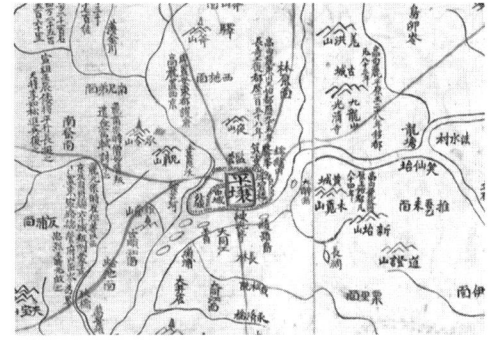

3 〈청구요람〉 평양부 부분. 관서의 중심지 평양뿐만 아니라 외성, 중성, 내성, 북성으로 구성된 평양성의 모습이 잘 나타나있다.

방어를 위해 평양 지역에서도 러시아와의 협력이 가능하도록 군사 전략상 러시아군 편제로 훈련된 평양진위대 신설을 추진한 것으로 풀이된다. 실제로 종성, 북청 등의 함경도 지역에 배치된 진위대가 러시아군과 협조하면서 일본군의 행동을 은연중에 방해했다는 일례들은 당시 조선 정부군의 성격이 다소 친러적이었음을 뒷받침해준다.

대한제국, 평양에 황궁을 세우다

특진관 김규홍의 제안에서 풍경궁 건립과 함께 '군대를 더 두어 이를 호위한다'는 것은, 당시 증설된 평양진위대의 구축을 의미하는 것이었다. 게다가 당시 풍경궁 공사의 회계 기록을 담고 있는 《평양풍경궁영건역비회계책平壤豊慶宮營建役費會計冊》에도 신설 진위대의 건축비가 포함되어있다. 서경역西京役이라는 대규모 영건 사업은 풍경궁의 건립뿐만 아니라 당시 친러적인 군제 개편에 따라 신설된 진위대 관련 건축도 포함하고 있었던 것이다.

대한제국과 러시아와의 외교 관계가 풍경궁 건립과 무관하지 않았음을 확인할 수 있는 일본어 자료가 두 건 있어 또한 주목된다. 1936년 평양부에서 발간한 《평양소지平壤小誌》에서는 풍경궁을 "이조 말기에 건립된 이궁"이라고 소개하고, 당시 평양에 있는 건물 가운데 최대 규모의 건물이라고 언급했다. 또 "광무 6년 아무개 러시아인이 제창하고 대한제국의 아무개 현관顯官 등이 의견을 같이하여 공사를 일으켰는데 경비 200만 원은 평안남북도와 황해도의 촌읍으로부터 1인 평균 2원씩을 부과하여 징수"한 것이라며 건립 비용에 대해서도 기록하고 있다. 이와 유사한 내용이 1925년 《조선불교朝鮮佛敎》 20호에 실린 〈조계사의 산문曹谿寺の 山門〉에도 나온다. 이 글은 당시 서울에 있는 일본계 사찰 조계사의 산문을 소개하고 있는데, 그 산문은 바로 풍경궁의 정문인 황건문이라는 내용이다. 그중 풍경궁의 건립 배경을 언급한 부분은 다음과 같다.

皇建門の建つたのは, 明治二十七八年頃で, 当時東洋に手を延ばしてゐたロシヤは先づ朝鮮を手に入るゝ魂胆で, 朝鮮の王都を平壤に遷さすづくもくろんだが, 時の当局者も, ロシヤの勢力に

恐れを抱いてゐたので, その意に隨ふ前提として, 平壤の南町に
離宮を築き, その正門として建てたのが, 皇建門であつた。

위 글을 정리하면, 메이지 27~28년(1894~1895) 당시 동양에 손을 뻗고 있던 러시아가 먼저 조선에 손을 내밀어 조선의 왕도를 평양으로 옮기도록 했고, 그때 당국자도 러시아 세력을 우려하여 그 뜻에 따른다는 전제로 평양의 남정南町에 이궁을 건축하게 되었다는 것이다. 이러한 기록은 풍경궁 건축이 대한제국과 러시아 사이 모종의 협의 하에 추진되었음을 시사한다. 특진관 김규홍의 말대로 오랜 역사를 지닌 왕도로서 대한제국이 지키고자 했던 평양은, 한반도로 손을 뻗으려 하는 러시아에게도, 한반도를 발판으로 대륙 진출을 꿈꾸는 일본에게도 반드시 차지해야 할 요충지였던 것이다.

구국의 기원을 담아 풍경궁을 세우다

광무 6년(1902) 대한제국 황실이 평양에 깊은 관심을 갖게 된 것은 정치·군사적 요충지로서의 가치 때문만은 아니었다. 광무 6년은 아주 특별한 해였다. 《고종실록》 광무 6년 8월 4일(양력) 기록을 보면, 황태자는 황실에 세 가지 경사가 겹친 이렇게 훌륭한 때를 만난 것은 천년에 드문 행운이라며, 자신이 황제에게 축하문을 드리게 해달라고 상소문을 올린다.

황태자가 천년에 드문 행운이라고 한 이 해는 고종이 51세를 맞은 동시에 왕위에 오른 지 40돌이 된 해였다. 그리고 조선왕조 500년 동안 세 번뿐이었던 기로소耆老所 의식을 영·정조 연간을 모범 삼아 고종이 네 번째로 치르게 된 해기도 했다. 이를 기념하기 위한 황제와 황태자의 초상화는 이미 제작 중이었고, 황실은 새로운 초상화를 평양의 황궁에 봉안하기로 결정한 상태였다.

기로소 의식이란 조선 시대 연로한 고위 문신의 친목 및 예우를 위해 설치한 관서인 기로소에 입성하는 것을 말한다. 이는 1394년 태조의 나이 60세에 친히 기영회耆英會에 들어간 데서 유래하며, 정이품 이상 실직實職의 문관으로서 70세를 넘긴 사람에게 경로와 예우를 표하고 그 이름을 어필로 기록한 뒤 전토와 노비 등을 하사하는 의식이다. 이러한 의식에 국왕도 참여함에 따라 《대전회통大典會通》은 이를 관부서열 1위로 법제화하였고, 당시의 관리 또한 특별한 직무가 있었던 것이 아님에도 이를 더할 수 없는 영예로 여겼다. 조선 시대를 통틀어 기

4 〈광여도〉 평양부 부분. 평양성의 외성과 내성이 그려져있다. 북한 국보 문화유물 제1호는 바로 오랜 역사를 자랑하는 평양성이다.

로소에 들어간 사람은 700여 명, 이 가운데 왕은 태조(60세), 숙종(59세), 영조(51세) 그리고 고종(51세)이 전부였다. 이는 국왕으로서도 더할 수 없는 영예였을 것이다. 그러니 대한제국의 황제인 고종에게 광무 6년은 영예롭기도 하였거니와 그 어느 때보다 감회가 새로운 해였음은 자명하다.

그래서였을까? 고종은 풍경궁 창건을 결정하면서, 평양은 기자箕子가 정한 천년 역사의 옛 도읍으로 예법과 문화가 빛나기 시작한 곳이니, 그곳에 행궁을 두고 서경이라 부름으로써 나라의 천만년 공고한 울타리로 삼겠다는 강한 의지를 피력했다. 그들이 평양을 선택한 것은 왕도로서의 그 장구한 역사를 계승하기 위함이었다.

풍경궁은 기존의 관청이나 각종 묘사廟祠가 입지해있던 평양성의 중심지인 내성內城에 영건되지 않고 기자궁지箕子宮地와 기자정箕子井, 기자정전箕子井田 등이 있었던 외성外城에 건축되었다. 이는 천년 고도로서의 평양의 역사를 이어가고자 하는 황실과 추진 세력의 의도가 입지 선정에 반영된 결과다. 이러한 일련의 황실 행사가 위기에 처한 국

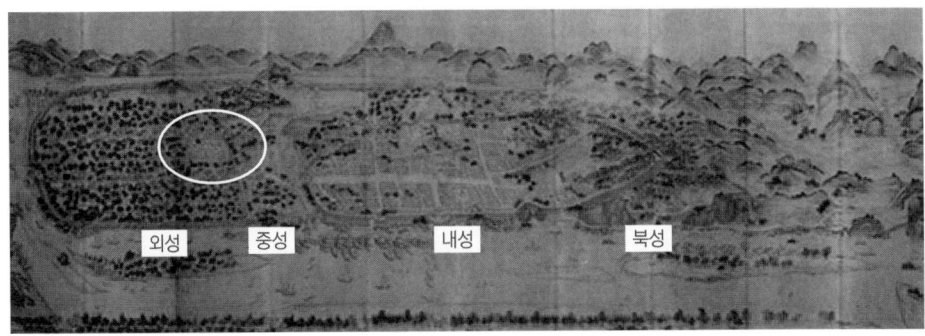

5 〈평양전도平壤全圖: 평양춘平壤春〉. 조선 후기 평양성의 모습을 담은 회화식 지도가 많이 제작되었다. 그러나 이처럼 풍경궁을 그려넣은 평양성도는 찾아보기 힘들어 눈길을 끈다.

가의 안녕과 황실의 권위가 갖는 상징성을 부각시키기 위한 것이었음은 전각의 이름에서도 알 수 있는데, 이는 특히 《서경書經》 홍범 편 제9장 '황건기유극皇建其有極'에서 따온 정문의 이름인 '황건皇建'에서 잘 나타난다. 그 의미는 황극皇極은 임금이 극極을 세움이니, 그 오복五福을 거두어 백성에게 복福을 베풀면 그들이 황제의 극極에 대하여 그에게 극極을 보존함을 돌려준다는 것이다. 대한제국의 황제가 백성과 나라를 위한 오복의 기원을 담아 세운 문이 바로 황건문이었다.

1902년 풍경궁 건축은 대한제국이 추진했던 개혁 정책의 일환이었다. 대한제국은 한반도를 둘러싼 두 열강 사이에서 평양을 중심으로 새로운 군사기지를 구축하는 군제 개편을 선택했다. 이는 러시아와의 군사협력을 용이하게 하여 일제의 침략에 대비하고자 한 것으로 보인다. 동시에 대한제국은 황실의 위엄과 국가의 안녕을 바라는 기원을 서경 복설에 투영하기에 명분 또한 충분했다. 이러한 기원과 명분은 국가 차원의 대대적인 영건 사업, 바로 풍경궁의 건축으로 실체화되었다.

풍경궁 창건 공사의 시작과 끝

풍경궁영건소의 혁신적 면모

광무 6년 5월 14일, 고종은 특진관 김규홍이 서경역을 제안한 지 보름 만에 전격적인 결정을 내린다. 나라에 두 개의 수도를 두는 것은 예나 지금이나 중대한 사안이므로 당장 경비가 궁색하더라도 그대로 둘 수 없는 문제라고 판단하였고, 마침내 해당 관찰사에게 공역을 완수할 방도를 강구하고 공사에 임할 것을 지시하였다. 이로써 대한제국이 주관한 최후의 대규모 지방 건설 사업이 시작되었다.

조선 시대에는 왕실에 큰 행사나 공사가 있을 때 후일 참고할 수 있도록 의궤儀軌를 제작했다. 그러나 풍경궁 창건 공사의 경우, 황실에서 주관한 대규모 공사였음에도 불구하고 의궤를 남기지 않았다. 정확한 이유는 알 수 없지만, 아마 당시 혼란스러운 나라 사정과 더불어 풍경궁이 완공을 보지 못했기 때문일 것이다. 하지만 그 대신, 공사 과정에 작성된 《서경풍경궁영건역비회계책西京豊慶宮營建役費會計冊》이 당시 상황을 짐작하게 해준다. 이는 광무 6년(1902) 6월부터 8월까지, 그리고 광무 7년(1903) 4월부터 윤5월을 포함하여 6월까지 총 7개월간 풍경궁 영건에 사용된 역비 조달과 그 지출 내용을 상세하게 기록하고 있는 회계책이다. 여기에는 월별 수입내역은 물론 출납과出納課 · 목역과木役課 · 토역과土役課 · 모군과募軍課 · 철로과鐵路課 · 석역과石役課로 구분한 6과의 지출 내역이 항목별로 기록되어있어, 당시 풍경궁 창건 공사의 시작

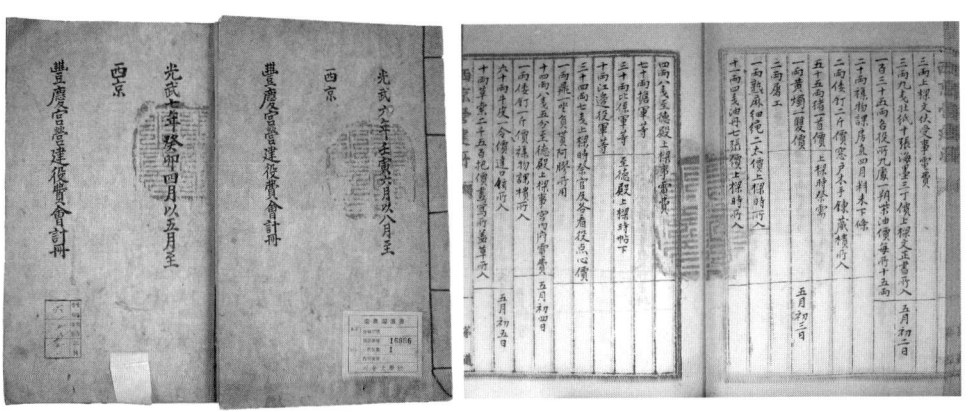

6 《서경풍경궁영건역비회계책》, 광무 6년(1902) 6월부터 광무 7년(1903) 6월까지 풍경궁 영건에 사용된 역비 조달과 그 지출 내용을 상세하게 기록하고 있다.

대한제국, 평양에 황궁을 세우다 175

부터 끝까지 그 실상을 파악하는 데 대단히 유용하다.

풍경궁 창건이 결정되자 정부는 관련 공사 업무를 전담하는 임시 기구인 풍경궁영건소豊慶宮營建所를 설치하였다. 이는 서경영건소西京營建所라고도 불렸다. 최고 책임자인 감동당상관監董堂上官에는 당시 평안남도관찰사였던 민영철閔泳喆이 임명되었다. 그는 1901년 회계검사총장과 연서원장을 겸임했고, 1902년 1월에는 군부대신에도 임명된 바 있다. 2월부터는 평남관찰사를 겸직하고 있던 차에 서경 공사의 책임까지 맡게 된 것이다. 그 밑에는 감동, 간역, 감관의 직책을 두었다. 감동으로는 상원군수, 강동군수와 옥창호玉昌鎬, 박제길朴齊吉, 박의효朴義涍 등이, 간역으로는 김태련金泰璉, 박도정朴道淳, 황기현黃基鉉 등이 역소役所 각 과에 배치되었다. 또한 감동·간역 외에 감관으로 홍태영洪泰榮의 이름도 확인된다. 이들은 실질적으로 공사 현장을 오가면서 공사를 관리·감독하였을 뿐만 아니라 공사에 필요한 재원 및 자재, 인력 등을 조달하기 위해 평안도 각지를 방문하기도 했다.

실질적인 현장 업무는 출납과, 목역과, 토역과, 모군과, 석역과, 철로과 등으로 구분된 6개 과가 분담하였다. 각 과는 공정에 따른 소요 자재와 인건비를 독립적으로 지출하고 관리하였는데, 이는 당시 서울에서 진행 중이던 경운궁 중건 공사를 비롯한 구한말 정부의 주요 공사 어디에서도 찾아볼 수 없는 새로운 업무 운영 체제였다. 풍경궁 창건 공사가 갖는 중요한 건축사적 의의 가운데 하나가 바로 이러한 체계적 업무 분담을 위한 효율적인 운영 체제다.

명칭에서 추측할 수 있듯, 출납과는 공사를 위해 매달 취합되는 향례전 등의 수입과 주요 관리직인 각 과 감동, 간역 및 사령, 서기, 순검, 방직 등 단순 사무직의 임금을 주로 관리하였다. 궁기지 내 민가

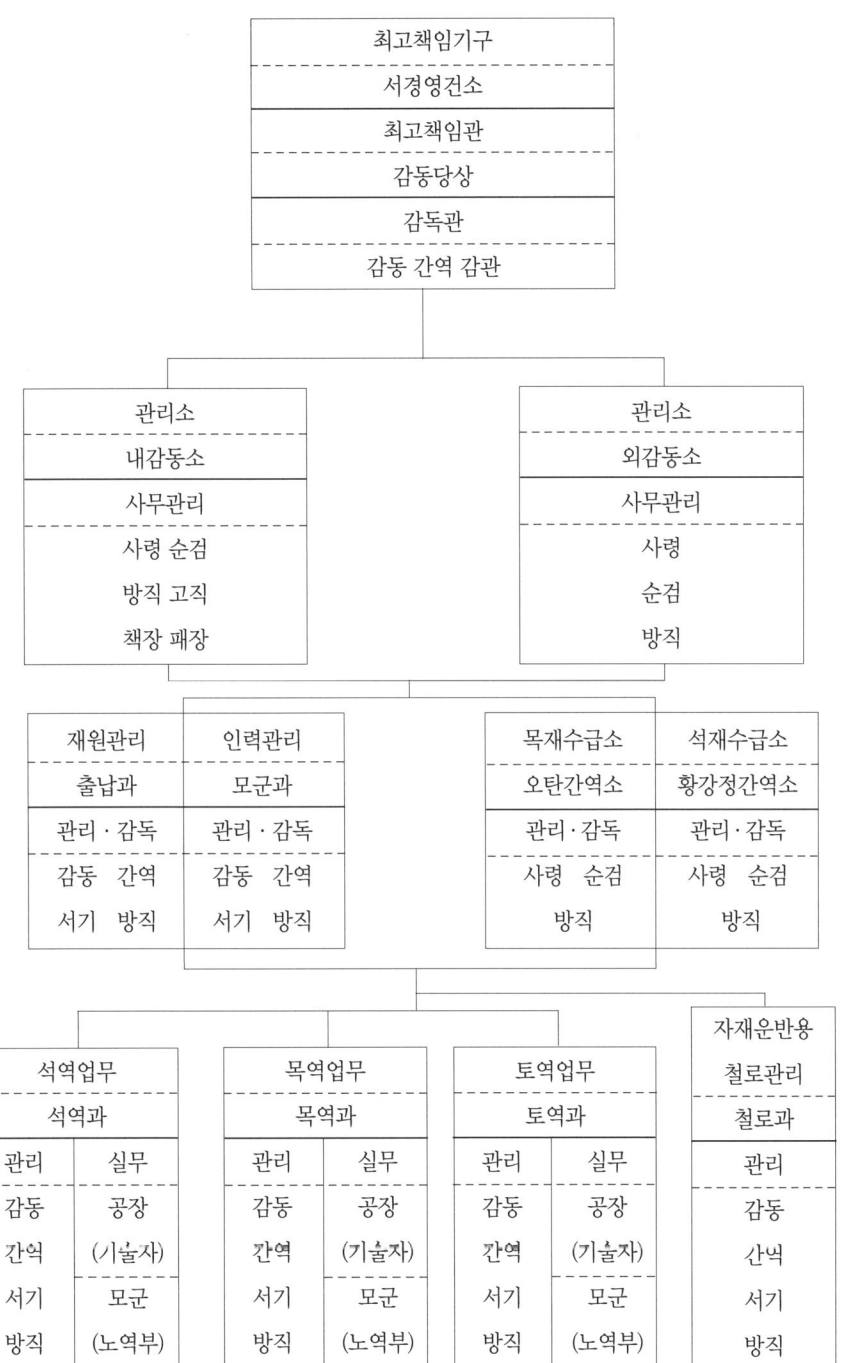

〈표 1〉《서경풍경궁영건역비회계책》을 바탕으로 정리한 서경영건소의 업무 운영 체제.

훼철비나 영건소 잡비 등의 지출도 출납과의 몫이었다. 모군과는 출납과를 제외한 각 과에서 필요한 인력을 동원하고 그들의 임금을 지급하였다. 이들은 각각 재원과 인력을 관리하는 분과였다.

석역과, 목역과, 토목과는 현장에서 취급하는 자재별로 업무를 나누어 담당하였고, 목수와 석수 등 전문 기술을 가진 기술자를 배치하고 이들의 임금과 소요된 자재비, 그리고 그 운반 비용을 지급하였다. 그런데 같은 직종에서도 지급된 임금이 다양하게 분포되어 기술자 및 인부의 업무 또한 세분화·분업화했음을 짐작하게 한다. 이러한 업무 분화는 공정을 앞당기고 비용을 절약해야 했던 당시 공사 여건의 반영이다.

한편 목역과에 동원된 목수에게 지급된 임금은 평균적으로 경목수京木手가 평목수平木手보다 높았다. 게다가 공사 초기부터 지속적으로 가장 높은 임금을 받은 것은 경편수京片手며, 공사 초반 평편수平片手는 아예 보이지 않는다. 경목수는 도성 및 경기 지역의 목수이고 평목수는 인근 지역의 목수, 곧 평양 목수를 뜻한다. 그리고 편수는 목수의 우두머리를 지칭한다. 이들의 임금과 근무 일수가 별도로 관리된 것은 아무래도 기술력과 경험의 차이가 반영되었다고 이해해야 할 것이다. 서경 풍경궁, 다시 말해 황궁을 짓는 중요한 과업에 정부는 관영 공사의 경험이 많은 경목수를 동원하지 않을 수 없었다. 더구나 당시 대부분의 관영 공사에서 기술자 동원에 어려움을 겪고 있었음을 감안할 때, 경목수가 풍경궁 영건 공사에 동원된 것은 자연스러운 일이었다. 또한 회계책에는 '경화사京畵寫'와 '이장이십팔명자경하래일식가泥匠二十八名自京下來日食價', '개성석수開城石手'와 '경기급강화석수京畿及江華石手' 등의 기록도 자주 발견되는데 이는 화사와 이장(미장이), 석수의 경우도 평양 인근은 물론 타 지역, 특히 도성 및 경기 지역에서 다수

동원했음을 알 수 있다.

풍경궁 공사 현장의 6과 업무 조직에서 눈에 띄는 것은 철로과로, 이 부서의 등장은 단연 획기적이다. 현장에서 사용되는 목재와 석재 등 대형 자재 또는 다량의 자재를 운반할 때 철로가 사용되었고, 이러한 철로를 보수·관리하는 일을 담당하는 것이 철로과의 역할이었다. 이는 소요 인력을 절감하고 공기를 앞당겨 작업 현장의 능률을 높이는 데 기여하는 혁신적인 변화였다. 또한 조달된 자재의 수급·관리에서도 작업 분담이 이루어졌다. 대동강의 수운을 이용하여 평양으로 조달된 목재와 석재는 각각 오탄간역소와 황강정간역소에서 따로 취합되어 공사 현장의 각 역소에 공급되었다.

빛바랜 사진 속 풍경궁

풍경궁이 비로소 사람들의 입에 오르내리게 된 것은 광무 6년 6월 23일 서경궁의 이름이 풍경궁으로 정해지고 각 전각의 이름이 확정되면서부터의 일이다. 《고종실록》과 〈관보〉에는 정문은 황건皇建, 정전은 태극太極, 동궁전은 중화重華, 편전은 지덕至德, 동문은 건원建元, 서문은 대유大有라 각각 이름한 것과 각 전각의 상량문제술관과 현판서사관 등에 예정된 관리의 이름이 함께 기록되어있는데, 실제로 이들 여섯 전각이 풍경궁을 구성하는 주요 건물이었다. 정전인 태극전을 가장 먼저 착공해 완성했고 지덕전과 중화전, 그리고 세 문의 순서로 공사는 진행되었다.

빛바랜 흑백사진 속에서 "나 여기 있었소!" 하고 나직이 말을 걸어오는 듯한 풍경궁을 깊이 들여다볼 수 있는 유일한 단서는 바로 이러한 각 전각의 이름이다. 우리는 몇 장의 사진과 지도 속에서 새로운 백 년의 시

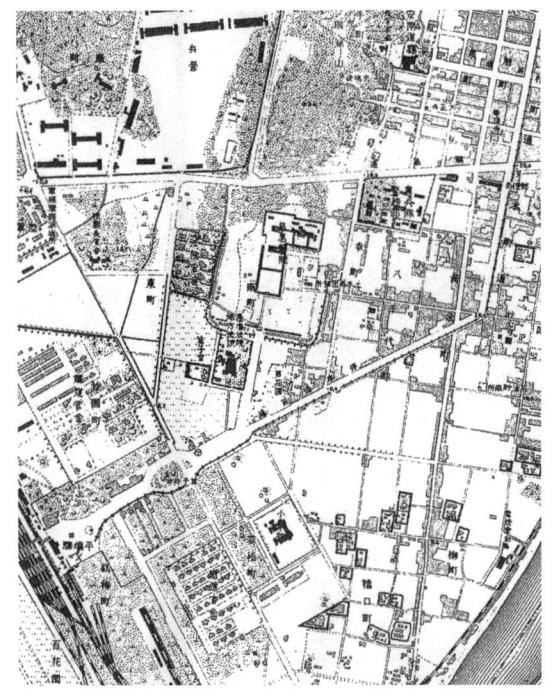

7 1915년 평양의 지형도(부분). 풍경궁은 전체적으로 'ㄱ' 모양을 이루지만 일직선의 중심축을 파괴하지 않는 전각 배치를 보인다. 일제강점기 제작된 이 지형도를 통해 평양전도(〈그림 5〉 참조)에 그려진 건물이 풍경궁임을 확인할 수 있다.

작과 함께 고도 평양에 들어섰던 풍경궁의 모습을 확인할 수 있다.

풍경궁의 좌향坐向은 정남향으로, 주요 전각은 그 중심축을 따라 배치되었다. 황궁의 정문인 황건문, 정전인 태극전과 태극문, 그리고 편전인 지덕전이 일직선의 축 위에 배치되고, 동궁전인 중화전은 중심축에서 우측으로 치우쳐 전체적으로 'ㄱ' 모양을 이루지만 일직선의 중심축을 파괴하지는 않는다. 건물군을 일직선상의 축 위에 배치하는 것은 유교적 예제와 왕의 거처인 궁궐의 상징적 의미를 드러내는 가장 직접적인 방식이었다. 3개의 주요 전각이 나란히 배치됨으로 획득되는 축성은 전각의 수가 적어 오히려 더 강렬하다. 이러한 풍경궁의 배치 특성은 다른 관아 건축물에서 쉽게 보기 힘든 권위와 위계를 부여한다. 고종은 한 번도 풍경궁에 다녀가지 않았다. 황제를 대신하여, 군대와 서도인西道人들에게 황권을 과시하고 부국강병의 의지를 드러낸 것은 풍경궁에 봉안되었던 고종의 어진이었고, 이는 이미 풍경궁의 전각 배치에도 반영되어있었다.

정전인 태극전은 정면 9칸, 측면 5칸의 방주方柱에 초익공初翼工 양식으로 겹처마에 팔작지붕을 얹었다. 이는 정남향으로 비교적 넓고 높게 쌓은 월대 위에 놓인 단층 건물이다. 3단의 장대석 기단 위에 방형의 초석과 기둥을 세웠으며 월대의 좌우측에는 계단을 두었다. 정면의 석계는 중앙 계단에 답도를 두어 건물의 격을 높였다. 단일 건물로서 45칸이라는 규모는 이례적이라 할 수 있는데, 특히 정면 9칸에서 보이는 웅장한 정면성은 월대로 인해 한층 강조되어 인상적이다.

정문인 황건문은 정면 3칸, 측면 2칸의 다포계 양식으로 겹처마에 원주圓柱를 사용한 우진각지붕의 건물이다. 지붕

8 1909년 발간된 《평양요람》에 실린 태극전의 모습.
9 《평양요람》에 수록된 황건문의 모습.

의 귀마루에는 잡상을 배열했다. 사진만으로 실제 문의 형태나 공포의 출목 같은 구체적인 건축 형식을 식별하기는 어렵다. 그러나 사진 속 흰옷을 입은 사람과 황건문의 크기를 비교해보면 그 대단한 규모를 알 수 있다. 황제가 세운 문으로서 웅장한 위용을 갖추었던 황건문은 일제강점기 서울로 옮겨져 1970년대 초까지 그 모습을 간직했다.

광무 7년(1903) 11월, 태극전과 중화전이 완공되고 황제와 황태자의 화상畵像이 풍경궁에 모셔졌다. 《어진도사도감의궤御眞圖寫都監儀軌》는 황제의 어진을 제작한 경위와 함께 어진을 풍경궁에 봉안하는 행렬을 그린 반차도를 싣고 있다. 이를 보면 본 공사의 의의와 규모를 짐작할 수 있다. 당시 신문기사에 따르면 풍경궁은 그 칸수가 360여 칸으로 광

대한제국, 평양에 황궁을 세우다 181

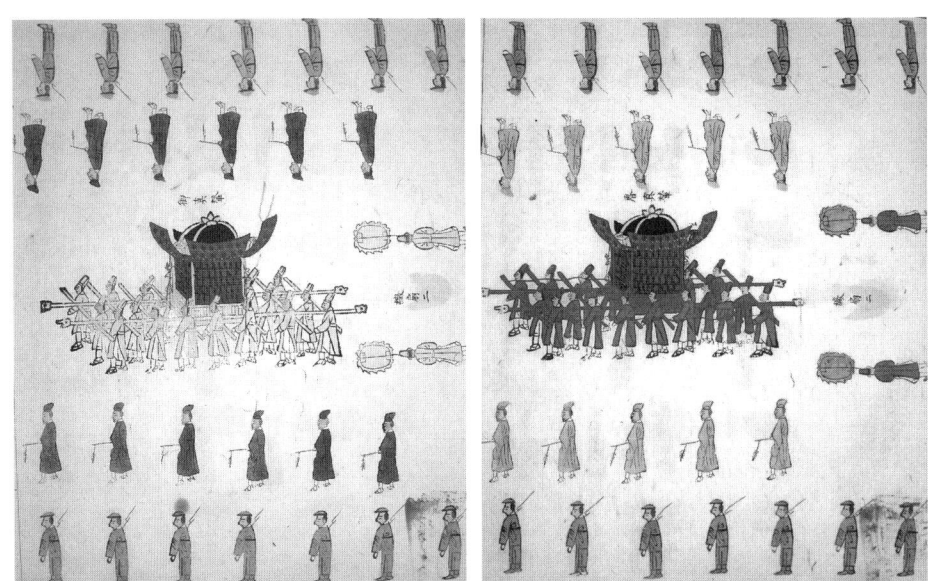

10 〈어진예진봉안서경풍경궁교시시반차도〉. 광무 5년(1901)부터 광무 6년(1902)까지 행해진 고종 51세 때의 어진과 황태자 29세 때의 예진의 도사 과정을 수록한 《어진도사도감의궤》에 첨부된 반차도다. 새로 제작된 어진과 예진을 풍경궁에 봉안하는 것은 중대한 황실 의례였다.

대한 규모였다고 한다. 이는 조선시대 주요 행궁의 칸수와 비교해볼 때, 화성행궁 다음가는 규모였다.

한편, 앞서 확인한 바대로 풍경궁 건축이 단순히 행궁을 짓는 일만 의미한 것은 아니었다. 풍경궁 건축은 평양진위대 증설과 관련한 군사 시설 구축을 동반한 것이었다. 1906년 작성된 《소장訴狀》의 〈평양외성군용지조사실수성책平壤外城軍用地調査實數成册〉에 실린 지도에서는, 군사시설의 구체적인 형태를 알 수는 없지만 황궁의 북쪽에 자리 잡고 있었던 당시 병영 기지 위치만은 분명히 확인된다. 궁궐을 구성하는 전각공사는 아니었지만 궁장이나 포대, 병영 구축은 일단 규모 면에서 서경역의 중요한 부분이었음은 두말 할 필요가 없다(〈그림 13〉 참조).

그런데 흥미로운 것은 이들 공사와 관련하여 등장하는 이들이 모두 외국인이었다는 점이다. 풍경궁영건소 출납과에서는 청인清人 황월정黃月亭에게 궁장 공사비를, 일인日人 소삼강길小森康吉에게 신설 진위대 건축비를, 일인 시천석동市川石動에게 포대 건축비 등을 지급하였다. 또한 청인 황월정은 궁장 공사에 사용된 벽돌을 공급하기도 했으며, 용강에서 선편船便으로 석재를 운반하는 일을 청인 도자삼陶耆三이 한 것이나 '流木漂執來日人賞給(유목표집래일인상급)', '長臺石都給價中日人先給(장대석도급가중일인선급)'이라는 기록은 풍경궁 공사 자재 공급에 일인과 청인이 가담하고 있었음을 보여준다. 이는 대한제국기 당시 관영 공사에 외국인 참여가 적극적으로 이루어지던 상황을 나타내기도 하지만, 한편으로는 여전히 주요 전각 공사는 전통적인 목수와 기술자가 담당하고 있었음을 반증하는 것이기도 하다.

희대의 건설비 착복 사건, 풍경궁 건축

풍경궁 창건 공사 비용은 내탕전 50만 냥과 결호전結戶錢, 부역전赴役錢, 향례전鄕禮錢, 원조전願助錢 등으로 충당되었다. 내탕전은 고종이 특별히 내린 돈으로 일종의 내입금內入金이었다. 당시 신문 기사 등을 보면, 내입금은 학교와 병원 등에 대한 보조금과 행사비, 각종 회사의 자본금이나 운영자금 등을 정부 재정에서 지출하기 어려울 때 황실에서 지원하는 돈이다. 대한제국 정부는 풍경궁 창건 공사에 드는 재원을 충분히 감당할 수 있는 상황이 아니었지만, 고종은 서경 건설에 내탕금 50만 냥을 지원함으로써 본 공사를 끝까지 추진하겠다는 강한 의지를 피력한 것이다.

풍경궁의 공사 비용은 평안남도 평양, 개천, 중화, 안주, 용강, 성천과 평안북도 선천, 의주, 영변, 정주 등을 중심으로 평안도 각지에서 거둬들인 향례전(총 공사 금액의 약 70퍼센트)과 원조전(총 공사 금액의 30퍼센트)에 절대적으로 의존하였다. 풍경궁 공사만을 위해 부과된 이 세금으로 공사비의 대부분을 충당했다. 당시 정부의 정상적인 주요 세원은 토지세인 결호전이었지만 이것은 부역전과 함께 아주 미미한 액수(총 공사금액의 약 2퍼센트)를 차지할 뿐이었다. 이후 2년 동안 세금 3분의 1이 감면되었다고는 하지만 서경 건설의 막대한 공사비를 고스란히 짊어져야 했던 것은 결국 서도인들이었다.

황제와 황태자의 화상을 완공된 태극전과 중화전에 봉안하던 날, 서도인들은 춤을 추고 기뻐했다고 《고종실록》은 전한다. 그러나 공사가 중단된 후 풍경궁 창건을 포함한 서경역은 공사비에 대한 논란이 끊이지 않았다.

특히 일제강점기 신문과 잡지, 각종 문서에서 공사의 최고 책임자였던 민영철의 공사비 횡령에 관한 내용으로 풍경궁 창건 공사를 언급하고 있어 흥미롭다. 먼저 1927년 3월 16일자 〈조선일보〉 석간 1면에 실린 '지방 소개' 연재 기사다. 평양부를 소개하는 첫 번째 칼럼에서 풍경궁의 건축을 비중 있게 다루고 있다. 기사는 풍경궁 공사에 재원으로 사용된 향례전과 원조전은 향안의 작성을 통해 평안도 각 지방민으로부터 염출되었고, 풍경궁의 규모는 외단外壇 490파把, 내단內壇 285파把에, 그 칸수가 360여 개인 광대

11 1927년 3월 16일자 〈조선일보〉. '지방 소개'에서는 평양 최대의 건축물인 풍경궁을 언급하면서 건축 당시 공사 책임자였던 민영철의 공사비 착복에 관한 내용을 전하고 있다.

한 건물이었다고 전한다. 그런데 평안도민으로부터 공취된 공사비의 대부분은 평남관찰사이자 풍경궁 공사의 책임자인 민영철, 평양감리 김인식, 기타 궁내부 중간 관리들에 의해 착복되었고, 거두어들인 재원의 5분의 1만이 공사에 사용되었다고 한다. 풍경궁 건축은 내부적으로 고위 관리와 지방관의 공사비 횡령이라는 심각한 재정 문제를 안고 있었던 셈이다.

또한 1933년 6월 1일 발행된 《별건곤》 제64호에는 "반도천지를 흔들던 민씨후예의 금일"이라는 제목의 연재 기사가 실렸다. 이는 당시 명성황후를 둘러싼 외척의 횡포에 대한 것으로 민영소, 민병석, 민영달, 민영규에 이어 민영철에 대해 언급하고 있다. 그 내용 역시 민영철이 평남관찰사로서 서궐 공사를 빌미로 돈을 긁어모아 재산을 불렸고, 상해上海 등지를 유랑하다 비참한 최후를 맞았다는 것이다.

이뿐만이 아니다. 1902년 6월 24일, 《주한일본공사관기록》 기밀 제81호에서는 관료로서 민영철의 무책임한 면모뿐만 아니라 친일적 면모까지 볼 수 있다. '마산삼랑간 철도부설에 관한 건'을 보면, 민영철은 일제가 한반도에서 철도 부설권을 획득하고 친일 세력을 확보하기 위해 추진한 각종 사업에 깊이 관여하고 있다. 그러나 이 무렵 민영철은 평양 서경역이 추진되자 일제의 철도 부설권 획득을 돕기보다 서경역을 담당하는 것이 자신에게 더 큰 이득이 되리라 판단하였던 모양이다. 그는 이를 위해 관찰사 임무를 계속하기로 했고, 이러한 사실이 당시 일본인 외무대신 고무라 주타로小村壽太郎에게 보고되었다.

공사의 최고 책임자와 관리자의 이러한 공사비 횡령은 의궤책 곳곳에 남아있는 각종 기술자와 인부의 일급 연체나, 실제로 1906년과 1908년 두 차례에 걸쳐 제출된 철물상 양한근梁漢根의 호출장 등에서

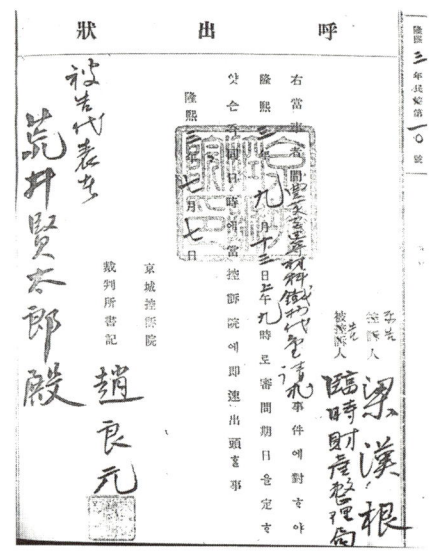

12 양한근 호출장. 풍경궁 영건 공사에 철물을 납품했던 양한근은 1902년 분 철물가 1만 5844.4냥에 대한 청구 및 재청구 청원서를 제출한 바 있다.

확인되는 자재 대금의 연체와 무관하지 않을 것이다.

《평안도향전성책平安道鄕錢成冊》에 정리된 1907년의 서경역비조사西京役費調査는 이러한 상황에서 각종 공사비 청구와 횡령 의혹을 확인하고 중단된 공사의 완공을 타진하기 위해 실시되었다. 이처럼 재원 관리조차 제대로 이루어지지 못한 상태에서 착복 사건 등으로 얼룩져가던 서경역은, 1904년 2월 러일전쟁까지 발생하자 여러 가지 이유로 풍경궁 주요 전각의 완공 외에는 진전을 보지 못하다가 결국 중단되었다. 서경역비 재조사는 당시 이러한 사정을 감안할 때 당연한 결과였다. 풍경궁이 오늘날 우리에게 잊혀진 것은 그 유구의 부재에도 기인하겠지만, 어쩌면 이러한 부정적인 측면도 중한 원인이 되지 않았을까 하는 씁쓸한 감회가 든다.

대한제국, 국가의 운명이 풍전등화처럼 위태로웠던 시대! 그 시대를 관통한 풍경궁 창건 공사에는 변화와 혁신의 웅대한 기원을 담았던 창건 목적과 효율적 공사 운영을 위해 시도된 건설 현장의 개혁적 면모 등과 같은 긍정적 측면들이 분명히 존재했다. 하지만 한편으로 공사 책임자의 공사비 착복, 그리고 무엇보다도 혼란스러운 국가적 상황에서의 영건 사업이었다는 점 등은 풍경궁 창건의 한계임을 부인할 수 없다. 이는 지금 여기서 우리 건축사의 한 지점으로서 풍경궁을 이야기함이 결코 무의미하지 않음을 반증한다.

일제강점기 풍경궁 수난사

일본의 군용지 수용에 따른 토지 수탈

한반도를 둘러싼 이권을 두고 러시아와 각축을 벌이던 일본은 1904년 2월 8일, 인천과 뤼순항旅順港에 있던 러시아 함대를 기습 공격함으로써 이른바 러일전쟁을 도발하였다. 일본이 청일전쟁을 계기로 한반도에서 청의 영향력을 몰아내고자 했던 것처럼, 이번에는 러시아를 겨냥한 것이었다. 이는 러일전쟁 이전부터 진행되어온 일본군의 한반도 주둔, 즉 한반도에 대한 그들의 군사적 지배를 바탕으로 전개되었다.

러일전쟁 이전 한반도에서 일본군 주둔은 '군용지 수용軍用地收用'이라는 그들의 식민지 정책에 의해 점차 확대되어갔지만, 공식적으로는 한국 정부의 승인이 필요했기 때문에 비교적 소규모로 진행되었을 것이다. 그러나 이는 러일전쟁 발발과 함께 새로운 국면을 맞게 된다. 전쟁 시작과 때를 같이하여 일본의 강요에 의해 체결된 '한일의정서韓日議定書'는 이전까지 제한적으로 허락되던 그들의 군용지 수용을 넘어, 필요하다면 한국 내 어느 곳이든 자의적으로 군용지로 수용할 수 있다는 막강한 근거를 제공하였다. 《구한말조약휘찬舊韓末條約彙纂》(국회도서관 입법조사국, 1964~1965)에 실린 〈한일의정서〉 제4조를 보면, 일본 측은 군용지 수용에 대해 '임기臨機'라는 표현을 사용하고 있다. 애초 그 면적이나 지역의 제한을 규정하지 않았을 뿐만 아니라 수용 기한도 명확히 제시하지 않은 것이다.

제3국의 침해 혹은 내란으로 인하여 대한제국 황실의 안녕과 영토의 보존에 위험이 있을 경우에는 대일본제국 정부는 곧 임기 필요한 조처를 할 것이며 대한제국 정부는 이러한 대일본제국의 행동이 용이하도록 충분한 편의를 제공할 것. 대일본제국 정부는 전항의 목적을 달성하기 위하여 군략상 필요한 지점을 임기 수용할 수 있을 것.

일본군은 이러한 '한일의정서' 조항과 대한제국의 정부 재정이 취약하다는 허점을 악용, 약간의 보상금을 지급하고 주민들을 강제로 철거시킴으로써 사실상 모든 토지를 자신들의 소유로 만들어갔다. 그들은 경복궁을 군대의 숙사 용도로 요청하는가 하면, 평양의 숭인문 등을 비롯한 대한제국의 병영, 관공서, 학교 등의 건물을 일본군 숙사나 창고로 점령하기도 했다. 민가의 침탈은 말할 것도 없었다. 일본은 러일전쟁을 계기로 한반도 식민지화를 급속도로 진행시키면서, 전시 상황을 이유로 군용지 수용을 내세워 본격적으로 우리의 땅을 수탈하기 시작하였다. 군용지 수용은 그들이 한반도의 전통적 도시와 고유의 건축을 훼손하고 전용하는 구실이 되었다.

평양도 예외가 아니었다. 1904년 8월 일본군은 일방적으로 용산, 의주, 평양을 군용지 예정지로 통보하였다. 가장 넓은 면적으로 군용지 수용 예정 지역이 된 평양 일대는 1910년대까지 지속적으로 일제의 각종 군사시설 등으로 채워져갔다. 이들 예정 지역이 군용지 수용 대상으로 채택된 데는 '8조의 군용지 조사요령'이 근거가 되었다. 특히, 다음 3~5조의 내용을 주의 깊게 살펴볼 필요가 있다.

3. 병영 부지는 재래의 시가지와 떨어져 군대 생활에 필요한 일본

인 부락을 구성하는 데 충분한 여지를 포함하고 있을 것. 또 철도 부설지에 있는 정거장 근처일 것.
4. 총 부지의 평수는 힘써서 유리하게 수용할 것.
5. 병영 부지 및 연병장은 토공 작업을 줄이기 위해 가능한 한 현재의 형태를 이용할 수 있을 것.

이상의 조건은 일본이 원하는 군용지의 성격을 단적으로 보여준다. 군용지는 당시 재래의 시가지를 벗어나 군대가 주둔할 만한 충분한 부지 확보가 가능한 지역이어야 했고, 이는 철도 부설지 인근으로 교통이 유리한 곳이어야 했다. 또 병영 부지와 연병장으로 사용할 군용지의 경우는 최대한 빨리 정비하여 신속히 이용하기 위해 토공 작업이 요구되지 않는 기존 건물이나 부지를 이용하고자 하였다. 1907년 1월부터 1913년 11월에 걸친 제2차 군용지 수용은 필요에 따라 수시로 전국 각처에서 실행되었고, 더욱이 이는 대한제국 정부를 개입시키지 않은 채 일본군이 직접 수용 또는 매수하는 형식으로 진행되었다.

평양은 196만 평으로 실제 가장 넓은 면적의 군용지 수용 대상이 되었으며, 이와 별도로 취급된 38만 평의 철도 용지 또한 토지 침탈의 대상이 되었다. 평양의 구체적인 군용지 수용지역은 《소장》〈평양외성 군용지조사실수성책〉에 잘 나타나있다. 특히 여기에 수록된 간단한 지도를 보면, 당시 평양외성은 평양성 서문인 정양문正陽門 밖의 5개 방坊, 즉 외천방外川坊, 평천방平川坊, 내천방內川坊, 용산방龍山坊, 고순화방古順和坊으로 이루어져있고, 이 지역 주요 건물과 가존 부지이 위치도 확인된다. 이 무렵까지도 외성은 기존의 시가지라고 할 수 있는 내성이나 중성과는 구분되는 민가가 대부분인 지역이었다. 그러나 1902

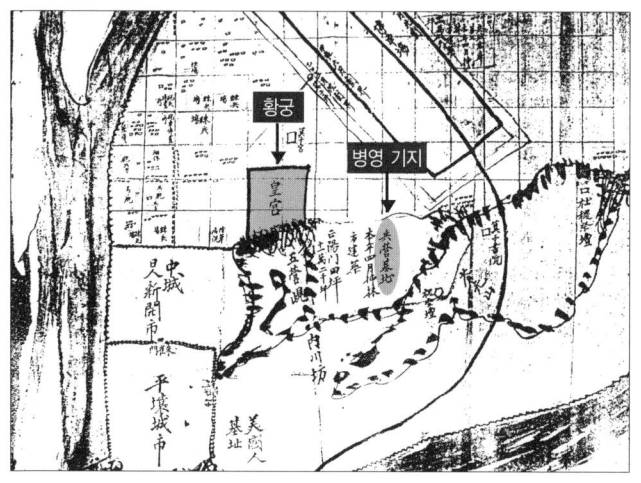

13 평양외성의 황궁과 병영 기지. 《소장》은 1896년부터 1906년까지 외부 또는 의정부議政府에 접수된 소장 및 청원서를 묶은 책이다. 그중 광무 10년(1906) 7월 당시 일본의 군용지 수용에 따른 피해를 호소한 〈평양외성군용지조사실수성책〉에 수록된 지도이다.

년 풍경궁과 함께 구축되었을 대한제국의 병영 기지와 넓은 부지를 가진 황궁이 내천방 부근에 자리 잡고 있었고, 러일전쟁 이후 들어선 평양역 정차장은 외천방과 평천방에 걸쳐있었다. 이러한 평양외성의 사정은 일본의 군용지 조사 요령에 딱 들어맞는 것이었다.

그런데 여기서 주목하고자 하는 것은 바로 황궁과 병영 기지가 군용지 수용 지역에 포함되었다는 사실이다. 이와 관련하여 1904년 8월부터 1905년 5월에 걸쳐 당시 평안도관찰사의 자격으로 이중하李重夏가 외부外部에 보낸 보고서 내용을 살펴보자. 《평안남북도내거안平安南北道來去案》에 실린 그의 보고 내용에는 당시 풍경궁이 처한 상황과 대한제국 정부의 처지가 크게 다르지 않았음이 잘 나타난다.

1904년 8월 24일 평양외성平壤外城에 일본철로대日本鐵路隊 대위大尉 시마다島田가 내려와 정거장 정계입표定界立票하면서 민가 100

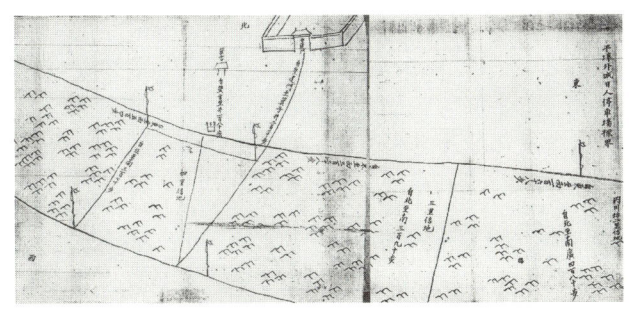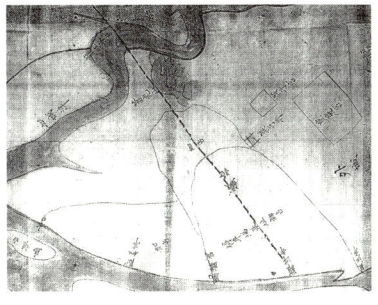

14, 15 평양외성의 군용지 수용. 1904년 《평안남북도래거안》에 실린 평안도관찰사 이중하의 보고서에 수록된 지도들. 이중하는 황궁과 기자궁 등이 일제의 철도 정차장 부지와 군용지에 포함되어있으니 이를 줄여야 한다고 수차례 외부에 보고서를 보냈다.

여 호餘戶, 전田 수천 무數千畝가 들어가자 민호民戶를 옮기면서 지방관을 거치지 않은 점을 항의하자 인천철로仁川鐵路 감부監部와 우리 정부 측에서 교섭이 있었다고 주장하고 있다는 보고報告.

1904년 9월 1일 일본사령관이 군용지로 수용하려는 곳이 황궁皇宮, 기궁箕宮에 관계된 곳이어서 문제라는 보고報告.

1905년 3월 8일 평양외성平壤外城에 정거장, 군용지 등으로 편입되는 곳이 많으니 일본군사령부와 교섭해달라는 보고報告.

1905년 5월 1일 평양외성平壤外城 정거장 가점加占 지역에 황궁皇宮과 기궁箕宮이 들어가 있어 항의했으나 일본 측은 아무 문제가 없다고 한 보고報告.

1905년 5월 18일 평양군수平壤郡守 이승재李承載의 보고 내報告內 "재가점지내再加占地內 민가에 대한 훼철毁撤 요구가 계속되고 있고, 또 가점지加占地 기정지외箕井之外에는 신작로를 짓는데 황궁정문皇宮正門에서 동남東南으로 30여 보餘步 부근이므로 항의하니 군용이라며 들은 처도 하지 않는다"고 하니 일공관日公館과 군사령부軍司令部에 교섭하여 외성군용지소점外城軍用地所占을 협의감정協議減定해달라는 내용의 보고報告.

대한제국, 평양에 황궁을 세우다 191

이상의 보고서 내용을 통해 일제의 군용지 수용은 대한제국의 지방관에게조차 보고되지 않은 채 자행되었으며, 이는 외성의 민가 훼철로 이어져 주민에게까지 고충을 주었다는 사실을 확인할 수 있다. 이러한 과정에서 군용지 및 철로 정거장 부지는 더욱 확장되어갔고, 이때 풍경궁과 기자궁까지 이에 포함되어 논란이 빚어졌던 것이다.

그러나 이러한 보고에 대한 외부의 지령은 일본공사에게 문서를 보냈으니 기다리라는 게 대부분이었다. 특히 1905년 5월 1일과 5월 18일의 보고에 대해서는, 이미 문의를 하였으나 군략軍略에 관계된 일이어서 아직 처리가 되지 못했으니 다시 교섭할 것이라는 지령과, 군용에 관계된 것은 변통할 수 없으니 극히 안타깝다는 답변뿐이다. 대한제국 정부는 황궁이 군용지로 변하는 데 대해 이미 어떠한 조치도 취할 수 없는 지경에 처해있었다.

평양, 일제의 군사기지 되다

천년 왕도 평양의 역사를 이어가고자 고종황제가 세운 황궁은 이토록 무력하게 일본군의 군용지에 포함되었고, 결국 그들의 창고와 숙소 등으로 전용되기에 이른다. 1904년 봄 이래 일본군이 북진해오자 진위대 영사를 일본군에 빌려준 바 있으며, 그 부대가 황주黃州로 이주하니 오직 100명의 병정이 풍경궁에 숙위宿衛하였다는 당시 《평양지平壤誌》 기록 등이 이를 뒷받침한다. 황제의 어진이 봉안되어있던 풍경궁은 러일전쟁 중에 일본군의 숙소가 된 셈이었다.

융희 원년(1907) 헤이그 특사 사건으로 고종이 강제 퇴위된 뒤 왕위를 물려받은 순종은 그해 7월 31일 일본의 압력으로 군대해산 조칙을 내리게 되었고, 8월 1일자로 서울에서부터 한국군의 군대해산을 결행

할 수밖에 없었다. 《각관찰도거래안各觀察道去來案》에 있는 평안남도관찰사 박중양朴重陽의 보고서 제1호의 내용을 살펴보면, 그해 8월 6일 풍경궁을 경호하던 병정 40명이 해산되었고, 풍경궁의 태극문 외 좌우 행랑에는 일본 군대가 병기, 탄약, 피복 등을 쌓아두고 지키면서 외부인의 출입을 일체 금했다고 한다. 이에 대한제국 정부는 태극문 내 좌우행랑에 경위국경무관警衛局警務官과 참봉參奉 이하 궁속宮屬을 두어, 머물면서 접객하고 궁궐을 수호케 하였음을 보고하고 있다. 이는 러일전쟁이 끝난 뒤에도 일본군의 풍경궁 주둔이 지속되었음을 보여준다. 지방의 진위대는 약 1개월의 기간이 소요되는 가운데 해산되었고, 평양 풍경궁의 경비병 및 진위대 역시 이를 계기로 해산되었다. 풍경궁을 수호하던 최후의 병사까지 해산됨으로써 더 이상 풍경궁은 황궁으로서의 제 기능을 수행할 수 없게 되었다.

이듬해인 1908년 4월, 태극전과 중화전에 봉안되어있던 황제와 황태자의 화상은 결국 순종의 지시에 따라 경운궁 정관헌으로 옮겨졌다. 그리고 4월 29일자 〈공립신보〉에는 풍경궁의 관제가 폐지되었음이 공시되었다. 이로써 풍경궁은 어진을 봉안하는 기능을 완전히 상실하였음은 물론, 관제의 폐지로 공식적인 건물 관리 또한 중단되었다.

러일전쟁이 끝나고 1905년 을사늑약이 체결되면서 한반도에 대한 일본의 식민지 정책은 더욱 노골적으로 나타났다. 그 가운데 군용지 수용과 관련한 일제의 각종 군사시설 구축은 1906년 3월, 주차군 병영·관아·숙사 등을 위한 군 시설에 대한 예산이 통과되면서 전국 각지에서 본격적으로 추진되었다. 관제의 폐지 이후, 비어있던 풍경궁과 이를 둘러싼 외성 지역은 과거 천년 고도로서의 풍모를 점차 잃어갔다. 외성에는 일제의 각종 군사시설이 들어서기 시작했다. 1913년 12

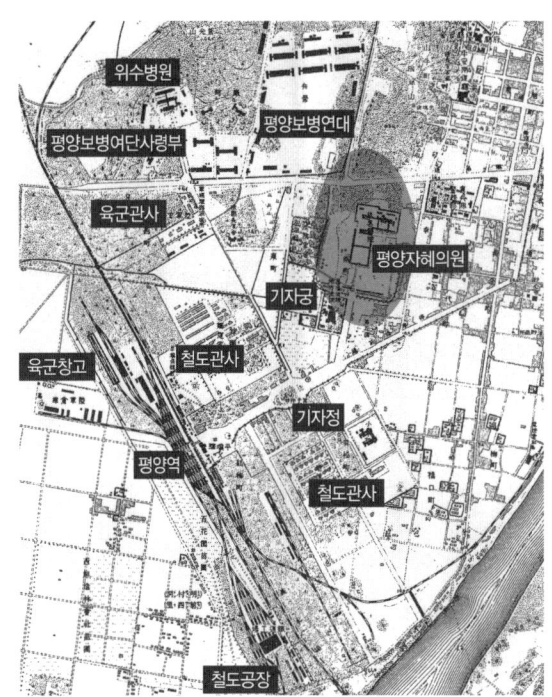

16 1915년 제작된 지형도(부분). 이 무렵 일제의 각종 군사시설 및 철도 관련 시설이 풍경궁(평양자혜의원)을 둘러싸고 평양외성을 가득 메웠다. 평양은 그들의 군사기지가 되어갔다.

월까지 평양에 설치된 군 시설로 보병여단사령부, 여단장숙사, 부관숙사, 보병연대, 위숙사, 평양 헌병대, 육군지창고, 위수병원과 사격장 등이 있었는데, 이는 1915년 제작된 평양의 지형도를 통해 확인된다. 풍경궁을 중심으로 주변에 빼곡히 들어선 각종 군사시설 및 철도 관련 시설은 평양을 비롯한 한반도의 주요 도시가 일본에 의해 군사기지로 변하는 과정을 여실히 보여준다.

1910년 일제에 의해 국권을 상실한 이후, 평양성의 모습은 변해갔다. 일제의 각종 군사시설이 들어찬 그곳의 모습에서 불과 10여 년 전의 〈평양성도〉에서와 같은 모습은 떠올릴 수 없다. 평양을 비롯한 전국 주요 도시의 군용지화는 당시 한반도의 전통적 도시 공간과 건축을 급격히 변모시켰다.

풍경궁, 그 이름을 잃다

1909년 8월 21일 칙령 제75호 '자혜의원관제慈惠醫院官制'가 반포되고 전국 각 도에는 자혜의원이 설치되었다. 자혜의원은 러일전쟁 이래 한반도에 주둔하고 있던 일본군(한국주차군)의 주도 하에 전국에 설립된 최초의 국립의료기관이었다. 이에 대해 일제는 '구료求療를 통한 민심융화'를 표방하고 있었지만, 실질적으로는 남은 군수물자를 활용하려는 식민지 정책 가운데 하나였다. 1910년 9월, 10개의 각 도 자혜의원이 개원할 때, 평양자혜의원은 1906년부터 활동 중이던 일본의 동인회의원을 인수하는 바람에 신속히 개원할 수 있었다.

풍경궁이 평양자혜의원의 병동으로 사용된 것은 1914년부터였다. 풍경궁은 관제 폐지 이후 일본군의 주둔지로 쓰이다가 평양교육회가 설립한 평양학료平壤學寮라는 기숙사로도 사용되었다. 그러던 중 1914년 평양자혜의원이 이전해오면서 식민 의료 기관의 병동으로 사용되기 시작한 것이다.

1915년 1월 5일자 〈매일신보〉는 12월 그믐 자혜의원의 북편 병실에 화재가 발생하여 소방대와 군대가 출동해 소화에 전력하였다는 기사를 전한다. 이 기사에 따르면, 태극전과 그 외의 건축물은 다행히 화

17 평양자혜의원의 모습. 풍경궁은 1914년부터 평양자혜의원의 병동으로 사용되었다.

재를 면하였고, 이 병원은 과거 풍경궁에 설치한 것으로 그 건축이 광대한 곳이었다고 한다. 비록 식민 의료 기관으로 사용되고는 있었지만, 그 건축의 규모나 위용이 여전히 장대하여 이목을 끄는 대상이었던 풍경궁을 거듭 상기시켜주는 대목이다. 한편, 이후에도 풍경궁은 황궁으로서의 어엿한 이름 대신, 평양자혜의원 혹은 도립의원이라는 이름으로 자주 신문 기사에 오르내렸다.

전국의 각 도 자혜의원의 병동은 풍경궁의 경우와 마찬가지로 대한제국의 기존 관청 건물을 개축하거나 그대로 사용한 예가 많았을 것이다. 구한말 전국의 객사 건물이 대부분 일제의 학교로 전용됨으로써 훼손되었음을 고려할 때, 거의 동시다발적으로 전국에 설립되었던 자혜의원의 경우도 크게 다르지 않았을 것이다. 이와 관련하여 화성행궁이 수원자혜의원의 병동으로 사용되었다는 사실은 시사하는 바가 크다.

풍경궁과 화성행궁의 자혜의원으로의 전용은 건물 자체의 훼손은 물론이거니와 황제의 어진과 선왕의 위패를 모신 황실 건물의 기능과 성격을 현저히 훼손시킨다는 점에서, 한 사회의 고유한 건축이 가지는 상징성이 심각하게 훼손된 사례라 할 수 있다. 일제가 '민중을 구제한다'는 시혜적인 의도를 내세워 자혜의원을 설립한 이면에는 대한제국 황실의 중요한 건축물을 병실로 사용함으로써 그 권위와 위상을 실추시키고자 한 의도 또한 분명히 있었을 것이다.

1925년 4월, 일제는 '조선도립의원관

18 수원자혜의원. 1910년부터 일제에 의해 수원자혜의원으로 사용된 화성행궁 봉수당의 모습이다.

제朝鮮道立醫院官制'와 '도립의원규정道立醫院規程'을 공포하면서 자혜의원을 '도립의원'으로 개칭한다. 이는 국가에서 하던 병원 관리를 지방의 각 도道로 이관시킨다는 의미였다. 도립의원으로의 전환은 곧바로 평양자혜의원, 수원자혜의원 등의 대대적인 증축 및 개축으로 이어진다.

풍경궁과 화성행궁은 이 시기를 전후한 증축 공사로 원래의 모습을 완전히 잃는다. 이는 일련의 신문 기사를 통해 확인할 수 있다.

> 평양자혜의원平壤慈惠醫院은 서선삼도西鮮三道의 환자취급患者取扱뿐만 아니라 평양부 발전에 반하야 위생시설의 ○부○府인 고故로 내용과 외관을 공히 정비整備치 아니할 수 없다하여 장사십간복팔간총이계연와건長四十間福八間總二階煉瓦建의 본관과 기지부속건물其地附屬建物을 개축하기로 목하설계目下設計에 착수着手한 바 지균공사地均工事를 본년내로 행行하고 내양년이내來兩年以內로 준공竣工할 계획이라더라.

1923년 2월 23일 〈동아일보〉는 평양자혜의원의 위생 시설과 외관을 정비하는 차원에서 연와조의 2층 본관과 기타 부속 건물의 개축이 추진되고 있으며, 이는 향후 2년 이내에 준공될 계획이라고 전하고 있다. 1932년 발간된 《평양부》에 수록된 사진(〈그림 1〉 참조)을 보면, 풍경궁의 외관이나 전체적인 전각 구성에서 특별한 변화는 발견되지 않는다. 아마도 당시의 개축 공사는 벽돌조의 현대식 본관에 치중한 것으로 풍경궁에는 크게 영향을 미치지 않은 듯하다.

1934년 11월 26일자 〈동아일보〉와 〈매일신보〉는 '평양도립의원

19 1934년 11월 26일자 〈동아일보〉 기사.
20 1934년 12월 1일자 〈평양매일신문〉 기사.

신축본관낙성', '평양도립의원 6일 준공식'이라는 제목으로 평양도립의원의 신관 준공에 관한 기사를 싣고 있다. 전년 7월 14일 공사를 시작한 평양도립의원 신관은 총 건평 1090평 6합이며, 현대식 철근콘크리트 연와 병용의 2층 건물로, 그 외관이 도시 미관에 새로운 이채異彩를 발하게 될 것이라고 보도하였다.

그런데 이와 관련한 12월 1일자 〈평양매일신문〉은 신관 준공에 따른 내용 대신, 구관舊館 풍경궁의 개축안改築案을 머리기사로 다루고 있다. 우선 신관 준공에 대해서는 기존의 풍경궁이 낡고 부지가 좁아 병원으로 부적당하여 제1, 제2 병사를 만들고, 더욱이 이번에 본관을 신축한 것으로 인해 내년에는 더욱 광대한 모습이 될 것이라고 전한다. 또 제3병실 2동棟을 새로 짓는데, 이를 완성하려면 구관을 모두 파괴해야 하지만, 역사적인 건물인 만큼 전부 파손하는 것을 피해 태극전만은 남길 것이라고 했다. 아울러 그렇게 모든 공사가 마무리되면 구이궁舊離宮의 모습은 사라지고 현대 의학의 전殿이 출현하게 될 것이라고 덧붙였다. 기사의 부제에 암시된 바와 같이 태극전만 남기고 풍경궁을 완전히 철거하는 것, 그것이 바로 구관 개축안이었다.

이러한 구관 개축안에 따라 태극전을 제외한 풍경궁의 모든 전각은 이듬해 완전히 훼철되어 사라졌을 것이다. 이는 풍경궁 건립 이후 32년 만의 일이었다. 이때 남겨졌다는 태극전의 경우, 이후 철거되었다거나 이건되었다는 기록은 발견되지 않는다. 아마도 일제강점기와 한국전쟁을 거치면서 훼손되고 철거되었을 것으로 추측되지만, 어쩌면 황건문처럼 일제에 의해 어딘가로 옮겨졌을지도 모르는 일이다. 한편 1925년 8월 일본 불교계에 매각되어 서울로 이축된 황건문은 아이러니하게도 바로 그때의 이축으로 최근까지 동국대학교 정문으로 남아있을 수 있었고, 1971년 학교 사정으로 철거될 때까지 풍경궁의 마지막 유구로서 홀로 자리를 지켰다.

또한 화성행궁의 봉수당을 병동으로 사용하던 수원자혜의원 역시 1923년 5월 봉수당 터를 확장, 3751평의 대지에 총 공사비 7만 8000원을 들여 2층 연와조의 본관을 비롯해 모두 763여 평의 건물을 신축하였다. 이 과정에서 낙남헌을 제외한 화성행궁의 모든 전각은 훼철된 것으로 알려져있다.

광복 후에도 평양도립의원과 수원도립의원은 도립병원으로 계속 이용되었다고 한다. 그리고 현재, 화성행궁이 있던 자리에는 도립병원의 이전移轉 이후 새로 복원된 화성행궁이 자리한 반면, 평양외성 내 풍경궁이 있던 자리에는 한국전쟁 이후 새로 건립된 평양의과대학병원이 들어서있다.

21 1923년 신축된 수원도립의원 본관.

대한제국, 평양에 황궁을 세우다　199

풍경궁의 과거와 오늘, 그리고 내일

한 학기 수업을 마무리하며 학생들과 다큐멘터리 영상 한 편을 같이 보았다. 2008년 새해 벽두 우리 모두를 무력감과 죄책감에 휩싸이게 한 숭례문 화재를 다룬 것이었다. 그 내용 가운데 눈길을 끄는 것은 전문가가 아닌, 일반 시민의 인터뷰였다. 그들의 인터뷰에서 발견되는 한 건축물에 대한 오랜 기억과 인상의 조각들은, 어쩌면 숭례문이 무너져내리지 않았다면 끝내 마주할 수 없었을지도 모른다. 숭례문을 이야기하는 그들의 떨리는 목소리에는 건축물이 그 존재 자체로 우리의 삶과 얼마나 밀착되어있는가를 느끼게 해주는 진솔함이 담겨있었다.

학기 말의 다큐멘터리 단체 관람은 숭례문 화재를 통해 비로소 알게 된 그러한 의미들을 놓치고 싶지 않은 욕심 혹은 노력이었다. 그리고 그것은 사라진 풍경궁의 창건과 그 공사 과정, 건립 이후의 연혁에 관한 이 연구와 관심의 기원 역시 다른 데 있지 않음을 이야기하고 싶어서였다.

……단총을 조끼 왼쪽 아랫주머니에 넣고 가, 총독이 개찰구 쪽으로 나오는가 생각하고 보고 있었던 바, 총독은 오지 않고 기차는 출발해버렸으므로, 각기 나는 조명규와 함께 헌병대 앞길을 돌아오다가 풍경궁 앞에서 금응녹과 함께 되었다. 전의 세무서 앞 일본인 예수 교회당이 있는 곳에 예전에 작은 문이 있었는데, 그곳에서 나는 두 사람과 헤어졌다.

이것은 1912년 작성된 '105인사건신문조서105人事件訊問調書'에서 발췌한 어느 청년의 진술 내용이다. 여기서 주목하고자 하는 것은 다른 게 아니고, 그의 이야기 속에 등장하는 풍경궁을 둘러싼 주위의 모습이다. 평양역과 헌병대, 일본인 교회, 그리고 세무서……. 일본이 식민지 조선의 평양에 구축한 이러한 시설들 한가운데 풍경궁이 서있었다. 100년의 세월을 훌쩍 뛰어넘어 '건축'이라는 매개를 통해 우리는 과거를 경험한다. 그리고 그 속에서 대한제국과 건축, 도시와 건축, 평양과 풍경궁, 건축과 삶의 관계를 고민하게 된다면, 우리가 풍경궁을 기억하는 이유와 그 건축사적 의의는 더욱 오래도록 깊이 새겨질 것이다.

창경원과 우에노공원,
그리고 메이지의 공간 지배

우동선_ 한국예술종합학교 미술원 건축과 교수

창경원昌慶苑은 창경궁에 박물관, 동물원, 식물원을 설치한 후 1911년부터 창경궁을 낮추어 부른 이름이다. 이 이름은 1983년 말까지 공식적으로 쓰였고, 1984년부터는 복원 공사를 진행하면서 창경궁이라는 본래 이름을 회복하였다. 명칭의 마지막 글자 궁宮이 원苑으로 바뀌었던 것뿐이지만, 그 변화는 실로 막대했다. 일국의 지엄한 궁궐이 오락 공간으로 변하였기 때문이다. 1940년의 〈창경원 평면도〉는 당시의 모습을 잘 보여준다. 창경원이라는 말에서는 망국亡國의 무력함과 근대近代의 볼거리가 교차하여 연상되는 것만 같다. 창경원이 갖는 '망국'과 '근대'라는 이중적인 이미지는 한국 근대의 특징을 응축하고 있을 것이다. 이 글에서는 창경궁이 창경원으로 바뀌면서 동물원과 식물원 및 박물관이 설치되는 과정을 일본 메이지明治 시대의 동향과 더불어 살펴볼 것이다.[1] 이를 달리 표현하면 '창경궁이 형해화形骸化하는 과정'일 것이다.

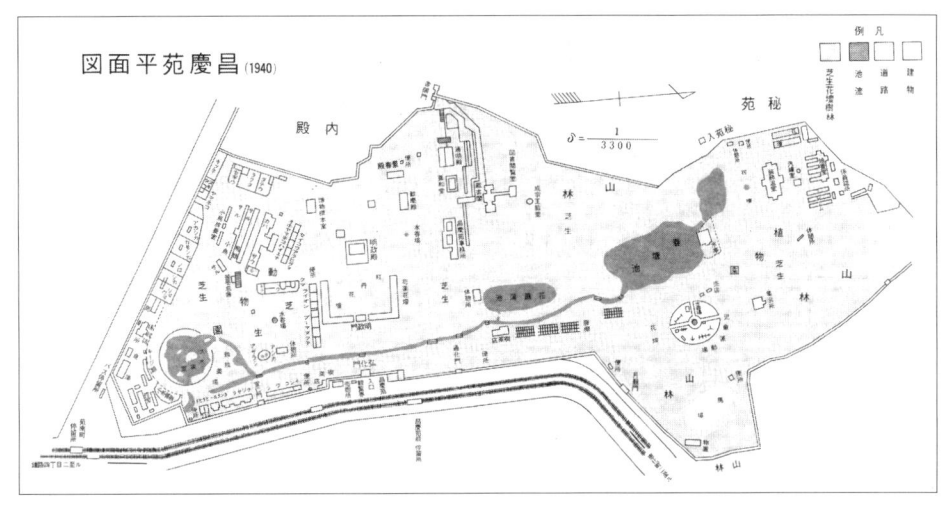

1 〈창경원 평면도〉(1940).

창경궁에 동물원과 식물원, 박물관을…

1972년의 '창경원 환경정화 계획안'을 보면, 이 계획안이 일제강점기 창경원을 토대로 약간의 수정을 가한 것임을 알 수 있다. 동물원을 유기장 지역으로 바꾸고 식물원 지역을 동식물원 지역으로 바꾸기는 하였지만, 창경원의 전체 골격은 크게 달라지지 않았다. 옛 장서각과 박물관은 그대로 남겨두고 있다. 그러면 언제부터 창경원이 만들어졌는가.

창경궁에 동물원과 식물원 및 박물관 창설을 제의한 사람은 궁내부 차관 코미야 미호마츠小宮三保松라고 알려져있다. 1907년 겨울 순종이 덕수궁에서 창덕궁으로 별거別居함에 따라 창덕궁 수선 공사를 하게 되었다. 11월 4일에 내각 총리대신 이완용과 궁내부 대신 이윤용이 코미야 미호마츠에게 "새 황제께서 이 궁전으로 이어移御하셔 새로운 생활이 즐거우시도록 모든 시설과 설비를 하기 바란다"고 당부하자, 코미야 미호마츠가 심사숙고하여 계획을 수립하겠다고 하였다. 코미야 미호마츠가 11월 6일에 이윤용 궁상宮相에게 동물원과 식물원 및 박물관 창설을 제의하며 그 개요를 설명하자 궁상도 크게 기뻐하며 찬성했

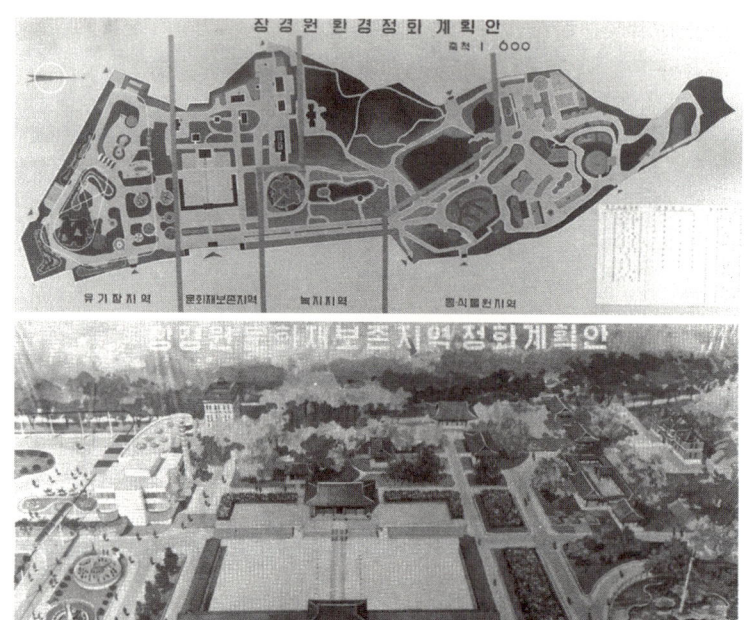

2, 3 창경원 환경정화 계획안(1972).

다고 한다.[2] 코미야 미호마츠가 "우울하고 쓸쓸하기 이를 데 없게 지내었던 황제의 위안을 겸하여"[3] 동물원을 개설하였다는 이야기는 이왕직李王職 관계자들 사이에서 재생산되었다.

예를 들어, 이왕직 사무관 스에마츠 쿠마히코末松熊彦는 "지금 널리 공개하여 경성인의 하루의 취미를 맛볼 만한 창덕궁 박물관은 원래 이왕가 어일가御一家에 취미를 공급하고 아울러 조선의 고미술을 보호 수집하려는 희망으로 1908년에 처음 설치된 것으로 코미야 차관의 건축으로 나온 것이다"[4]라고 하였다. 이를 두고 궁내부 서기관 이노우에 마사지井上雅二는 "고상한 문명의 사업"[5]으로 평가하기도 하였다. 코미야 궁내부 차관은 1909년의 잡지에서 "박물관과 동물관"에 대해서 말하였다. 여기서는 동물원을 '동물관'이라고 표현하고 있는 것이 주목되는데, 이 글에서 그는 박물관과 동물원과 식물원을 설치하는 목적이 "세인에게 취미와 지식을 공급"하는 데 있다고 하였다.

1912년의 《이왕가박물관소장품사진첩李王家博物館所藏品寫眞帖》에서도 코미야 미호마츠는 "명치 42년(1909) 11월 1일 이왕 전하는 한편으로 즐거움을 대중과 함께 나누시고, 다른 한편으로는 대중의 지식 개발을 위한 목적으로 동물원, 식물원, 박물관이 위치한 궁원宮苑의 일부인 창경원을 공개하기로 하셨다"[6]고 썼다.

창경궁의 설치를 '취미'나 '지식'이나 '고상한 문명'으로 보는 평가는 식민 지배 측의 의식을 반영하는 것인데, 이러한 의식은 식민 지배 측을 문명이라고 보고 피식민 측을 야만으로 설정한 프랑스 식민지 정책의 논리 "문명화의 사명"[7]을 연상시킨다. 한편 《경성부사京城府史》는 "본궁은 제27대 순종(전왕前王 척拓)의 오락장으로 설치"되었다고 밝혔다.[8]

박물관 등의 준비 작업은 착착 진행되었다. 코미야 궁내부 차관은 1909년에 준비 작업에 대해 이렇게 말하였다.

> 이렇게 동물관에도 상당히 각종의 금수를 모았다. 박물관에도 각종의 진품이 모이고 있지만, 아직 규모는 작은 것이다. 이러니저러니 해도 내년 봄쯤부터 공개하여, 폐하도 때때로 행행行幸하시도록 하고 싶다고 생각한다. 식물원도 내년 봄쯤부터 설치하고 싶다고 생각해서 목하 준비 중이다. …… 이러하다. 모두 그것들을 공개하여 천하와 모두에게 즐기고, 세인世人에게 취미와 지식을 공급하는 것이 급무로, 이는 한황韓皇에게 있어서도 그 사소思김다. 다만

창경원과 우에노공원, 그리고 메이지의 공간 지배

시기의 문제다. 내년 봄쯤에는 그렇게 나르고 싶다고 생각하고 있다."⁹

1910년에는 동물원은 준비 완료되었고, 박물관과 식물원의 준비 작업이 한창이었던 것으로 보인다. "1910년에는 동물원은 이미 공개의 단계가 되고 목하는 박물관의 정리와 식물원의 설치에 분주하다"¹⁰는 기록이 이를 뒷받침한다.

그런데 코미야 궁내부 차관 한 사람의 발안만으로 창경궁에 동물원, 식물원, 박물관이 설치되었다고 보는 게 옳은 일일까? 그렇게 보아 넘기기에는 서울의 궁궐 하나를 통째로 다른 용도로 전환한 것이 범상치 않고, 그 앞뒤의 행보가 조직적이다. 또한, 창경궁에 동물원, 식물원, 박물관이 한데 설치된 것이 매우 신기한 일이다.

코미야 궁내부 차관에 대한 당시의 인물평은 이러하다.

코미야 궁내부 차관은 사법성 시대의 법률학교를 나온 뒤에 독일에서 유학했고, 일본에 돌아온 뒤 오랫동안 대심원大審院 검사로 재직한 사람이다. 그는 이토 히로부미伊藤博文가 총애하는 인물이다. 한국의 골동품에 관심이 많았다.¹¹

이 인물평에서 코미야 차관이 이토 히로부미의 부하임을 알 수 있다. 그렇다면 그의 발안 뒤에 이토 히로부미의 승인이 있었던 것은 아닐까? 당시 이토 히로부미의 행적을 살펴보자.

이토 히로부미의 행적

이토 히로부미는 통감에 취임하자 대한제국을 식민지화하는 작업에 본격적으로 착수하였다. 이왕직 사무관으로 근무했던 곤도 시로스케權藤四郎介는 순종이 승하한 1926년에 낸 《이왕궁비사李王宮秘史》에서 이토 히로부미가 '궁내부宮內府'를 조직한 뒤에 '여관제도女官制度'에 손을 대서 궁정을 개혁하였음을 언급하고 있다.[12] 이어서 곤도는 순종의 '서남순행西南巡幸'과 '동적전東籍田의 친경식親耕式'과 '궁원의 개방'을 중요한 사건으로 꼽고 있다.

'서남순행'에 대해서는, "이는 전하가 이토 공작의 진언을 듣고, 이조 오백 년 동안 국왕이 병란에 의해 몽진하는 이외에 차가車駕가 궁문을 나온 적이 없다고 하는 오랜 관습을 깨고 행한 것"[13]이라고 했다. '동적전의 친경식'에 대해서는 "이는 고례古例로부터 국왕이 친히 경작하여 민民의 질고疾苦를 안다는 의미에서 나왔고, 농상공대신 조중응 자작이 진언한 것이다"[14]라고 했다. '궁원의 개방'에 대해서는 이렇게 말하였다.

> 이토 공작은 궁중의 숙청을 단행함과 더불어 일면으로는 궁정으로서의 존엄을 유지하여 왕자王者의 은혜를 서민庶民에게 나타내 보이지 않으면 안 된다는 의견에서, 궁전의 조영과 박물관, 식물원, 동물원의 신설을 진언한 것도 이 무렵이며, 이왕 전하는 크게 만족하여 이를 받아들였다.[15]

'궁중의 숙청'은 《경성부사》에서도 나타난다. 1906년 7월에 이토가 궁정 내의 배일파排日派를 제거하고 경위원警衛院을 폐지하고 궁금령宮

禁令을 내려서 궁궐에 출입하려면 문감門鑑을 휴대하게 했다.[16]

이와 같이 곤도 시로스케의 책을 통해 궁정 개혁, 서남순행, 궁원의 개방에 이토 히로부미가 관여하였음을 알 수 있다.

메이지 정부도 1871년에 여관女官을 파면하여 배제한다든지, 새롭게 사족士族을 시종으로 등용한다든지 하여 궁정 개혁에 착수하였다고 한다.[17] 한국의 궁중 개혁에 대해서는 1907년에 있어서 "궁중대개혁을 관행하여 반도 수백 년의 음모굴을 타괴打壞하여 금일의 신선한 궁내부를 쌓아올렸다"고 한다.[18]

순종의 1909년 1~2월 서남순행은 메이지 천황이 일본 전국을 행행行幸하면서 새로운 일본의 탄생을 알리고 천황의 권력과 의례를 시각화한 일을 연상시킨다.[19] 근대 일본에서는 천황이나 황태자의 행행계行幸啓를 전국 차원에서 반복함으로써, 지방의 사람들, 협의의 정치로부터 소외되어있던 여성이나 외국인, 학생생도를 포함한 사람들에게 지배의 주체를 시각적으로 의식시켜 그들이 '신민'임을 깨닫게 하는 전략이 거의 일관하여 취해졌다.[20]

순종황제의 순행巡幸에 대해서 이토 히로부미는 "대한국황제폐하가 이 한천寒天에 당하여 신민의 질고疾苦를 친히 용가龍駕를 맡기어 묻는 것은 제군의 황송해 마지않는 것이라고 확신한다"[21]고 하였다. 당시 잡지의 시사 평론은 순종의 순행에 대하여 "충군애국의 의식과 감정의 계발"이라고 하면서 "피보호국의 한민韓民은 종주국 천황의 사명을 받들어"라는 말로 그 목적을 드러내었다.[22] 〈그림 4〉는 잡지에 실린 만평인데, 이토 히로부미가 순종황제를 머리에 이고 걸어가는 모습

4 한황(대한제국 황제)의 순행(1909).

을 그렸다.

　순종황제가 대구-부산-마산-대구의 남순南巡과 평양-의주-정주-평양-황주-개성의 서순西巡을 행하게 된 배경에는 이토 히로부미가 이완용에게 한 제안이 있었다.[23]

　순종황제는 이보다 앞선 1907년 10월 초에 홍릉과 유릉에 행행하였고, 이는 같은 달 중순에 있을 일본 황태자의 방한을 앞두고 진행된 것이다. 이 행행의 배후에도 이토 히로부미가 있었다. 물론 조선 시대에도 국왕의 행행은 있었고 18세기 후반에는 행행 때에 천민을 포함한 일반 백성의 상소도 있었다. 순종의 일행을 맞은 연도沿道에서는, 일본의 행행계行幸啓와 같은 질서 공간이 연출되고 정열한 사람들이 마차를 향해서 경례하는데, 그것은 일본형의 시각적 지배가 처음으로 한국에 도입된 것을 의미한다. 이에 대해서는, 이토 히로부미가 일본 황태자의 서울 방문을 대비하여 시민들이 새로운 봉영奉迎의 스타일을 습득하는 기회를 만들고자 한 것이 아닌가 하는 견해가 있다.[24] 일본 황태자의 서울 방문은 숭례문 옆 성벽을 허무는 계기이자 영친왕이 일본으로 건너가는 빌미가 된다.[25]

　궁원의 개방, 곧 창경원의 설치는 일본 도쿄 우에노上野공원[26]의 박물관과 동물원 설치 사례를 연상시킨다. 일본에서 제국박물관의 출발점이 된 궁내성으로의 박물관 이관은 궁내대신 이토 히로부미가 발안했다고 한다.[27]

　아사카와 노리다카淺川伯敎는 전해 들은 이야기라면서, 이토 히로부미가 총리일 때 미술학교와 박물관의 건설이 급무라는 오기쿠리 텐신岡倉天心의 설득에 결국 미술학교 개교에 동의했다고 하였다. 이어서 그는, "이 일은 이토 공이 통감으로서 조선에 오셨던 때에도 조선 미술

창경원과 우에노공원, 그리고 메이지의 공간 지배

의 부흥에 힘을 쓴 동기가 되었다고 생각한다. 그래서 이왕가에 있어서 박물관, 미술품제작소 등이 창설되었다"고 했다.[28]

게다가 일본에서 궁내성의 설치와 궁중 개혁, 황실 재산의 설정[29]은 한국에서 궁내부의 설치와 이른바 '궁중 개혁', 임시재산정리국의 설치와 유사한 면이 있으며, 그 중심에는 이토 히로부미가 있었다.

일본 황실 제도의 성립과 관련하여 이토 히로부미를 간략히 살피면 이러하다. 이토 히로부미는 1884년에 새로이 내규취조국을 설치하고 스스로 장관이 되었다. 이토는 궁내경을 겸임하며 궁중 개혁을 추진함과 동시에 황실법에 대한 검토도 본격화했다.[30] 그러다가 1898년 2월에 제3차 이토 내각이 조각된 직후, 이토는 메이지 천황에게 황실 개혁에 관한 의견서를 제출하였다. 10개조로 구성된 이 의견서에는 "제실경제에 관한 사항"이 들어있었다.[31] 이듬해인 1899년에는 일본 궁중에 제실제도조사국이 설치되었다. 총재에는 이토, 부총재에는 히지가타 히사모토土方久元가 임명되었다. 1903년까지 황실의 제도에 관한 여러 가지 명령이 만들어졌다. 그동안 이토는 1900년에 일시 사임하였다가 1903년 추밀원 의장에 취임하면서 다시 조사국 총재가 되었다. 그리고 이때부터 제실제도조사국은 본격적인 황실 제도 개정 작업에 들어갔다.[32]

이렇게 보면, 이토 히로부미와 통감부는 메이지 일본이 근대국가를 수립하기 위하여 벌였던 일을 대한제국에서 되풀이한 것이라고 추정할 수 있다. 물론 그 의미는 전혀 달랐을 것이다.[33] 그런데 그 장소가 왜 우에노이고 창경궁이어야 했는가? 창경원을 염두에 두면서 우에노공원의 변화를 살펴보자.

5 우에노공원의 묘지.

6 우에노공원의 묘지 너머 멀리 도쿄국립박물관의 지붕이 보인다.

우에노공원

현재 도쿄의 우에노공원에는 도쿄국립박물관, 국립서양미술관, 국립과학박물관, 도쿄문화회관, 일본예술원, 우에노의 숲 미술관, 도쿄예술대학, 도쿄도미술관, 국제어린이도서관, 우에노동물원 등이 들어서있다. 이처럼 우에노공원은 문화와 관련된 볼거리를 위한 전시장으로 가득차 있다. 그런데 도쿄국립박물관 뒤쪽은 놀랍게도 묘지다.

우에노는 에도江戶 시대에 어떤 의미를 갖는 장소였는가. 에도 성을 기준으로 동북東北은 축인丑寅의 방각方角이고 그 반대편인 서남西南은 미신未申의 방각인데, 이 두 방향이 약하기 때문에 진호鎭護하는 사찰을 각기 두었다. 동북의 우에노에는 칸에이지寬永寺를 두고, 시남의 시바芝에는 조조지增上寺를 두었다. 이 두 사찰이 귀문의 축선 상에 놓여서 에도 바쿠후江戶幕府

7 쇼군 도쿠가와 츠나요시의 영묘 칙액문.

8 우에노 토쇼규.
9 쇼기타이의 묘.
10 쇼기타이의 비석.

를 안정시킨다는 의미를 가졌다.[34] 칸에이지는 텐카이(天海, 1536-1643)가 도쿠가와德川 가의 보리사菩提寺로서 창건하였다.[35] 〈그림 7〉은 5대 쇼군 도쿠가와 츠나요시德川綱吉 영묘 칙액문勅額門이다. 조죠지는 1393년에 가이즈카貝塚에서 창립되었고, 1590년에 도쿠가와 가의 보리사가 되었고 1598년에 시바로 이전하였다.[36] 이러한 과정에서 칸에이지와 조죠지는 보리사의 지위를 두고 경쟁하였고, 결국 쇼군將軍의 유해는 균등하게 매장되었다.[37]

우에노는 칸에이지, 도쿠가와 가문의 몇몇 쇼군의 묘墓와 그 사당인 토쇼규東照宮가 놓인 신성한 장소였다. 메이지 정부군의 에도 무혈입성 뒤인 1866년 5월 15일에 바쿠후의 쇼기타이彰義隊가 전투를 벌인 곳도 바로 우에노였다. 그래서 이를 우에노 전쟁이라고 부른다. 〈그림 9〉는 쇼기타이의 묘이고, 〈그림 10〉은 그 비석이다.

전쟁을 치르고 얻은 전리품인 에도를 메이지 정부는 도쿄東京로 명칭을 바꾸었고, 에도 바쿠후와 다이묘大名들이 사용하던 토지와 건물을 새 정부가 처분하였다. 전국 각 한藩의 성城은 1873년 1월 14일 태정관달太政官達로 도쿄 성 등 43성과 1요해要害의 존속이 결정되고, 14성, 19요해, 126진옥陣屋은 폐성廢城이 되어 대장성으로 이관되어 입찰·불하되었다. 많은 성은 유신 후에 메이지 정부

가 군용지로 사용하였다.[38]

칸에이지는 우에노공원으로, 조죠지는 시바공원으로 바뀌고 본래의 모습은 흔적으로 남았다. 전리품으로 빼앗은 공간에서 그 공간의 의미를 역전시키는 일은, 일제가 서울의 경복궁을 박람회장으로 사용한 뒤 그곳에 총독부청사를 지은 사례에서도 살필 수 있다.

우에노공원과 창경원을 비교하면, 우에노에는 박물관과 동물원이 있는 데 반해서 창경원에는 박물관과 동물원, 식물원이 모두 있다. 도쿄의 경우 식물원은 다른 곳에 있다. 필자에게는 이것이 퍽 오랫동안 의문이었는데, 우에노공원에도 식물원을 설치하려 했다는 사실을 최근에 알았다. 우에노공원에도 본래 이 세 가지를 다 갖추고자 하였다는 것이다.

농무국장이었던 다나카 요시오田中芳男가 1881년에 식물원의 후보지로 시노바즈이케不忍池를 제안했지만, 코이시카와小石川에 약원藥園이 있어서 식물원의 설치가 허락되지 않았다. 다나카는 그 대신 동물원의 설치 허가를 받아내 1882년에 동물원의 개원 준비를 갖추었다.[39]

한편 창경원에는 박물관과 동물원, 식물원에 외에 도서관(또는 서적관)이 있었다. 우에노공원에도 제실도서관이 있었다. 박물관과 동물원, 식물원 이 세 가지는 근대의 분류 체계와 관련이 있다고 짐작할 수 있지만, 도서관은 왜 있는 것인가? 그것은 도쿄제실박물관을 탄생시킨 마치다 히사나리町田久威가 수집하는 자료의 범위를 다음 세 종류로 한정한 결과다.

① 전세傳世의 역사적 고기구물古器舊物(역사적 문화재 자료)
② 토중土中에서 출토하는 매장물(고고학 자료)
③ 고전적古典籍이나 고문서류 (도서의 자료)

이 중 ①과 ②가 대박물관의 전시 자료, ③이 대도서관의 자료다.[40]

이처럼 마치다는 같은 부지 안에 도서관과 미술관을 세워서 그 두 시설을 기구적으로 연결한 일대 종합박물관의 건설을 구상했다.[41]

우에노 이전에 박물관이 놓였던 유시마湯島 구舊 세이도聖堂 안의 대강당에서 1872년 5월에 서적관이 개관한다. 초창기의 박물관에는 동물원·식물원을 포함하는 종합박물관의 일환一環으로서 서적관의 건설을 계획하였다.[42] 1873년 3월부터 1881년까지 박물관이 놓였던 우치야마시타마치內山下町에서는 진열관이 고기물古器物·동물·식물·광물·농업·박래품舶來品 등 7동이고, 그 외에 동물 사양소飼養所·웅실熊室·온실溫室 등이 있었다.[43] 이렇게 다양한 종류의 진열관이 이후 박물관, 동물원, 식물원, 도서관으로 정리되었다고 보아도 좋을 것이다.

이렇게 우에노를 문화시설로 바꾸어 놓은 메이지 정부의 전략을 칸에이지 집사執事는 이렇게 평가하였다.

> 구미와 같이 근대국가로서 다시 태어나려고 하고 있는 메이지 정부에게, 일본 국민의 의식을 바꾸는 데는 '에도'의 모든 상징인 우에노를 철저하게 변혁하는 것이 가장 유효한 어필 수단이라고 생각했던 것이다. 지금 식으로 말하면, 이미지 전략의 중심을 우에노에 두었다고도 할 수 있지 않을까. 여하간 메이지 기期에 있어서는 우에노공원으로의 천황 임행臨幸의 횟수는 매우 많았고, 무언가 신규新規한 것을 우에노에서 개최하고, 그때에 천황의 납심을 출원한 것이 잘 알려져있다. 말하자면 서민의 의식을 변혁시키기 위해서 천황의 권위를 잘 이용하고 있는 것이다. 또한 내국권업박람회로 대표되듯이, 그때까지의 칸에이지의 경내境內에서 전혀 생각할

수도 없는 개최를 하여 많은 서민을 모은 것도 결국은 우에노의 땅에서 일각一刻이라도 빨리 '우에노'와 '도쿠가와'의 컬러를 빼고 싶었기 때문일 것이다.⁴⁴

〈그림 11〉은 우에노공원에서 열린 제1회 내국박람회의 미술관과 그 앞의 분수를 그린 것인데, 이 미술관은 조사이어 콘도르Josiah Condor가 설계하여 1881년에 건립되었다. 〈그림 12〉는 1887년에 우에노공원의 답무회踏舞會 앵화관유櫻花觀遊를 그린 것이다. 두 그림 모두 니시키에(錦繪, 풍속을 담은 다색 판화)다.

우에노공원의 사례를 통해 에도 시대의 의미 있는 장소를 공원으로 바꾸는 것이 메이지 정부의 정책임을 알았고, 그곳에 박물관과 동물원, 식물원, 도서관이 함께 배치된다는 사실도 알았다.

11 제1회 내국박람회의 미술관과 그 앞 분수.
12 1887년 우에노공원의 답무회 〈앵화관유지도 櫻花觀遊之圖〉.

창경원과 우에노공원, 그리고 메이지의 공간 지배 215

창경원

그런데 왜 창경궁이었는가? 당시 서울의 궁궐 가운데 경운궁에는 고종이 거처하였다. 그러면 경복궁, 경희궁, 창덕궁, 창경궁이 남는데, 경복궁은 너무 컸고, 경희궁은 잠상공사蠶桑公司로 사용하면서 이미 상당히 훼철되어있었다. 아울러 이 무렵 순종이 창덕궁으로 이어했는데, 이를 빌미로 결국 창경궁이 박물관, 동물원, 식물원 건립지로 결정되었다.

그런데 창덕궁과 창경궁은 본래 동궐東闕이라고 불리며 하나의 궁궐로 취급되었다. 조선 후기의 유본예柳本藝는 "상고해보면 창경궁은 창덕궁과는 비록 딴 궁이나마 궁성은 같은 성이다"[45]라고 하였다. 국사학자 홍순민은 효종, 현종, 헌종, 철종이 재위 기간 중에 한 번도 창경궁에 임어한 공식 기록이 없다는 사실이 역설적으로 창덕궁과 창경궁을 하나의 궁역으로 활용하였다는 반증이 될 수도 있다고 보았다.[46] 그러므로 창경원을 설치하기 위해서는 창경궁과 창덕궁을 의식적으로 분리하는 작업이 필요했을 것이다. 왜냐하면 창덕궁과 창경궁은 궁궐 안의 문과 담장과 지세로 분리되었기 때문이다. 코미야 차관은 1914년의 잡지에서, 1907년 이후에 "양궁은 병용되어 지금 창덕궁이라고 칭하는 것은 자연 양궁을 합병한 것을 의미하는데, 다만 박식동물원이 있는 것은 편의 그것을 창경원이라 칭하고 있다"고 하였다.[47]

1908년(융희 2) 4월에 마에노 미네토前野峯土가 측량한 〈창경궁급비원평면도〉는 이렇게 창경궁을 창덕궁에서 분리하여 측량하고 금천에 신설지新設池 두 곳을 낸 모습이 그려져있다.[48] 이 도면에는 "御苑事務局管內四万七千九百六十坪三合(어원사무국관내사만칠천구백육십평삼합)"이라고 적어서 어원사무국이 담당하는 창경궁 영역의 면적을 계산해놓

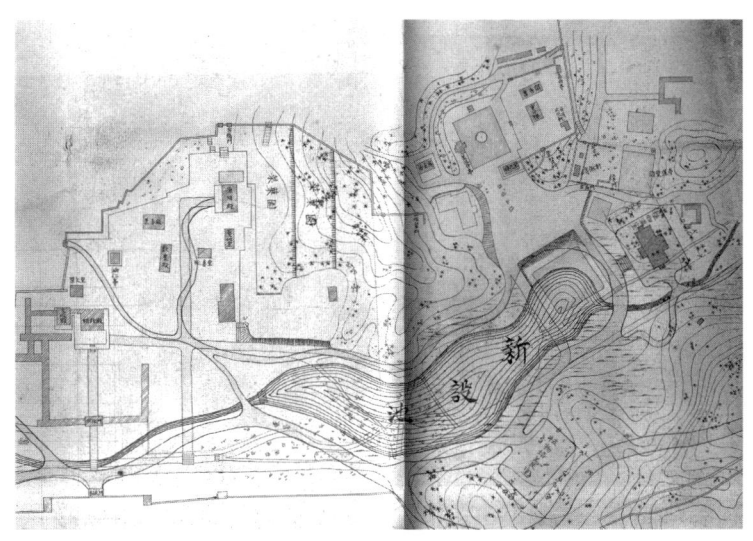

13 〈창경궁급비원평면도〉의 일부. 식물온실과 식물배양실, 그리고 신설지가 보인다.

앉다. 그 내역은 "動物園 壹万二千四百坪(동물원 일만이천사백평)", "博物園 壹万五千五百坪(박물원 일만오천오백평)", "植物園 二万〇〇六拾坪三合(식물원 이만〇〇육십평삼합)"으로 나와있다. 이 내역에서 "박물원"이라고 표시한 점이 주목되며, 동물원, 식물원, 박물원의 면적을 정해 창경궁을 삼분했음을 알 수 있다. 이 도면에는 붉은 빛 잉크로 식물온실, 식물배양실이 그려져있고, 그 치수도 적혀있다. 치수가 적힌 것은 설계가 끝났음을 의미하므로, 측량도 위에 이 시설들과 푸른 빛 잉크의 신설지 두 곳을 나중에 그려넣었을 수도 있다. 여하간 1907년 11월에 박물관, 동물원, 식물원의 건립 논의가 있었음을 앞에서 살폈는데, 1908년 4월의 〈창경궁급비원평면도〉는 이 논의가 상당히 신속하게 구현되어갔음을 알려준다.

코미야의 기술에 따르면, "동물원은 성내에 사립동물원을 경영하기 시작했던 유한성劉漢性의 동물 전부를 매수하고 유劉 및 다른 1명의 공동자를 같이 직원으로 채용했다. 식물원植物苑 특히 온실의 설비에 있어서는 자작 후쿠바福羽 내원두內苑頭의 지도를 받고, 박물관의 사업은 스에마츠 쿠마히코末松熊彦, 시모코오리야마 세이이치下郡山誠一 양 씨를 맞아, 당시 전후무비 다량이 발굴되었던 고려 도자기, 동同 동기류를 구입하고, 또한 회화, 불상 등 조선제 각종의 예술품을 매수하였다"[49]고 한다.

1908년에 선인문 안에 동물원이 설치되고, 1909년에는 동·식물원을 개원하여 공중의 관람을 허용하였다. 1911년에 박물관이 건립된 데 이어 1915년에는 장서각이 건립되었다. 이후에도 크고 작은 동물사가 건립되었다.[50]

1911년에서 1918년까지 《이왕직직원록》 장원계(과)의 구성은 〈표 1〉, 〈표 2〉와 같다.[51] 1911년과 1914년의 장원계에는 박물관, 식물원, 동물원이 속하는데, 식물원에 '원苑'자를 썼다. 주임인 사무관은 박물관과 식물원에 두었고 동물원에는 두지 않았다. 1915년 기구 개편으로 박물관, 식물원, 동물원의 구분이 없어져 모두 장원과에 속하였다.

한편 동물원과 식물원의 배치에 대해, 스에마츠 쿠마히코는 "동물원지는 연산군 시대에 천측소天測所가 있던 자리다. 식물원 연못은 세종世宗왕이 사민四民의 노고를 생각하신 어심御心으로 논을 설치하였던 곳이다"[52]라고 하였다. 이제 박물관, 동물원, 식물원에 대하여 각각 살펴보자.

〈표 1〉《이왕직직원록》1911년, 1914년 장원계의 구성

1911년			1914년		
장원계박물관	주임	末松熊彦	장원계박물관	주임	末松熊彦
	속	劉漢用 伊集院茂 野々部茂		속	野々部茂 卄樂辨治郎
	기수	下郡山誠一 杉原忠吉		기수	下郡山誠一
				촉탁	淺井魁一
	고	李鵬增		고	平田武夫 淺賀正明 李鵬增 鄭演敎
장원계식물원	주임	俞致衡	장원계식물원	주임	李謙濟
	속	松田隆次郎		속	竹內堯三郎
	기수	沈彦澤 牧長美 曾彌叉男		기수	牧長美
	고	齊藤平吉 舟曳中衛 五十嵐惠次郎 田代延彦		고	舟曳中衛 上野健三 佐藤殖 津田欣平 奧田孝之
장원계동물원	기사	岡田信利	장원계동물원	기사	岡田信利
	기수	黑川波江		기수	黑川波江
	고	岩本孝夫		고	倉田順次郎

출처: 李王職庶務係人事室 編,《李王職職員錄》(京城: 李王職) 1911년판, 1914년판.

〈표 2〉《이왕직직원록》 1915년, 1918년 장원과의 구성

1915년			1918년		
장원과	과장	末松熊彦	장원과	과장	末松熊彦
	기사	岡田信利		속	尹舜鏞 卄樂辨治郎 竹內堯三郎
	속	尹舜鏞 野々部茂 卄樂辨治郎 竹內堯三郎		기수	下郡山誠一 水野正治
	기수	下郡山誠一 牧長美		촉탁	淺井魁一 佐野恒
	촉탁	淺井魁一 倉田順次郎 舟曳中衛		고	倉田順次郎 舟曳中衛 平田武夫 佐藤殖 津田欣平 湯淺文郎 河內春一 菅正德 木村泰雄 鄭演敎
	고	平田武夫 佐藤殖 津田欣平 奧田孝之 淺賀正明 鄭演敎			

출처: 李王職庶務係人事室 편, 《李王職職員錄》(京城: 李王職) 1915년판, 1918년판.

박물관

박물관의 위치는 당초 계획에서 변동이 있었던 것 같다. 이노우에 마사지의 설명은 이러하다.

> 장소는 최초의 계획에서는 박물관은 경운궁 내 건축 중의 석조 양관으로 채울 작정이었으나 중도에 모양이 바뀌어서 창덕궁 곧 현 황제 폐하가 계시는 궁전의 뒤쪽, 대한의원에 면한 건물을 사용하게 되었고, 그리하여 그들 건물은 몇 채나 있어서 이번에 그 대부분은 철거하게 되었고, 비교적 구조규모가 굉대하고 또 미술적으로 만들어진 것만을 4~5채 남기고 그것으로 박물관으로 쓰게 된 것이다.[53]

《경성부사》에 따르면, "창경원의 전각 중에서 박물관으로 사용된 것은 통명전(회화), 양화전(모사, 고분벽화류), 경춘전(이조도칠기류), 환경전(이조금속), 함인정(참고품), 명정전(석각품), 명정전행랑(열행구토기껙行具土器) 등이다. 또한 숭문당(명정전의 서), 문정전(명정전의 남), 연희당(북측 행랑의 남) 등도 잔존하고, 영춘헌(양화당의 동)은 창경원의 사무소로 삼았다."[54]

일제가 창경궁 안에서 명정전 일곽만을 남기고 나머지를 모두 철거한 것은 명정전 일곽이 임진왜란 이전의 형식이라고 본 세키노 타다시 關野貞의 견해를 따랐기 때문이라고 생각된다. 세키노는 1902년에 조사하여 1904년에 발간한 보고서에서 서울의 궁궐에 대해서 이렇게 평가하였다.

> 경성 내의 왕궁에 주요한 것 셋이 있다. 즉 경복궁, 창덕궁 및 창경궁으로서 전양자前兩者는 태조 때에 창건한 바이고, 후자는 성

종 때 조영한 바이다. 모두 임진의 난에 타서 창덕궁, 창경궁은 광해군의 때에 중수하고 경복궁은 금왕今王 즉위 초에 재흥再興하였다. 단 창경궁의 일부 명정전 일곽만은 임진의 재災를 면한 것 같다. 이로써 오인吾人은 창경궁으로써 당대當代 초기의 형식을 볼 수 있고 창덕궁으로써 중기의 수법을 징徵할 수 있고 경복궁으로써 최근의 구조를 상詳할 수 있다. 이조 오백 년간의 건축사는 차등此等의 삼궁의 조사에 의해서 그 대체大體를 요해了解하기에 족足하다. …… 이외에 경성 내에는 현 황궁인 경운궁 및 경희궁이 있으나 그 규모가 심히 작아서 피등彼等 삼궁에 비하여 비할 바가 못 된다.[55]

그가 1909년에 조사하여 1910년에 간행한 보고서는 "창경궁 명정전 부附 무랑廡廊", "동同 명정문", "동 홍화문"의 건립 시기를 1483년(성종 14), 조선 초기로 잡고 등급을 각각 '갑'으로 삼았다.[56] 세키노는 유물의 가치를 판단하여 갑·을·병·정의 4등급으로 나누었는데, 갑은 최우수이고, 정은 가장 가치 없는 것이다. 갑과 을은 특별 보호가 필요한 것이라고 하였고, 병과 정은 특별 보호의 필요를 인정하기 어려운 것이라고 하였다.[57] 덧붙여 말하면, 이때 경성에서 등급이 병으로 나온 유물은 경모궁, 동대문, 남묘, 북묘였다. 동대문은 1910년 조사에서 등급이 을로 올라[58] 훼철을 면하였고, 나머지는 뒤에 훼철되었다. 남묘와 북묘가 병이었던 것에 반해 동묘는 을이어서 지금까지 남아있다.

이노우에는 "박물관은 시모코리야마下郡山(본래 오사카 부립 심상중학교 교유敎諭)라는 사람에게 촉탁하였는데, 동씨는 이미 3개월 이전부터 도쿄, 교토, 오사카 등의 각종 박물관에 대한 실지 조사를 하고 있었고, 최근에 도한渡韓하여 품물의 진열의 공합工合 또는 분류 등에 대해서

고안 중이다"⁵⁹라고 당시의 준비 상황을 말하였다.
　그런데 진열품을 놓고서 논란이 있었던 것 같다. 당시의 매상 품목이 도기, 동기, 석기로 모두 미술적 고물이어서 박물의 본래 뜻과 다르다는 주장이 제기되었다.⁶⁰
　한국학중앙연구원 장서각은 제실박물관帝室博物館 관련 도면을 2점 소장하고 있다. 하나는 〈제실박물관신축설계도帝室博物館新築設計圖〉고 다른 하나는 〈제실박물진열본관신축帝室博物陳列本館新築 구계급소옥복이계량배치지도矩計及小屋伏二階梁配置之圖〉다.⁶¹ 앞의 도면은 제실박물관의 정면, 특면, 계하평면, 계상평면을 담고 있고, 뒤의 도면은 구계도와 지붕을 밑에서 바라본 2층 보 배치도를 담고 있다. 이 도면들에서 각기 '제실박물관'과 '제실박물관신축본관'이라는 명칭이 사용되어, 이 도면들이 작성된 1910년 5월 10일과 6월 1일 시점에서는 이 박물관

14 〈제실박물관신축계획도〉.

15 교토 근교 우지의 봉황당.

16 어원 박물본관.

이 제실박물관으로 계획되었음을 알 수 있다. 이는 〈대한매일신보〉 1908년 1월 9일자에 실린 "궁내부에서 본년도부터 계속사업으로 제실박물관과 동물원과 식물원 등을 설치할 계획으로 목하에 조사 중이라더라"[62]는 기사 내용과 상통하는 부분이다. 이 제실박물관은 1910년 8월에 대한제국이 일제의 식민지가 되면서 '이왕가박물관'으로 명칭을 바꾸었다.

이 박물관 본관은 창경원 내 가장 높은 지점에 위치하고, 벽돌 2층(78평 5합)이며, 일본 우지宇治의 봉황당鳳凰堂을 모방하여 건설하였고, 불상·금속 제품·도칠기·옥품류·석목 제품을 진열하였다.[63] 우지의 봉황당은 뵤도인平等院이라는 사원에 속한 건물로 1053년에 건립되었다. 헤이안平安 시대의 귀족 사회가 심취했던 정토교淨土敎를 대표하는 건물로, 일본의 국보다.[64] 이 건물은 1893년 시카고 만국박람회 때 일본관인 봉황전鳳凰殿의 모델이 되기도 하였고,[65] 현재 일본의 10엔円 동전에도 등장한다. 봉황당은 극락정토를 나타내기 위하여 못을 파고 그 건너편에 건립된 구성을 취한다.

창덕궁 도서고 관련 도면 5매가 한국학중앙연구원 장서각에 전한다. '창덕궁 도서고' 도면은 총 4매인데, 도록으로 보아서는 3매는 양지에 그렸고 1매는 청사진이다. 나머지 1매는 '창덕궁 도서고 계단상

17 〈창덕궁 도서고〉 정면도.
18 도서고의 원경.
19 옛 기무사 자리의 절충식 건물.

세도'로, 천에 그렸다.[66] 도서고는 1915년 12월에 완공되었다. 낙선재의 동남쪽이자 숭문당의 서쪽 높은 지대에 위치하였다. 옛 선원전에 보관하던 이왕직의 장서를 이 건물로 옮겼고, 1918년에 장서각이라는 현판을 걸었다.[67] 지하실과 창고 시설을 겸비하였고, 4층으로 된 몸채에 곡면으로 경사진 지붕이 있고 그 위에 다시 사모지붕을 놓고 정자 모양을 얹었다. 특이한 것은 지붕마루에 용을 만들어놓았는데, 입면도에는 두 마리만 보이나 반대편에도 두 마리가 있었으리라 예상된다. 한일양韓日洋 절충식이라고 할 수 있을 터이다. 경복궁 옆의 옛 기무사 자리에도 절충식 건물이 있었다는 것이 흥미롭다 지상 2층이 이 건물은 현관이 강조되었고, 당파풍唐破風과 화두창火頭窓으로 일본식에 좀 더 가깝다.

창경원과 우에노공원, 그리고 메이지의 공간 지배

덕수궁에 박물관이 새로 건립되자 창덕궁 내 이왕가박물관은 폐지되었다.[68] 창경궁의 유물을 덕수궁으로 옮기고 장서각 도서를 창경궁의 옛 박물관으로 옮긴 뒤에 이 장서각 건물은 생물표본관으로 사용하였다.[69] 덕수궁으로 옮긴 뒤에는 일본 미술품 전시와 통합하여 이왕가미술관으로 존속하다가 그 소장품과 기능이 1969년에 국립박물관으로 통합되었다.[70]

동물원

지면이 제한되어있으므로 동물원과 식물원에 대해서는 간략히 기술하기로 한다. 동물원은 한국인 유한성劉漢性이 준비하였다. 1908년의 잡지는 "동물원은 다년 일본에 재주在住하여 일반 동물의 사육법 등에 대하여 연구하여 자기의 손으로 한 개의 동물원을 경영하고 있는 한인 모씨에게 맡겨서 설계하고 있는데, 이쪽도 착착 진척하고 있다"[71]고 적고 있어, 유한성이 창경원 동물원 이전부터 일본에서 동물 사육에 대한 경험을 쌓고 있었음을 알게 한다.

한편 1910년의 잡지에는 궁내부 동물원의 공개가 멀지 않았다는 기사가 실렸다.

> 한국 궁내부 중에 설치하는 동물원은 유유근근 중 공개할 작정이며, 이로써 삭량索凉한 경성의 땅에 하나의 변화함을 더하여 경성 사녀士女를 즐겁게 하는 데 한이 없으며, 목하 정리 중인 박물관과 도서관(조선본朝鮮本의)도 멀지 않은 중에 공개의 단계에 이르고, 또 목하 착수 중인 동물원도 본년 중에는 공개하게 된다. 당국자는 다른 비용을 절약해서라도 이들 사회적 공공오락의 방면에 다소의 경

비를 써서 지교遲巧보다는 졸속拙速 방침으로써 하루라도 빨리 이들 오락기관을 공개하여 경성 사녀에게 취미를 부여하고, 지식을 공급하고, 고상한 오락을 부여하여, 이로써 경성의 삭량함을 부수는 것은 신정新政의 여택餘澤으로 하여 내외양민內外兩民의 깊이 감사해 마지않는 곳이다. 당국자도 예의銳意 정리에 종사하여 동물원의 공개와 더불어 박물관, 도서관, 식물원의 공개를 서두르기를 간절히 바라 마지않는다.[72]

여기서도 동물원 등의 설치가 "취미 부여", "지식 공급", "고상한 오락"의 부여로 "경성의 삭량함을 부수"는 계기가 된다고 보고 있는 점이 주목된다.

창덕궁 동물원 주임 오카다 노부토시는 동물원의 준비가 1909년부터 진행되었으며, 개선할 점이 있다고 썼다. 한편 그는 독일 함부르크의 하겐베르크가 경영하는 동물원을 예로 들고 있었으며, 동물원에서는 앞으로 제국대학의 이시카와石川 박사를 매개로 하여 하겐베르크의 동물원으로부터 대상大象을 구입하는 계약이 성립하였다고 하였다.[73]

오카다의 글에서는 그의 직함이 창덕궁 동물원 주임이란 점과, 이 동물원이 하겐베르크 동물원과 계약을 맺었다는 점이 주목된다. 하겐베르크는 함부르크 출신으로 19세기 후반부터 20세기 초반까지 이국 동물 분야의 세계적인 선두주자였고, 제1차 세계대전 전까지 주요 동물 공원

20 창경원 대금수실.

창경원과 우에노공원, 그리고 메이지의 공간 지배

이나 서커스, 개인 수집가들이 대부분 하겐베르크 회사에서 동물을 구입했다고 한다.[74]

〈그림 20〉은 창경원 대금수실 사진이다. 1911년에도 이미 상당한 수의 관람객이 방문하였다. "봄에는 유람객이 삼사천 명 사이를 넘나들며, 일요 대제일 등은 매 육천 내지 칠천 명, 드물게는 구천 명에 이르는 날도 있고, 목하는 우계이고 더위가 심하고 지방은 농번기인데, 평일은 오륙백 명, 일요일에는 천 명 내외의 어림이다"[75]라는 기록이 이를 뒷받침한다.

1912년에는 동물원에 하마를 들여 화제가 되었고,[76] 영친왕이 1918년 1월 19일 오후에 "도쿄의 동물원에도 없는 하마가 있다"고 신기해하면서 사진 촬영을 하기도 하였다.[77]

 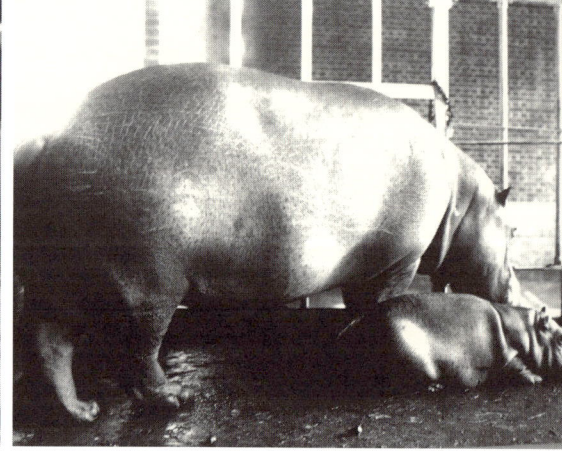

21 창경원에서 하마를 촬영하는 영친왕.
22 영친왕이 찍은 것으로 추정되는 창경원의 하마.

식물원

식물원 역시 창경궁 안에 놓였다. 당시의 표현에 따르면, "식물원도 동물원도 역시 같은 장소인데, 딱 동물원은 박물관 건물과 식물원 건축 사이에 개재介在하여 있"었다고 한다.[78]

《경성부사》는 이 일대에 대해 "역내域內의 일부였던 원래 관농장觀農場의 기지는 1907년에 그것을 개착開鑿하여 일대 연못으로 하고 물을 대서 어류를 방양放養하고, 또 수련을 기르고, 춘당지春塘池라고 이름 붙이고, 같은 해 그 북쪽에는 일본식 수정(水亭, 73평 4합 5재)을 지었다. 그 북쪽에 있는 평가건平家建 철골 양관의 식물본관(174평 6작)은 1909년에 건조하고, 주로 열대식물을 심었다. 규모가 큰 것은 창립 당시에는 동양 제일이라고 칭해졌다. 그 동방에 있는 배양실(181평)은 1911년의 건조다"라고 설명한다.[79]

이 기록에는 창경궁 안에 연못을 판 시기가 1907년으로 되어있다. 1907년 11월에 박물관 등의 건립 논의가 있었음을 고려할 때, 매우 신속하게 연못을 파고 수정을 지었거나, 연도를 오기한 것으로 보인다.

식물원의 설계에 대해서는 오로지 후쿠바福羽 자작에게 맡겼는데, 동씨는 지난 4월 하순 이토 통

23 창경원 대온실.

24 창경원 식물원 연못과 수정.

창경원과 우에노공원, 그리고 메이지의 공간 지배 229

감의 귀임과 더불어 동행 내한하여 목하 열심히 그 설계에 종사하고 있는데, 그중에 머지않아 착수의 순서 등에 대해서 결정을 볼 것이며, 그중에 온실만 거의 결정하였고 비용은 그와 같이 8만 원 이상이 될 것이다.[80]

여기서 후쿠바 자작이란 내원두를 억임한 후쿠바 이츠신(福羽逸人, 1856~1921)을 말한다. 그는 일본 근대 원예의 개척자. 프랑스와 독일에 유학하고 1898년에 내장료內匠寮 기사로서 신주쿠新宿식물원 어원御苑 계장으로 취임한 뒤에 궁내성 내원국장, 내원두에 올랐다.[81]

후쿠바는 창경궁 온실 이전에 신주쿠 식물어원에서 온실을 설계한 경험이 있다. 처음에 계획한 온실은 시공하기 어려운 안이었는지,[82] 실제로 지어진 온실은 간략화된 4개 동이었다. 신주쿠 어원의 온실(향초실)은 창경궁 온실과 유사한 외관을 갖지만, 창경궁 온실이 더 크다. 창경궁 온실은 전면 9칸으로, 신주쿠의 온실 계획안 전면 11칸과 신주쿠의 실현안 7칸의 중간 정도 규모다. 온실 앞의 프랑스식 정원과 온실 동남쪽의 배양실도 역시 후쿠바가 관여하였다. 배양실은 앞에서 언급한 1908년의 도면에서도 보이고, 1921년의 《조선지형도집성》에도 나타나있다.[83]

후쿠바는 1908년 3월 27일 한국에 출장을 왔다. 그는 회고록에 "그

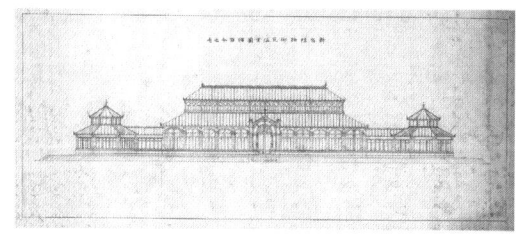 

25, 26 신주쿠 식물어원의 온실(향초실) 계획안과 실현안.

요무要務는 당시의 통감 이토 공작의 창의에 의해서, 경성 창덕궁 정원 안에 장대한 식물실 및 식물원을 개설하는 계획이 있어서 실지를 답사하고, 그 설계의 명을 받음에 의한다"고 썼다. 이때 경성으로 귀환하는 이토를 수행하고, 항해 중 함상에서 그의 회고담을 들었고, 그 다음 날 순종황제를 알현하였다고 한다. 같은 해 6월 6일 후쿠바는 순종황제로부터 훈일등 팔괘장을 수령하고 패용을 윤허 받았다.[84]

19세기 중반 이래 널리 유행한 철과 유리로 지은 온실은, 그 내부에 열대 지역의 식물을 전시함으로써 전 세계로 뻗어나간 유럽 제국의 확장을 과시하는 근대적 시설이다.[85] 창경궁 안에 온실을 설치한 것은 조선왕조의 궁궐을 지우고 제국주의 일본의 위력을 과시하기 위한 방편이었다.

이러한 온실을 순종은 가까이했던 것 같다. "이왕李王 동비同妃 양 전하는 매주 월, 목요의 양일, 근시近侍를 거느리고 이 부근을 어상양유御徜徉遊하시고, 지반池畔의 식물 온실에서 서양의 초화 등을 사랑하고 다과를 드시는 등, 수각數刻의 어보양御保養을 가지신다"는 기록이 이를 뒷받침한다.[86]

27 1918년 1월의 창경원 식물원 전경.
28 창경궁 어원 식물본관 내부.

맺는말

이제까지 창경궁이 창경원으로 바뀌면서 동물원과 식물원 및 박물관이 설치되는 과정을 일본 메이지 시대의 동향과 더불어 살펴보았다. 이 창경궁의 형해화 과정에는 메이지 일본의 공간 지배 방식이 작동하고 있었다. 이는 창경원과 우에노공원을 비교 고찰하였을 때 더욱 분명해졌다. 이 두 공원의 배후에는 모두 이토 히로부미 등이 자리하고 있었다. 당시의 시대 상황으로 미루어볼 때, 이토 등은 일본에서의 경험을 한국에서 되풀이했음을 알 수 있다.

그 과정은 대략 다음과 같은 순서로 진행된다. 상대가 신성시하는 장소에 근대의 문화시설을 배치한다. 근대의 배치를 위해서 과거의 공간은 선별적으로 남겨지고 대부분 사라진다. 과거의 기억은 변형되고

29 창경원의 대중, 1953년.
30 창경원의 벚꽃.

새로운 의미가 부여된다. 대중은 과거를 향수하면서 동시에 무시하고 그 위에 중첩된 근대를 향유한다.

창경궁은 순종이 거처하는 동궐에 속하는 곳이었다. 따라서 미술사가 박소현이 코미야의 말을 인용하여 파악했듯, 궁내부 관리 등은 "창덕궁은 투명한 유리그릇의 안에 넣은 물체처럼 누구에게라도 보이는 것이 좋다"고 했다.[87] 이러한 공간 지배 방식은 벚나무의 식재를 통한 일본식 경관의 창출로 완성된다.[88]

이후의 사정은 널리 알려진 바와 같다. 1923년 4월 〈동아일보〉는 어느 일요일의 창경원 입장객 수를 우리에게 전해준다. "놀라지 마라. 작일 아침부터 정오까지 들어간 수효가 1만 2000명이나 된다 한다."[89] 1923년은 순종이 숨을 거두기 3년 전이다.

---

[1] 일본이 진행한 박물관 건립이나 문화재 정책을 다룬 자료로 이성시, 〈조선왕조의 상징 공간과 박물관〉, 임지현·이성시 엮음, 《국사의 신화를 넘어서》(휴머니스트, 2004), 265~295쪽 ; 李成市, 〈朝鮮王朝の象徵空間と博物館〉, 宮嶋博史·李成市·尹海東·林志弦 編, 《植民地近代の視座－朝鮮と日本》(東京: 岩波書店, 2004), 27~48面 ; 太田秀春, 〈일본의 '식민지' 조선에서의 고적조사와 성곽정책〉, 서울대학교 대학원 국사학과 석사학위논문, 2002 ; 太田秀春, 〈근대 한일양국의 성곽인식과 일본의 조선 식민지정책〉, 《한국사론》 49집 (서울대 국사학과, 2003), 185~230쪽 등이 있다. 일본의 공간 지배 방식을 다룬 자료로 村松伸, 〈討伐支配の文法〉, 《現代思想》 23-10(東京: 青土社, 1995年 10月), 8~20面 ; 鈴木博之, 《都市へ》(東京: 中央公論新社, 1999) ; 青井哲人, 《植民地神社と帝國日本》(東京: 吉川弘文館, 2005) 등이 있다. 박물관에 대해서는 송기형, 〈'창경궁박물관' 또는 '李王家博物館'의 연대기〉, 《역사교육》 72(1999) ; 목수현, 〈일제하 박물관의 형성과 그 의미〉(서울대학교 대학원 미술사전공 석사학위논문, 2000) ; 박계리, 〈타자로서의 이왕가박물관과 전통관〉, 《미술사학연구》 제240호 (한국미술사학회, 2003) ; 박소현, 〈帝國의 취미－이왕가박물관과 일본의 박물관 정책에 대해〉 《미술사논단》 제18호(한국미술연구소, 2004) ; 김인덕, 《식민지시대 근대공간 국립박물관》(국학자료원, 2007) 등을 참조하라. 이 글은 이러한 선행 연구로부터 자극받은 바가 크다.

[2] 李王職博物館 編, 《李王家博物館所藏品寫眞帖》(京城: 李王家博物館, 1918), 〈緒言〉.

〈緖言〉은 붓으로 쓴 일어이며, 번역문은 송기형, 앞의 논문, 173~174쪽을 참조하였다.

3 김용국, 〈제1절 궁궐〉, 서울특별시사편찬위원회 편, 《서울육백년사》 제3권 (서울특별시, 1979), 233쪽. 당시 순종이 우울하고 쓸쓸하다고 한 것에는 순종을 도쿠가와 막부의 마지막 쇼군 요시노부慶喜에 비기는 인식이 깔려있다.

4 末松熊彦, 〈朝鮮の古美術保護と昌德宮博物館〉, 《朝鮮及滿洲》 69 (京城: 日韓書房, 1913), 124面.

5 井上雅二, 〈博物館及動植物園の設立に就て〉, 《朝鮮》 1-4 (京城: 日韓書房, 1908), 69面.

6 송기형, 앞의 논문, 174쪽.

7 "문명화의 사명"에 대해서는 平野千果子, 《フランス植民地主義の歷史》 (京都: 人文書院, 2002), 26~81面을 참조. 베트남 하노이에서 프랑스의 공간 지배 방식에 대해서는 우동선, 〈하노이에서 근대적 도시시설의 기원〉, 《대한건축학회논문집 계획계》 제23권 제4호 (대한건축학회, 2007년 4월), 147~158쪽을 참조.

8 《京城府史》 第1卷 (京城: 京城府, 1934), 72面.

9 〈小宮宮內府次官を訪ふ〉, 《朝鮮》 2-3 (京城: 日韓書房, 1909), 57面. 인용하면서 존경어를 평어로 바꾸었다.

10 ヒマラヤ山人, 〈小宮宮內次官及び宮內府中の人物〉, 《朝鮮》 3-1 (京城: 日韓書房, 1910), 72面.

11 ヒマラヤ山人, 같은 글, 68~69面.

12 權藤四郎介, 《李王宮秘史》 (京城; 朝鮮新聞社, 1926) 9~18面. 번역서는 "여관제도"를 "상궁제도"로 옮겼다. 곤도 시로스케 지음, 이언숙 옮김, 《대한제국 황실비사》 (이마고, 2007), 64쪽.

13 權藤四郎介, 앞의 책, 18面.

14 權藤四郎介, 앞의 책, 22面.

15 權藤四郎介, 앞의 책, 22面.

16 《京城府史》 第2卷 (京城: 京城府, 1936), 8~9面.

17 多木浩二, 《天皇の肖像》 (東京: 岩波書店, 2002), 47面.

18 ヒマラヤ山人, 앞의 글, 68面.

19 Takashi Fujitani, *Splendid Monarchy, Power and Pageantry in Modern Japan*, Berkeley: University of California Press, 1998, pp.42~66 ; 多木浩二, 앞의 책.

20 原武史, 《可視化された帝國-近代日本の行幸啓》 (東京: みすず書房, 2001), 11面.

21 伊藤博文, 〈韓國民に告ぐ〉, 《朝鮮》 2-6 (京城: 日韓書房, 1909), 14面.

22 〈韓帝の巡幸と其影響〉, 《朝鮮》 2-6 (京城: 日韓書房, 1909), 8~9面.

23 海野福壽, 《伊藤博文と韓國倂合》 (東京: 靑木書店, 2004), 113面.

24 박소현, 〈帝國의 취미-이왕가박물관과 일본의 박물관 정책에 대해〉 《미술사논단》 제18

호(한국미술연구소, 2004), 154쪽 ; 原武史, 앞의 책, 169~171쪽.

25 이경재, 《서울정도 육백년》(서울신문사, 1993), 111~112쪽 ; 정범준, 《제국의 후예들》(황소자리, 2006), 21~24쪽.

26 우에노공원이 갖는 국가적 의미에 대해서는 Takashi Fujitani, 앞의 책, pp.84~82.

27 이성시, 앞의 논문, 275쪽.

28 淺川伯敎,〈朝鮮の美術工藝に就ての回顧〉, 和田八千穗·藤原喜藏 共編,《朝鮮の回顧》(京城: 近澤書店, 1945), 267~268面. 강은기는 아사카와의 회고 등을 근거로 오카쿠라 텐신을 조선물산공진회와 연결하였다. 강은기,〈조선물산공진회와 일본화의 공적公的 전시〉,《한국근대미술사학》제16집(한국근대미술사학회, 2006), 48~49쪽.

29 原口淸,〈明治憲法體制の成立〉,《岩波講座 日本歷史》15(東京: 岩波書店, 1976), 136~175面.

30 鈴木正幸,《皇室制度》(東京: 岩波書店, 1993), 55面.

31 같은 책, 116~117面.

32 같은 책, 122面.

33 이성시는 대한제국에서 행한 이토의 개혁을 "비슷하지만 다른 것"이라고 보았다. 이성시, 앞의 논문, 275쪽.

34 鈴木博之,《東京の地靈》(東京: 文藝春秋社, 1990), 71面.

35 武光誠,《宗敎の日本地圖》(東京: 文春新書, 2006), 91面.

36 伊坂道子 編,《增上寺舊境內地區 歷史的建造物等 調査報告書》(東京: 境內硏究事務局, 2003), 138面.

37 長尾重武,《建築ガイド6·東京》(東京: 丸善株式會社, 1996), 31面.

38 鈴木博之,《都市へ》, 94面.

39 關秀夫,《博物館の誕生》(東京: 岩波書店, 2005), 148~152面.

40 같은 책, 93面.

41 같은 책, 110~111面.

42 東京國立博物館,《目で見る120年》(東京: 東京國立博物館, 1992), 23面. 세이도聖堂는 우리나라의 성균관에 해당하는 곳이다.

43 같은 책, 37面.

44 浦井正明,《〈上野〉時空遊行》(東京: プレジデント社, 2002), 126~128面.

45 유본예柳本藝 지음, 권태익 옮김,《漢京識略》(탐구신서, 1974), 40쪽.

46 홍순민,〈조선왕조 궁궐 경영과 "양궐체제"의 변천〉(서울대학교 대학원 국사학과 박사학위논문, 1996), 141쪽.

47 小松三保松,〈昌德宮と殿下の御平生〉,《朝鮮及滿洲》第81號(京城: 朝鮮雜誌社, 1914),

119面.

48 한국학중앙연구원 장서각 엮음, 《근대건축도면집-도면편》(한국학중앙연구원, 2009), 154-155쪽.

49 李王職博物館 編, 앞의 책, 〈緒言〉. 이 구절은 이난영, 《신판 박물관학입문》(삼화출판사, 1996), 82쪽과 목수현, 앞의 논문, 28쪽을 참조하였다.

50 오창영 엮음, 《한국동물원팔십년사 창경원편》(서울특별시, 1993), 70~76쪽.

51 李王職庶務係人事室 編, 《李王職職員錄》(京城: 李王職) 1911년, 1914년, 1915년, 1918년 각 년 판.

52 末松熊彦, 앞의 글, 125面.

53 井上雅二, 앞의 글, 68面.

54 《京城府史》第1卷, 73面.

55 關野貞, 《韓國建築調査報告》(東京: 東京大學工科大學, 1904), 123~124面. 번역문은 關野貞 지음, 강봉진 옮김, 《한국의 건축과 예술》(산업도서출판공사, 1990), 217쪽을 참조하였고, 일부 한문 투를 유지하였다.

56 關野貞, 《朝鮮藝術之研究》(京城: 度支部建築所, 1910), 32面.

57 같은 책, 2面.

58 이순자, 《일제강점기 고적조사사업》(경인문화사, 2009), 42쪽.

59 井上雅二, 앞의 글, 69面.

60 佐藤寬, 〈韓國博物館設立に就て〉, 《朝鮮》 1-3(1908), 15面.

61 한국학중앙연구원 장서각 엮음, 《근대건축도면집-도면편》(한국학중앙연구원, 2009), 162~165쪽.

62 〈대한매일신보〉 1908년 1월 9일, 목수현, 앞의 논문, 27쪽에서 재인용.

63 《京城府史》第1卷(京城: 京城府, 1934), 72面.

64 太田博太郎 監修, 《日本建築樣式史》(東京: 美術出版社, 1999), 30面.

65 김영나, 〈'박람회'라는 전시공간: 1893년 시카고 만국박람회와 조선관 전시〉, 《서양미술사학회 논문집》 제13집(서양미술사학회, 2000), 82쪽.

66 한국학중앙연구원 장서각 엮음, 《근대건축도면집-도면편》, 166~170쪽. 한국학중앙연구원 장서각 엮음, 《근대건축도면집-해설편》(한국학중앙연구원, 2009), 78쪽에는 〈창덕궁도서고〉에 대해서 종이에 그린 도면이 1매이고 청사진이 3매라고 나와있는데, 이는 오기일 것이다.

67 한국정신문화연구원, 《장서각의 역사와 자료적 특성》(한국정신문화연구원, 1996), 7쪽, 54쪽.

68 박소현, 〈'근대미술관', 제국을 꿈꾸다: 덕수궁미술관의 탄생〉, 《근대미술연구 2008》(국립현대미술관, 2008), 60쪽.

69 오창영 엮음, 앞의 책, 122쪽.
70 목수현, 앞의 논문, 78쪽.
71 井上雅二, 앞의 글, 69面.
72 〈宮內府動物園の公開〉, 《朝鮮》 3-1(京城: 日韓書房, 1910), 8~9面.
73 岡田信利, 〈夏の動物園〉, 《朝鮮》 42(京城: 朝鮮雜誌社, 1911), 62~63面.
74 니겔 로스펠스 지음, 이한중 옮김, 《동물원의 탄생》(지호, 2003), 21~23쪽. 1907년에 하겐베르크는 새로운 "동물공원"을 개장하였는데, 이 동물원은 철창을 없앴다고 한다.
75 岡田信利, 앞의 글, 62面.
76 可水生, 〈動物園の珍客 河馬君夫婦を語る〉, 《朝鮮及滿洲》 第61號 (京城: 朝鮮雜誌社, 1912), 38~41面.
77 《마지막 황실, 잊혀진 대한제국》(서울대학교 박물관, 2006), 10쪽.
78 井上雅二, 앞의 글, 68面.
79 《京城府史》 第1卷, 72面.
80 井上雅二, 앞의 글, 69面.
81 鈴木博之 監修, 《皇室建築 內匠寮の人と作品》(東京: 建築畵報社, 2005), 320面.
82 같은 책, 321面.
83 서울시립대학교 서울학연구소, 《창경궁 대온실 기록화 조사 보고서》(문화재청, 2007), 37~40쪽에서는 배양실로 "추정"이라고 표현하였는데, 이는 한국학중앙연구원 장서각에서 《근대건축도면집》이 출간되기 전의 일이다. 창경궁 대온실의 재료와 구축에 관해서는 최아신, 〈창경궁 대온실의 재료 및 구축방식에 관한 연구〉(서울시립대학교 대학원 건축학과 석사학위논문, 2008)를 참조.
84 財團法人 國民公園協會 新宿御苑 編, 《福羽逸人 回顧錄(解說編)》(東京: 財團法人 國民公園協會 新宿御苑, 2006), 25~26面.
85 스즈키 히로유키 지음, 우동선 옮김, 《서양 근·현대 건축의 역사》(시공사, 2003), 65~66쪽.
86 岡田信利, 앞의 글, 61面.
87 박소현, 〈帝國의 취미-이왕가박물관과 일본의 박물관 정책에 대해〉, 150쪽 ; 權藤四郎介, 앞의 책, 55面. 단, 인용하면서 표현을 일서에 가깝게 하였다.
88 靑井哲人, 앞의 책, 159~160面. 벚꽃을 일본 민족주의와 연결하는 경관이라고 의미를 부여한 것은 청일전쟁 이후이지만, 한국에서 일본인 거류지에서도 벚나무를 식수하는 것은 대략 러일전쟁 후에 일반화되어간 것이라고 한다.
89 〈동아일보〉 1923년 4월 16일, 허균, 《서울의 고궁 산책》(효림, 1994) 168쪽에서 재인용.

조선의
궁에
들어선
근대건축물

궁궐에 들어선 근대건축물
근대의 환상, 신문물 축제의 향연

조선왕조 500여 년 동안 형성되고 유지되어온 궁궐 체계를 해체하고 파괴한 자리에 근대건축물이 들어선 지난 100여 년은, 우리의 전통 사회와 국가 체계 그리고 그것과 연관된 정치권력, 경제구조, 문화 환경 등이 모두 새로운 체계로 대체되는 기간이었다. 그러한 광범위한 변화와 대체 과정을 상징적이며 집약적으로 보여주는 물리적 결과물이 곧 궁궐에 지어진 근대건축물이라고 할 수 있을 것이다. 1800년대 말부터 1990년대까지 궁궐에 지어진 근대건축물 가운데 그 실체를 어느 정도 확인할 수 있는 것은 약 20여 동이다. 그중 이미 사라져버린 건축물도 절반에 달한다. 궁궐에 세워진 근대건축물 100여 년의 역사는, 건축을 둘러싸고 있는 광범위한 역학 관계와 맥락 속에서 건축이 어떤 방식으로 생산되고 소비되며 작동되는가를 적나라하게 드러내고 있다.

궁궐에 들어선 근대건축물

송석기_ 군산대학교 건축공학과 교수

종현鐘峴 언덕 위에 하늘을 찌를 듯이 솟아오른 명동성당의 첨탑과 정동 언덕 위에 세워진 러시아 공사관의 위용을 보여주는 옛 사진에서, 근대 초기 우리나라에 처음 서양식 건축물이 세워질 때 우리 민족은 어떤 느낌을 받았을지 조금은 상상해볼 수 있다. 낮게 깔린 기와집과 초가집이 어우러진 전통적 도시 경관과 극적으로 대비되는 이 낯선 건축물들이 연출한 새로운 경관은, 당시 우리 민족에게 서양의 힘을 상징적으로 보여주는 매우 충격적인 광경으로 각인되었을 것이다. 외세의 불가항력적인 힘에 스러져가던 국가의 위태로운 정치 상황과 맞물려 그 충격은 더욱 컸을 터다.

건축물은 그것이 지닌 본래의 용도와 기능에 따른 가치뿐만 아니라 건축물이 지어지고 사용되는 동안의 사회·정치·역사적 맥락에 따라서도 여러 가지 가치가 부가된다. 특히 궁궐에 들어선 근대건축물은 개별적인 건축물 자체가 갖는 건축적 가치뿐만 아니라, 한국의 전통 사회 및 건축을 대표하는 궁궐 건축과 대비되어 지어졌다는 상대적 관계에서 더 많은 의미가 부여된다. 중화전에 대비되는 석조전이나 근정전에 대비되는 조선총독부 청사의 모습은 명동성당이나 러시아 공사관만큼 커다란 충격으로 다가왔을 것이다. 또 궁궐에 들어선 근대건축물들은 석조전이나 조선총독부 청사 같은 예에서 확인되듯이 쓰임새와 양식은 물론 그 성격과 의미에서도 많은 차이를 나타내고 있었다.

경복궁, 창덕궁, 창경궁, 경운궁, 경희궁 등 우리나라의 대표적 궁궐은 근대의 격변기를 거치는 동안 본연의 기능을 상실하면서 변형, 훼손되어왔다. 그리고 그 빈자리에 근대건축물이 하나둘 들어섰다. 조선왕조의 정궁이었던 경복궁에는 일제 식민지 지배 권력의 상징 조선총독부 청사가 들어섰고, 각종 박람회 개최와 함께 일제 통치를 기념하는 미술관과 박물관이 지어졌다. 창경궁에는 동물원과 식물원이 만들어지면서 각종 동물 우리와 식물 온실, 장서각 등의 건물이 들어섰다. 물론 일제가 지은 경복궁과 창경궁 내 근대건축물과는 다른 성격의 근대건축물도 있었다. 고종황제가 대

1 명동성당.

2 러시아 공사관.

한제국의 정궁으로 조성한 경운궁에 세워진 중명전과 정관헌, 돈덕전, 석조전 같은 건축물이 그 예다.

궁궐에 근대건축물을 건립하는 일은 비단 일제강점기만으로 끝나지는 않았다. 일제가 세운 근대건축물을 철거하면서 한편으로는 새로운 건축물이 그 자리에 들어선 것이다. 경복궁에는 1970년대에 현재의 국립민속박물관이 들어섰고, 10여 년 전에는 현재의 국립고궁박물관이 신축되었다. 경희궁에는 서울역사박물관이 문을 열었다. 이러한 건축물이 지어지던 때에는 나름의 타당한 논리가 있었고, 공사는 정당한 절차를 거쳐 진행되었다. 물론 일제강점기에도 그때 나름의 논리는 있었다. 앞으로 우리 궁궐의 모습은 또다시 어떻게 변모하게 될까? 100여 년의 세월이 지난 지금 궁궐에 들어선 근대건축물을 다시 되돌아보게 된다.

경운궁

1897년 10월 12일 고종은 환구단圜丘壇에서 나라의 이름을 대한제국이라 선포하고 스스로 황제에 즉위하였다. 아관파천 이후 1년 8개월 만의 일이었다. 1896년에서 1902년까지 계속된 경운궁慶運宮 수리와 중건 공사는 경복궁을 대신하여 정궁 역할을 하게 된 경운궁을 황제의 집무를 위한 궁궐에 걸맞게 그 격식을 갖추어가는 과정이었다. 경운궁에 최초로 지어진 서양식 또는 의양풍 건축물인 중명전과 환벽정, 정관헌, 구성헌, 돈덕전 등은 이 시기에 지어졌다. 같은 시기에 전통 건축 형식으로 창건된 건축물의 경우에는 그 기록이 어느 정도 남아있으나 이들 근대건축물에 대한 구체적인 기록은 거의 없다. 현재로서는 몇 가지 기록에 근거한 추정만이 가능할 뿐이다. 1907년 순종이 황제에 즉위하고 창덕궁으로 거처를 옮긴 뒤 경운궁은 덕수궁으로 이름을 바꾸었다. 고종은 1919년 1월 21일 승하할 때까지 덕수궁을 떠나지 않았다. 덕수궁으로 이름이 바뀐 뒤 1910년에는 석조전이 준공되었고, 1938년에는 이왕가미술관이 건립되었다. 이들 근대건축물의 신축 이외에도 각종 도로 공사 등을 통해 1960년대 말까지 덕수궁 영역은 계속해서 축소되었고, 전각들은 사라져갔다.

중명전中明殿

경운궁에서 가장 이른 시기에 근대건축물이 지어진 곳은 현재 덕수궁 영역의 서쪽 외곽, 미국대사관 너머에 위치한 중명전 영역으로 추정된다. 원래는 경운궁 영역에 포함되었으나 1897년 정동 돌담이 생기면서

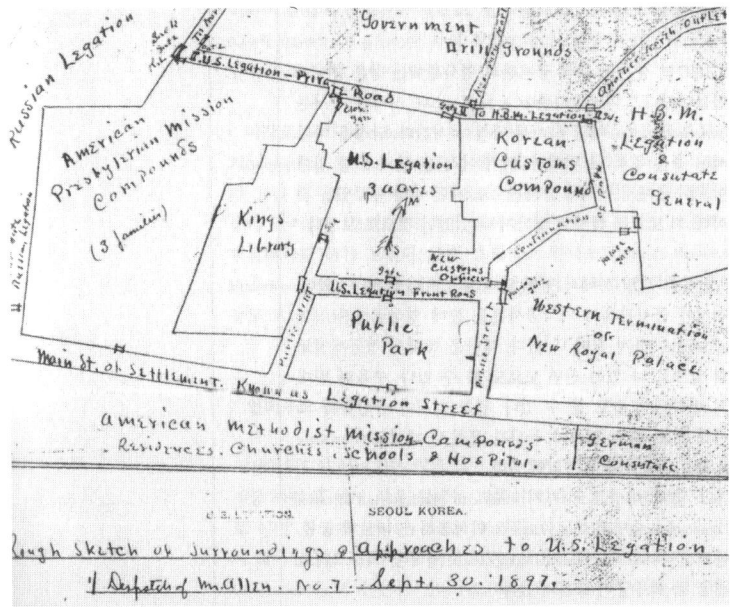

3 〈정동 조계지 안내도〉.

4 수옥헌의 1890년대 모습.

궁 밖에 위치하게 되었다. 알렌H. N. Allen이 1897년 9월 30일 작성하여 본국에 보낸 〈정동 조계지 안내도〉를 보면, 미국 공사관 좌측의 현재의 중명전 위치는 'King's Library'로 적혀있다. 한편 1899년 3월에 촬영된 '아펜젤러 사진첩'에는 미국 공사관 좌측에 'new royal library'라고 명명된 서양식 건축물이 들어서있는데, 이 건물이 고종의 도서관 용도로 지어진 수옥헌漱玉軒이었다. 그러나 사진 속 건물은 현존하는 중명전과 상당한 차이가 있다고 판단된다. 1901년 11월 16일 수옥헌에 화재가 발생했다는 기록이 있어, 현재의 중명전은 화재 이후 신축된 건물로 추정한다. 수옥헌 대신 중명전이라는 새로운 이름이 사용되기 시작한 것은 1906년 이후의 일이다. 1904년 경운궁 화재로 전각들이 불에 타자 고종은 수옥헌으로 거처를 옮겼고, 1907년 강제 퇴위 후 덕수궁으로 들어가기 전까지 이곳에 머물렀다. 고종이 수옥헌에 머무르는 동안 이 건물은 고종의 외국인 접견 및 연회 장소로 사용되었다.

　수옥헌에서 발생한 역사적으로 가장 중요한 사건은 1905년 11월 17일의 을사늑약乙巳勒約 체결이다. 당시 특파대사 자격으로 한국에 온 이토 히로부미는 고종과 대한제국 정부 대신들의 반대로 한일협약안

이 받아들여지지 않자, 경운궁과 수옥헌 주변에 무장한 일본 군대를 배치하여 공포 분위기를 조성한 가운데 찬성하는 대신만을 따로 모아 조약을 체결한다. 수옥헌은 대한제국이 일본에 외교권을 빼앗기고 사실상 일본의 식민지 상태가 되는 뼈아픈 역사의 현장이 되고 말았다. 이에 고종은 을사늑약이 자신의 뜻에 반해 일본의 강압으로 이루어진 것임을 폭로하고 이를 파기하고자 1907년 네덜란드 헤이그에서 소집된 제2회 만국평화회의에 이상설 등 특사를 파견하였다. 고종이 이상설 등을 만난 곳도 이곳 중명전이었다.

5 1925년 화재 이전의 중명전.
6 중명전의 최근 모습.

고종이 떠난 뒤 중명전은 1915년 정동구락부Seoul Union에 임대되어 서양인의 클럽으로 사용되었다. 그러던 중 1925년 3월 12일 발생한 화재로 벽체만 남고 건물 대부분은 소실되어버렸다. 이후 복구되는 과정에서 많은 부분이 변형되었다. 1963년 이방자 여사와 함께 영구 귀국한 영친왕은 1974년까지 이곳에 머물렀다. 1977년 4월 개인 소유가 되었다가 1983년 11월 11일 서울특별시 유형문화재 53호로 지정되었으나 그간 방치되었다. 2006월 9월 문화재청으로 소유권이 이전되었고 2007년 2월에서야 사적 124호로 덕수궁에 포함되었다. 현재는 복원 공사 중이다.

중명전은 지상 2층, 지하 1층 규모의 벽돌조 건축물로, 목조 왕대공 트러스 구조의 모임지붕 형태다. 건립 초기 사진을 보면 주출입구 위에는 사각기둥으로 지지되는 경사 지붕의 캐노피가 설치되었으나 현재는 다른 모습을 하고 있다. 1층에는 좌우로 넓은 아치창을 3개씩 설치하여 아치가 연속된 입면을 형성하고 있다. 초기에는 완전한 형태의 아치창이었으나 1925년 화재 후 복구하면서 아치 부분을 벽돌로 막았으리라 추정된다. 1층과 2층 사이에는 돌림띠를 둘렀고, 2층에는 1층 창문 절반 정도 폭의 아치창을 배열했다. 지붕 중앙에는 지붕창 Dormer window을 설치하였다. 건물의 좌우측면과 배면에도, 창문 배열의 차이는 있으나 정면에서 사용된 것과 동일한 형식의 아치창과 지붕창이 사용되었다. 전체적으로 서양 고전주의 양식을 단순하고 간결한 형태로 처리한 건축물이었다.

중명전 영역에는 또 하나의 근대건축물인 환벽정環碧亭이 중명전과 러시아 공사관 사이에 위치해있었다. 이 건물에 대한 자료는 거의 남아있지 않으나, 수옥헌과 유사한 시기에 조금 더 작은 규모로 지어졌으며 러시아 공사관을 정면으로 바라보고 선 서향 건물로 추정된다. 북쪽은 선원전璿源殿 영역에 인접하고 서쪽은 러시아 공사관, 동쪽은 미국 공사관에 인접해있었다. 남쪽으로는 수풍당綏風堂과 흠문각欽文閣이 있었다. 순종이 왕세자 시절 거처로 사용하였고, 왕세자 이은이 1907년 12월 5일 일본으로 끌려가기 전 살았던 곳으로 알려져있다. 순종이 창덕궁으로 옮긴 뒤인 1910년대에 중명전 영역이 부분적으로 매각되고 해체되면서 환벽정도 사라진 것으로 추측된다.

정관헌 靜觀軒

정관헌은 고종황제가 다과를 들고 음악을 감상하며 휴식을 취하던 건물로 알려져있다. 정관헌이라는 이름에서도 드러나듯이, 고종황제가 현실 정치의 번잡스러움을 잠시 잊고 조용히 세상을 관조하며 사색을 즐기기 위한 목적으로 지은 건물로 보인다. 1901년 2월 선원전에 있던 태조 영정을 정관헌에 봉안했다는 기록이 있는 것으로 보아, 정관헌은 대한제국의 정궁으로서 위엄을 더할 경운궁 공사가 한창이던 1900년을 전후해 지어진 듯하다. 태조의 영정을 모시고 있는 동안 정관헌의 이름은 잠시 경운당慶運堂으로 변경되었다. 그러나 본래 용도가 휴게용 건물이었던 만큼 이곳에서 공식적인 국가 행사를 여는 일은 없었고, 황제와 황태자의 영정을 그리는 일 등 황실의 사적인 목적으로 사용했다.

1964년에는 덕수궁이 야간에도 문을 열면서 일반 시민을 위한 휴게 공간으로 거듭났고 차를 마시는 공간(喫茶室)으로 사용되었다. 정관헌은 2004년 2월 4일 등록문화재 제82호로 등록되었다가 사적 제124호로 관리되던 덕수궁과 이중 관리되는 문제점을 시정하는 과정에서 덕수궁에 포함되었다.

덕수궁 영역의 중심부에서 약간 우측으로 북쪽 경계에 면하여있는 정관헌은 뒤쪽 덕수궁 담장 너머 대한성공회 서울주교좌성당과 인접해있다. 앞쪽으로는 덕홍전德弘殿과 함녕전咸寧殿 사이에 단차가 있는 화단과 수목에 둘러싸여 조용한 별도의 영역을 형성한다. 정관헌이 지어진 초기에는 더욱 많은 건물이 정관헌을 둘러싸고 있었다. 현재 덕홍전 위치에는 경효전景孝殿이 있있고, 경효전과 정관헌 사이에는 숙옹제肅邕齊와 함유제咸有齊가 있었다. 1930년대 덕수궁이 공원으로 개방되는 과정에서 함유제 등이 헐려 사라지면서 현재와 같은 공간구성이

7 정관헌의 최근 모습.
8 1930년대 이전의 정관헌.

이루어졌다.

정관헌은 단층의 팔작지붕 건물로 벽돌조의 벽체와 인조석 기둥이 주된 구조체다. 정면과 좌우측면에 차양 칸처럼 설치된 바깥쪽 공간은 목조 기둥으로 지지된다. 지붕은 목조 왕대공 트러스 구조로, 현재는 방수 시트 위에 아스팔트 싱글로 마감되었다. 화강석 장대석으로 기단을 쌓고 정면 중앙에는 계단을 설치하여 주출입구를 만들었다. 바깥쪽 목조 기둥은 홈fluting을 파놓은 원기둥으로, 주두는 대한제국의 상징인 이화梨花를 새긴 복합 주두 형식이다. 주두 위쪽에 다시 꽃병을 새긴 사각기둥을 올려 지붕을 지지하고 있다. 주각 사이에는 철제 주물로 소나무와 사슴, 박쥐 등의 모양을 만든 난간을 설치하였고, 주두 상부의 사각기둥 사이에도 나무판을 투각하여 다양한 식물과 박쥐 등의 문양을 새겨 화려하게 장식하였다. 좌우측면도 정면과 동일한 수법으로 입면을 구성하였다. 반면 배면은 차양 칸 없이 조적 벽체로 처리하였고, 중앙에는 출입문과 폭이 좁은 아치창을 설치하였다.

정면과 측면 안쪽에 세운 인조석 기둥은 투박하고 육중해 보이는 로마네스크식 기둥으로, 사각형 주초 위에 원기둥을 세우고 사각형의 주두를 올린 형태다. 주두 위에 상인방上引枋을 얹고 그 위에 벽돌을 내쌓기 하여 수평 돌림띠를 만든 후 지붕을 얹었다. 차양 칸과 인조석 기둥으로 인하여 정관헌은 정면과 좌우측을 향해 열린 개방된 공간으로 구성되었다. 다만 배면 쪽으로는 벽돌 벽으로 막힌 부속 공간이 형성되어있다. 그러나 현재 이러한 정관헌의 공간구성이 변형된 것일지도 모른다는 가능성이 제기되고 있다. 정관헌을 1930년대 이전에 촬영한 것으로 보이는 사진을 보면 내부에 인조석 기둥이 없고 이 부분이 조적 벽체로 구성되어있다. 따라서 이 사진에 근거한다면 초기의 정관헌은 4면이 모두 조적 벽체로 구성되었고, 그 위에 팔작지붕을 얹어 정면과 양측면에 차양 칸을 덧붙인 형태였을 것으로 추정된다.

구성헌九成軒과 돈덕전惇德殿

구성헌은 현재의 석조전 바로 뒤쪽에 있었던 근대건축물로, 돈덕전이 건립되기 전까지 세관으로 사용되었고 돈덕전 건립 후에는 고종의 외

9 구성헌.

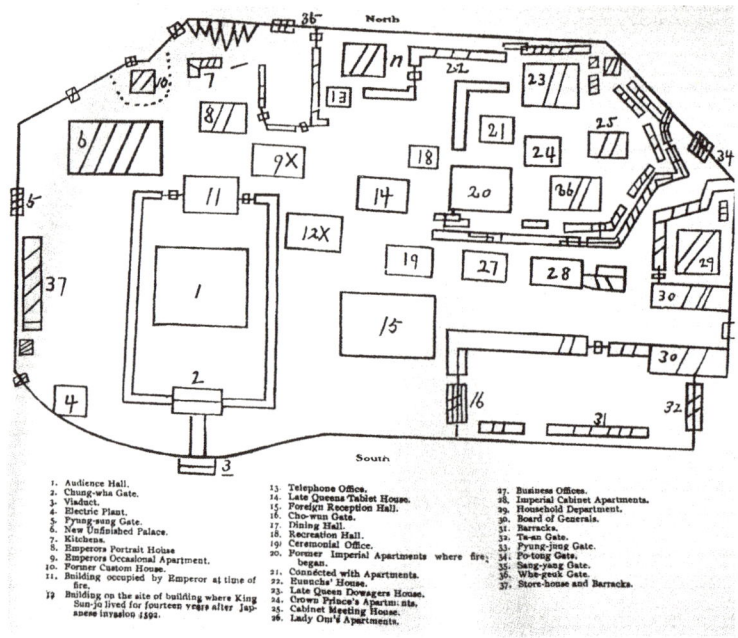

10 경운궁 배치도(1904년).

국 사신 접견 장소로 이용된 것으로 추정된다. 《아펜젤러 사진첩》 속 사진에 영국 영사관 및 미국 영사관과 함께 측면 일부가 노출되어있고, 'custom bldg'라는 주기가 붙어있는 것으로 보아, 세관 건물로 사용되었고 수옥헌과 유사한 시기에 건립되었을 것이라 짐작된다. 이러한 측면에서 본다면 1904년 경운궁 배치도에 'Former Custom House'라고 표현된 10번 건물이 구성헌인 것으로 판단된다. 'New Unfinished Palace'라고 표현된 6번 건물을 구성헌이라고 본 기존 추정보다는, 10번 건물을 구성헌으로 보고 6번 건물은 당시 공사 중이었던 석조전이라고 보는 편이 타당할 것이다. 구성헌은 석조전 공사가 한창이던 1900년대 후반에 석조전 부지에 편입되면서 헐린 것으로 보인다.

담장으로 둘러싸인 별도의 영역 안에 자리 잡았던 구성헌은 우측의 회극문會極門을 통해 준명당浚明堂 뒤쪽 영역으로 연결되고, 좌측의 집

11 중화전 뒤쪽의 구성헌.

하문(蝦門)을 통해 경운궁 밖으로 나가면 북쪽의 돈덕전 영역과 영국 영사관 영역으로 연결되는 위치였다. 현재까지 발굴된 구성헌 관련 자료는 거의 없다. 1904년 화재 이전의 중화전을 찍은 흐릿한 사진을 통해 전체적인 윤곽만을 짐작할 뿐이다. 규모는 크지 않으나 벽돌조 2층 구조에 박공지붕으로 판단된다. 전면으로 1층과 2층에 반원 아치가 연속된 아케이드 및 난간이 있는 베란다 형식의 건물이었을 것이다. 위에서 언급한 《아펜젤러 사진첩》을 보면 측면 역시 정면과 동일한 아케이드 형식이었다.

구성헌의 북서쪽으로는 미국 영사관과 영국 영사관 사이에 돈덕전 영역이 형성되어있었다. 북쪽으로 선원전 영역과 연결되었고 남쪽으로는 미국 영사관과 경운궁 담장 사이로 도로가 이어져있었다. 이 지역은 알렌이 1897년에 작성한 〈정동 조계지 안내도〉에 'Korean Customs Compound'라고 명명되어있고, 1901년 경운궁 주변 지도에는 'Customs'라고 표기한 것으로 보아 이곳이 세관 기지였음을 알 수 있다. 따라서 돈덕전은 세관 기지 용도로 지어진 건축물로 추정된다.

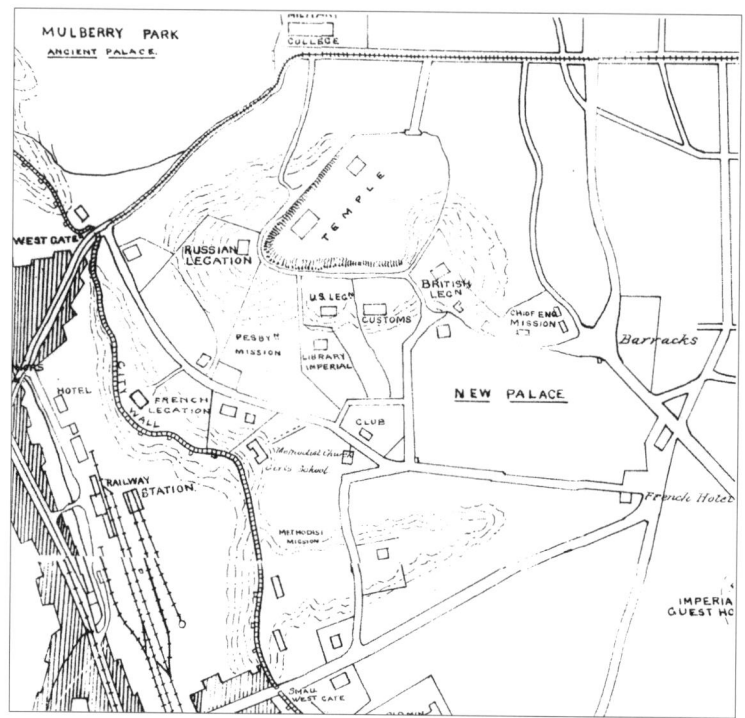

12 1901년의 경운궁 주변 지도.

1899년 3월에 촬영된 사진에는 나타나지 않고 1904년 화재 시에는 피해를 입지 않았다는 기록으로 보아 1904년 이전에 신축된 듯하다.

돈덕전이 세관 용도로 사용된 기간은 그리 길지 않았고, 주로 고종과 관련된 행사에 이용되었다. 가장 중요한 행사는 1907년 8월 27일에 있었던 순종황제의 즉위식이었다. 고종의 양위로 황제에 오르게 된 순종은 돈덕전에서 즉위식을 거행하고 융희隆熙 연호를 선포한다. 이후 1912년 고종이 돈덕전에서 신년 하례를 받고 활동사진을 관람했으며, 1913년과 1915년에는 고종의 탄신일 행사를 돈덕전에서 개최하였다는 기록이 있다. 주로 고종황제가 사용하였던 돈덕전은 1922년 신문로와 선원전 구역을 관통하는 도로가 개설된 이후 1920년대 중후반 사이에 헐렸다.

　돈덕전은 벽돌조 2층 건물로 경사가 급한 모임지붕으로 처리되었고, 측면에 뾰족한 원추형의 탑Turret을 올린 것이 특징적이다. 경사진 지붕에는 지붕창을 설치하였다. 1층과 2층 모두 벽돌 기둥 사이에 아치를 올려 아케이드를 만들었다. 벽돌 기둥과 기둥 사이 난간에도 대한제국 황실의 상징인 배꽃 문양을 장식하여 시각적으로 두드러지는 효과를 주었다. 전체적으로 구성헌과 유사한 베란다 스타일의 건축물이지만 구성헌에 비해 상당히 큰 규모의 남향 건축물이었다. 돈덕전에 대한 자료도 많지 않으나 사진이 몇 장 남아있다. 그중 대표적인 것이 돈덕전 2층 베란다에 앉아있는 고종황제의 사진으로, 이는 한때 아관파천시 러시아 공사관에 머무르고 있는 고종 황제를 찍은 사진이라고 잘못 알려지기도 했다.

13, 14 돈덕전 전경과 2층 베란다에 고종황제가 앉은 모습.

건축가 사바틴

1900년을 전후한 시기 경운궁에 들어섰던 서양식 건축물을 설계한 건축가는 당시 대한제국에 체류중이던 러시아인 건축가 사바틴이다. 1860년경 러시아에서 출생한 것으로 알려진 사바틴은 1883년 서울에 왔다. 이때부터 그는 러일전쟁으로 러시아인이 대한제국에서 철수할 때까지 약 20년 이상 우리나라에 머무른다. 사바틴은 1885년에 준공된 러시아 공사관 설계를 담당하면서 건축가로서 처음 알려졌다. 이 건물은 당시 제정 러시아의 고전주의 양식으로 지어진 벽돌조 단층 건물로, 3층 높이의 탑과 함께 정면과 측면에 설치된 아케이드가 두드러진 것이 특징이었다.

사바틴은 고종 32년(1895) 8월 20일(양력 10월 8일) 명성황후가 시해된 사건인 을미사변을 직접 목격한다. 그리고 이듬해 고종은 러시아 공사관으로 거처를 옮긴다. 고종이 러시아와 밀접한 관계를 갖게 되면서 사바틴은 경운궁에 지어진 많은 양관洋館 건축에 직접적으로 관여한다. 앞에서 살펴보았던 것과 같은 왕실 건축물 신축뿐만 아니라 1897년에 세워진 독립문, 1903년에 지어진 손탁호텔 등에도 참여하였다. 러시아 예술학자 크라세이 느이쉬코프 아 에프가 김정동 교수에게 보낸 사바틴에 대한 글을 보면, 1883년 중국 상하이에 있었던 사바틴은 유럽식 정주지 설계와 관청 건물의 건축을 위해 조선 국왕으로부터 초빙되었다고 기록되어있다. 당시 고종은 독일인 총세무사 묄렌도르프(Paul Georg von Möllendorff, 穆麟德)를 통해 사바틴을 알게 되었을 것으로 추측된다. 근대 초기 사바틴만큼 우리 황실 근대건축물에 직접적으로 참여한 외국인 건축가는 없었다.

석조전石造殿

대한제국 시기 경운궁에 지어진 근대건축물 가운데 가장 큰 규모인 석조전은 서양식 궁궐 건축물로 준명당 좌측과 구성헌 남측의 공지에 들어섰다. 좌측으로 덕수궁 담장에, 담장 너머로 미국 영사관에 인접해 있었다. 석조전은 거의 정남향으로 배치되어 정전인 중화전과는 다른 축을 형성하였다. 신축 공사 중 구성헌과 집하문이 석조전 부지에 흡수되면서 헐렸고, 건축물 완공 후 정원 공사 과정에서 중화전 행각이 헐려나갔다. 석조전 건축은 1900년경 당시 대한제국 정부에 고용되어 있던 영국인 총세무사 브라운(Sir. John McLeavy Brown, 白卓安)이 발의한 것으로 전해진다. 설계자는 영국인 하딩J.R. Harding이었다. 시공은 일본의 오쿠라구미大倉組가 했으며, 심의석沈宜錫, 사바틴, 일본인 오가와小川陽吉, 영국인 데이비슨H.W. Davidson 등이 공사를 감독했다. 건물 내부 설계는 영국인 로벨Lovell이, 공사는 영국의 크리톨Crittall과 메이플Maple 사가 맡아서 하였다. 융희 3년(1909)에 완공되었다는 기록과 1910년 12월 이후에 완공되었다는 기록이 있어 완공 시기는 정확하지 않고, 완공 이후에도 계속된 정원 공사는 1913년에 끝났다.

완공 후 석조전은 고종이 외국인을 접견하는 장소로 이용되었다. 1913년 순종이 석조전에서 종친 및 고관을 접견했다는 기록이 남아있다. 1917년에는 고종 탄신일 행사가 치러졌으며 1918년 1월 13일에는 왕세자 귀국 축하 만찬회가 열렸다. 1919년 고종이 승하한 뒤 일제강점기 후반기에는 주로 미술관 용도로 사용된다. 1931년 10월 1일 미술관으로 개조해 처음 일본 미술품 전시회가 개최되었고, 1933년 10월에는 석조전미술관으로 개관하였다. 1938년 서관이 준공되면서 함께 이왕가미술관이 되었다. 광복 직후에는 임시정부가 임시정무처로 사용했다는 기록이 있으며, 1946년 3월 20일에는 제1차 미소공동위원회가 개최되었다. 1948년에는 유엔한국임시위원단이 이곳에서 회의를 열고 활동을 시작하였다. 한국전쟁 중에는 맥아더가 잠시 본부를 둔 적도 있다. 한국전쟁 후에는 국립중앙박물관으로 사용되다가 1973년 국립현대미술관이 되었고, 1992년부터 2004년까지 궁중유물전시관으로 사용되었다. 2004년 2월 4일 등록문화재 제80호로 등록되었다가 다시 등록이 말소되어 사적 제124호 덕수궁에 포함되었다.

　석조전은 1개 층 높이의 기단부를 포함하면 지상 3층 규모의 석조 건축물로, 우리나라에 지어진 근대건축물 가운데 서양 고전주의 건축양식이 가장 온전히 구현된 건축물이다. 기단부는 석재를 거칠게 마감Rustication하였고, 정면 중앙에 높은 계단과 박공면Pediment이 돌출된 열주가 있는 현관Portico을 두었다. 현관에는 이오니아식 원기둥을 사용하였고 좌우측에는 이오니아식 사각기둥을 사용하여 위계를 두었다. 정면 중앙의 박공면에는 배꽃 문양을 새겨 황실 건축물임을 나타냈으며 정면 좌우측과 건물의 좌우측면에 베란다를 두었다. 이오니아식 주두와 코니스의 덴틸 장식 등이 섬세한 편으로, 옥상 난간에는 꽃병 모양을 돌로 조각하여 올렸다. 건물의 좌우측에도 별도의 출입구를 두었고 정면과 동일하게 박공면을 돌출시켜 구성하였다.

　기단부에 해당하는 1층 부분은 시중인의 거실로 꾸몄고, 2층은 황제의 접견실과 홀, 3층은 황제와 황후의 침실 및 거실, 욕실, 담화실 등으로 구성되었으며 로코코 풍으로 장식되었다. 전형적인 유럽 상류층

15, 16 석조전 전경과 주출입구의 모습.

주거 건축 구성임을 알 수 있다. 이후 미술관으로 개조되면서 2층 공간은 3층까지 개방된 중앙 홀을 중심으로 가로 방향의 복도를 형성하여 전면 좌우에 전시실을 두었고, 복도 건너편 건물의 뒤쪽으로 각 실을 배치하였다. 3층으로 연결되는 계단은 복도의 양쪽 좌우에 두었다. 3층 역시 2층 홀의 상부 개방 공간을 제외하고 복도를 두어 건물의 앞쪽과 뒤쪽이 구분되는 공간구성을 나타내고 있다. 석조전 앞의 정원은 건물과 동일하게 서양식 정원 설계 개념에 따라 조성되었다. 전체적으로 유럽 신고전주의 건축양식과 동남아의 유럽 식민지에서 형성된 베란다 양식이 결합된 형식의 건축물이다.

이왕가미술관 및 기타 근대건축물

현재 덕수궁미술관으로 사용되면서 석조전 서관으로 불리는 이 건물은 이왕가미술관으로 1938년 완공되었다. 1936년 이왕직에서 석조전에 잇대어 건물을 짓고 창경궁박물관의 소장품을 옮겨 오기로 결정하면서 시작된 이 건물은, 일제강점기 한국에서 많은 건축물을 설계한 일본인 건축가 나카무라 요시헤이中村與資平가 설계하였다. 1938년 6월 석조전과 합쳐 이왕가미술관으로 개관하였고, 그해 9월 건물 앞쪽에 분수대가 만들어졌다. 덕수궁 담장을 등지고 석조전 앞 정원을 향해 동향으로 지어졌다. 1986년까지 석조전과 함께 국립현대미술관 등으로 쓰이다가 이후 문화재관리국, 한국문화예술진흥원, 국립국어연구원 등으로 사용되었고, 1998년 12월 1일 국립현대미술관 분관 덕수궁미술관으로 개관하여 현재에 이르고 있다. 2004년 2월 4일 등록문화재 제81호로 등록되었다가 사적 124호 덕수궁에 포함되었다.

석조전과 유사하게 1층의 기단부는 석재를 거칠게 마감하여 처리

17 이왕가미술관의 초기 모습.

하였고, 높은 계단을 두어 주출입구를 만들고 6개의 코린트 오더 원기둥을 배열하였다. 기단부와 기단 윗부분 모두 동일한 크기의 수직 창을 동일한 위치에 반복시키는 매우 단순한 입면 구성이다. 건축물 상단부에는 수평의 돌림띠를 둘렀다. 1층은 사무실 및 관리실이며, 2층은 중앙에 홀을 두고 좌우로 관람실을 배치하였다. 홀 양측으로 3층으로 올라가는 계단을 배치하였고 배면 쪽에 귀빈실과 계단을 두었다. 우측 단부는 계단과 함께 3층에서 석조전과 연결되고, 좌측 단부에는 2층과 3층 모두 휴게실을 설치하였다.

이들 건축물 외에도 경운궁에는 더 많은 근대건축물이 있었던 것으로 보인다. 경운궁의 정문이었던 대안문 大安門 우측에는 군사용 건물인 원수부 元帥府 가 있었다. 벽돌조 2층의 박공지붕 건물로 1904년 경운궁 지도에는 'Board of Generals'라고 표기되어있다. 용도에 걸맞게 단순하고 간결하게 처리된 이 건물은 도로 확장 과정에서 헐린 것으로 보인다.

18 이왕가미술관(현재 덕수궁미술관) 주출입구.

19 대안문 우측에 보이는 원수부.
20 고종황제 인산因山 행렬.

또한 1919년 고종황제 장례식 당시 모습을 찍은 사진을 보면 대한문大漢門과 포덕문布德門 뒤쪽에 서양식 건축물로 판단되는 건물이 상당수 늘어서 있는 것을 어렴풋이 확인할 수 있다. 그러나 이들 건축물에 대한 명확한 자료가 없어, 덕수궁 내에 어떤 근대건축물이 있었는지 그 전모는 확인할 수 없다.

창경궁

창경궁昌慶宮은 근대기를 거치면서 가장 심하게 훼손된 궁궐이다. 통감부가 설치된 이후 1907년부터 궁궐에 박물관이나 동·식물원 등의 시설을 설치하여 공원으로 조성하려는 논의가 있었다고 한다. 궁궐 가운데 가장 먼저 이러한 시설물이 들어서기 시작한 곳이 창경궁이다. 순종이 즉위하면서 경운궁에서 창덕궁으로 이어한 후 창경궁에는 본격적으로 근대건축물이 들어서기 시작하였다. 일제는 남북으로 긴 창경궁 영역의 북쪽에는 식물원, 남쪽에는 동물원, 중심 영역에는 박물관 건립을 계획한다. 남쪽 영역인 선인문宣仁門 안에 동물원을 세우고, 옛 권농장勸農場이던 내농포內農圃 일대에 일본식으로 못을 파 물고기를 기르고 연蓮을 심어 춘당지春塘池를 크게 왜곡하는 등 궁궐 전체를 공원화한다.

창덕궁과 더불어 동궐을 형성하는 창경궁은 국왕이 창덕궁에 머무르는 동안 산책을 하거나 접견하는 공간으로 활용되어왔다. 따라서 순종의 창덕궁 이어를 대비한 창경궁 수리는 필요했다. 일제는 이러한 필요성을 악용하여 황제를 위한 위락 시설을 설치한다는 명분으로 창경궁에 동식물을 기르는 사육 시설을 설치했다. 경술국치 이후에는 이러한 행위가 더욱 노골화되어 명정전明政殿 남북 행각 외에 궐내의 행각, 월랑, 궁장과 내전의 많은 부속 건물들이 헐리고 사라졌다. 장서각藏書閣과 수정水亭 등의 일본식 건물이 세워졌고 시민당時敏堂 옛터에는 표본실이 들어섰으며, 1911년에는 궁궐의 이름을 아예 창경원昌慶苑으로 바꾸어버렸다. 1924년부터는 밤 벚꽃 구경을 위해 야간에도 공개되었다. 이로써 창경궁은 일제강점기 동안 최대의 행락지로 변해버렸고, 광복 이후에도 시민들의 유원지로 이용되었다. 1977년에는 남서울대공원을 건립키로 하고 창경원의 동물을 이전할 계획을 세워 1983년 7월부터 동·식물원의 공개 관람이 금지되었고, 같은 해 12월 비로소 창경궁으로 환원되었다.

대온실

창경궁에 식물원이 조성되면서 식물 재배를 위한 대온실은 1909년 11월에 완공되었다. 명정전 중심의 창경궁 영역에서 북쪽으로 대춘당지와 소춘당지를 지난 곳에 남동향으로 자리 잡고 있다. 서쪽으로는 창덕궁 후원의 애련정愛蓮亭, 연경당演慶堂, 춘당대春塘臺 등이 인접해있

21, 22 대온실의 옛 모습과 현재 모습.

23 대온실 내부.

다. 최초 건립 당시에는 대온실 뒤쪽으로 2동의 돔형 온실이 더 있었으나 지금은 철거되고 없다. 1983년 12월 창경궁 중수 공사를 계기로, 현재 한국 자생란을 중심으로 한 자생식물 등 총 766점을 전시하고 있다. 2004년 2월 6일 등록문화재 제83호로 등록하여 관리 중이다.

대온실 설계는 일본인 후쿠바 하야토福羽逸人가, 시공은 프랑스 회사에서 시행하였다. 대온실이 실제 지어지기까지는 일본인의 설계보다 시공을 담당한 프랑스 회사에 의해 주도되었으리라 추정된다. 전 세계의 진기한 식물을 자국에서 기르고 감상하기 위한 근대적 시설물로서의 온실 건축은 영국 등 유럽 국가에서 꾸준히 발달해왔고, 이는 농학과 식물학 발달의 근거가 되었다. 우리나라의 대온실 역시 이러한 근대 온실 건축의 역사를 공유하고 있으며, 식물학과 원예학 등이 발달하는 시발점이 되었다.

대온실은 정면 33미터, 측면 14.65미터, 높이 10.5미터 규모의 목구조와 주철구조가 동시에 사용된 독특한 구조 방식의 건물이다. 최대한 많은 태양광을 받기 위해 두께를 최소화한 창살과 구조체가 만들어내는 섬세한 세부 표현이 특징적이다. 목재 창호는 부분적으로 이슬람 건축의 요소인 뾰족한 오지Ogee 아치가 도입된 것으로 보인다. 지붕 꼭대기의 용마루는 연속하는 배꽃 문양으로 장식했고, 동서 방향의 긴 십자가 모양 평면으로 정면 중앙에 박공지붕 형태의 현관을 돌출시켰다. 내부 공간의 높은 중앙 부분은 고전적인 형식의 주철제 기둥이 지지하고 있다. 기둥 위쪽에 트러스Truss로 지붕 구조체를 형성하고, 기둥 사이에는 난간을 만들어 통로를 구분했으며, 창문의 개폐를 위한 작은 기계 장치를 설치했다. 대온실 앞 화단에는 대온실과 조화를 이루도록 좌우 대칭으로 회양목을 심어져, 근대기에 도입된 서양식 조경 특성을 보여준다. 2004년 화단을 포함한 대온실 주변 조경 정비 공사가 있었다.

장서각藏書閣

장서각은 명정전의 북서쪽 통명전通明殿과 양화당養和堂 뒤쪽 언덕에 지어졌던 건물로, 원래 이 자리에는 정조가 어머니 혜경궁 홍씨를 위해 지은 자경전慈慶殿이 있었다. 자경전은 1873년 12월 10일 화재로 소실되었다. 장서각은 1911년 9월 박물관 용도로 건립된 것으로 추정된다. 건립 초기에는 창경궁박물관으로 사용되었고 후에 이왕가박물관이 되었다. 1938년 덕수궁에 이왕가미술관이 개관하자 유물을 그곳으로 이관하고 황실 도서를 관리하던 장서각으로 사용되다가 1992년 12월 철거되었다.

벽돌조 2층 건물인 장서각은 전체적으로 3동의 건축물을 연결시켜놓은 듯한 형태로 분절된 건물이다. 동일한 형태로 중앙부에 있는 건물이 가장 크고 그 좌우 건물은 규모가 조금 작다. 중앙 부분의 지붕은 일본 전통 성곽 건축에서 찾아볼 수 있는 4면으로 팔작의 박공면 형태다. 지붕의 중심에는 새 형상을 조각하여 올려놓았다. 좌우측 부분은 모임지붕의 형태를 띤다. 양화당과 영춘헌 사이 경사진 언덕에 설치된 높은 계단으로 연결되는 중앙 부분의 주출입구는 일본식 맞배지붕의 현관이 돌출되어있다. 외벽은 벽돌을 쌓았고 수직으로 긴 창을 배열하였다.

24, 25 장서각.

명정전의 좌측 문정전文政殿 뒤쪽에도 서양식 건축물이 있었다. 건립 시기 및 기능이 장서각과 명확하게 구분되지는 않는다. 창경궁에는 1911년과 1915년에 박물관과 장서각이 각각 건립되었다고 기록되어 있으나 어떤 건축물을 지칭하는지 정확하지 않다. 일제강점기 사진 자료에서 위의 건축물이 박물관으로 지칭되고, 후에 장서각으로 불렸다는 점을 감안하면, 이 건물이 원래 장서각이라는 이름으로 지어졌던 건물이라는 추정도 가능하다. 이 건물의 정확한 규모 등을 알 수는 없

26 창경궁의 정전인 명정전(오른쪽)과 문정전(왼쪽) 너머로 서양식 근대건축물이 보인다.

으나, 사진으로 보면 2층 정도 규모의 벽돌조 건축물이었을 것으로 추정된다.

경복궁

1895년의 을미사변과 아관파천 이후 공식적인 용도로는 사용되지 않았던 조선왕조의 정궁 경복궁景福宮은 1912년 총독부 소관이 되었다. 그리고 이곳에 근대건축물이 들어서기 시작한 것은 1915년 9월 11일부터 10월 31일까지 50일 동안 개최된 '시정 오년 기념 조선물산공진회施政五年記念朝鮮物産共進會'를 치르면서부터다. 각종 진열관 등을 신축하면서 정전과 편전, 침전 일곽을 제외한 거의 모든 전각이 철거되었고, 공사 편의를 위해 궁성 동쪽 건춘문建春門에서 서쪽 영추문迎秋門에 이르는 횡단 도로가 개설되기도 하였다. 총 약 4000여 칸의 건물을 헐어내고 5200여 평의 대지에 18개소의 진열관을 신축하였다. 정원에는 전국 각지에서 옮겨온 석탑과 부도, 불상 등을 배열하였다. 이때 지어진 1호 진열관의 위치가 조선총독부 청사 자리가 된다.

공진회를 위해 건립하였던 미술품 진열관은 이후 총독부박물관으로 사용되었다. 일제는 공진회가 끝나자 1916년부터 곧바로 조선총독부 신청사 건립 공사를 시작한다. 결국 1926년 광화문光化門에서 근정문勤政門 사이에 있던 흥례문興禮門 및 그 좌우 행각과 유화문維和門, 용성문用成門, 협생문協生門, 영제교 등이 있었던 근정문 앞 3만여 평 부지에 식민지 지배 권력의 상징인 조선총독부 청사를 완공하였다. 또한 1923년 10월 5일에서 10월 24일까지는 근정전 뒤쪽에서 '조선부업품공진회'를, 1929년 9월 12일부터 10월 31일까지는 '시정 20년 기념 조선박람회'를 개최하였다. 그리고 1935년에는 건청궁乾淸宮을 헐어내고 그 자리에 '대한제국 병탄 25주년 기념 박람회장'을 세웠다. 1939년에는 신무문神武門 밖 경복궁 후원에 총독 관저를 신축하였고, 같은 해 건천궁터에 총독부미술관을 지었다.

일제가 유독 경복궁에서만 5년 단위로 조선총독부의 식민 통치를 기념하고 미화하는 박람회를 지속적으로 개최한 데는, 경복궁이 조선왕조의 정궁으로서 갖는 위계성과 상징성을 훼손하고자 하는 의도가 있었다. 또한 식민지 권력의 상징이었던 조선총독부 청사와 함께 박물관과 미술관을 지어 고적 조사 사업으로 수집한 유물을 전시하면서 역사 왜곡과 식민사관 이식을 위한 그릇된 이념 교육의 장으로 경복궁을 변모시키고자 하였던 것이다.

27, 28 총독부박물관.

총독부박물관

총독부박물관은 시정 5년 기념 조선물산공진회가 끝난 후인 1915년 12월 1일 개관하였고, 1916년부터 고적 조사 사업을 주관하였다. 조선총독부가 전폭적으로 지원했던 이 사업은 평양 낙랑 유적과 임나일본부설任那日本府說과 관련된 신라와 가야 지역의 발굴에 집중되었다고 한다. 총독부박물관에는 각종 고적 조사로 발굴한 수집품과 유물의 국고 귀속품, 사찰의 미술품 등을 전시하였다. 광복 이후에는 전승공예품 상설전시관과 학술원 등으로 사용되었고 1995년 조선총독부 청사와 함께 철거되었다.

총독부박물관이 지어진 위치는 근정전 좌측 영역으로 원래 흥선대원군이 중건한 경복궁의 동궁 지역에 해당한다. 본디 이곳에는 중심 건물로서 세자와 세자비의 생활공간인 자선당資善堂, 세자가 신하들과 나랏일을 의논하는 비현각丕顯閣이 있었고 그 주변에 세자의 교육을 담당하였던 세자시강원世子侍講院, 세자 호위 임무를 맡았던 세자익위사世子翊衛司가 있었다. 이중 자선당은 일본인 오쿠라 기하치로大倉喜八郎에게 팔려가 일본에서 '조선관'이라는 사설 박물관으로 사용되다가

1923년 간토대지진 때 불타 없어졌다. 이후 자선당의 주춧돌이 오쿠라 호텔 구내 정원에 남아있는 것을 1993년 목원대 김정동 교수가 발견하고 부단한 반환 노력 끝에 1995년 12월 28일 마침내 경복궁으로 돌아오게 되었다.

총독부박물관은 벽돌조 2층 건물로 서양 고전주의 건축양식에 따라 지어졌다. 정면 중앙을 돌출시켜 주출입구를 형성하였고 코린트식 오더의 원기둥 2개를 하나의 단위로 반복시켰다. 튀어나온 현관의 양쪽 모서리는 육중하게 처리하였고 곡선의 벽감niche을 파서 벽체의 육중함을 감소했다. 모서리 벽체와 6개의 코린트 오더 위쪽에는 고전주의 건축 오더 형식에 따라 엔태블러처Entablature를 형성한다. 대칭을 이룬 좌우측은 기단 위에 사각 벽기둥 형식으로 단순화된 기둥 사이에 수직의 긴 창을 설치하였다. 좌우측 부분 모서리도 상대적으로 육중하게 처리하였고 벽기둥 위로 엔태블러처를 형성하였으며 그 위쪽에는 낮은 옥상 난간을 두었다. 좌우측을 중앙에 비해 낮게 처리하여 위계성을 강조하였으며 좌우측의 입면은 정면 좌우측의 입면과 같은 형태가 반복된다. 주출입구에서 연결되는 중앙 홀 좌우와 2층에 전시장을 두었다. 건물의 앞쪽과 뒤쪽으로는 넓은 서양식 정원이 있다.

조선총독부 청사

조선총독부 청사는 연면적 9619평의 5층 건축물로, 규모뿐만 아니라 일제강점기 전체를 상징한다는 측면에도 광복 이전 한국 근대건축사를 대표하는 건축물이었다. 독일인 건축가 게오르크 데 랄란데Georg de Lalande가 초기 단계에서 설계를 진행하였다. 그가 죽은 후에는 일본인 건축가 노무라野村一郎 등에 의해 설계가 완성되었고 일본 건설회사인

29 조선총독부.

오쿠라구미와 시미즈구미淸水組에서 시공하였다. 1916년 6월 25일 착공하여 1923년 5월 17일 상량식을 거행하였고, 10년 이상의 공사 기간을 거쳐 1926년 10월 1일 완공되었다. 철근콘크리트 구조가 보편화되지 않았던 1916년에 착공된 건축물임에도 불구하고 철근콘크리트 구조를 사용하였다. 외장 마감재로 사용된 석재는 동대문 밖 창신동 채석장에서 나온 화강암이다. 건축물 중앙의 대형 돔, 모서리의 사각 탑, 오더의 표현, 저층부의 러스티케이션Rustication 등에서 서양 고전주의 건축의 의장 요소가 고루 사용되어 육중하고 기념비적인 외관을 만들었다.

평면은 중정을 중심에 둔 '日' 자 형태로, 편복도를 따라 단위 공간을 병렬적으로 연속시켜 내부 공간을 구성하였다. 평면에서도 건축물 중앙 부분을 앞뒤로 돌출시키고 4개의 모서리 역시 돌출시켜 중심성과 위계성을 강하게 표현했다. 또한 입면과 평면, 단면 등의 구성에 서양 고전주의 건축에서 유래하는 비례 체계를 적용한 건축물을 계획하였다. 이 건축물은 외관과 내부 공간구성 측면에서 양식주의 건축 특성을 가장 잘 보여주는 동시에, 일제가 양식주의 경향으로 지은 관공서 건축의 상징적인 성격을 극명하게 드러내는 건축물이다.

1920년대 이전까지 관공서와 은행, 학교 등을 중심으로 나타났던 양식주의 건축은, 1920년대 초·중반 시기에 대규모 관공서 건축을 중심으로 이전 어느 때보다도 활발한 전개 양상을 보이게 된다. 조선총독부 청사를 비롯하여 최근까지 서울시청으로 사용된 경성부청과 서울시립미술관이 된 경성재판소 등의 대규모 관공서 건축에서 식민지 지배의 상징성과 권위성이 더욱 강조되어 나타났다. 양식주의 건축은 그러한 성격을 표현하기 위한 효과적인 건축적 수단으로 사용되었다.

　조선총독부 청사는 광복 직후부터 대한민국 정부 수립까지 미군정청 사무실로 사용되었다. 1948년 8월 15일 대한민국 정부 수립 선포식이 그 앞마당에서 개최되었다. 한국전쟁 중에는 인민군이 이곳을 인민군 청사로 사용하다가 퇴각하면서 방화하여 내부가 완전히 소실되었다. 1950년 9월 26일 중앙청은 한국군이 다시 탈환하게 된다. 5·16 이후 복구된 뒤 1982년까지 중앙청이라는 이름으로 정부 청사로 사용되었다. 1982년 3월부터 행정 부처들이 이전해나가기 시작하였고 보수공사를 거쳐 1986년 8월 21일부터 국립중앙박물관으로 사용하였다. 이후 1991년부터는 이 건물에 대한 철거 논의가 시작되었다. 철거 후 그 자리에 경복궁의 원형을 복원하겠다는 계획이 발표되었고, 1995년 8월 15일 광복 50주년을 맞아 철거가 시작되었다. 이로써 조선총독부 청사는 완공된 지 70년 만인 1996년 모두 철거되었다.

총독부미술관

총독부미술관은 향원정香遠亭 북쪽에 있는 건청궁 자리에 세워졌다. 곤녕합坤寧閤과 옥호루玉壺樓 등으로 구성된 건청궁은 신무문 남쪽에 위치한 건물로 1873년 고종이 건설하였다. 명성황후가 시해된 을미사변이

30, 31 총독부미술관.

일어난 곳이 바로 이곳 옥호루다. 일제는 조선총독부 시정 25주년을 기념하는 박물관 현상설계를 1935년 실시한다. 박물관과 미술관, 과학관의 3동이 동시에 계획되었다. 일제강점기에 실시된 현상설계로는 조선저축은행 이후 두 번째로, 응모된 작품 88점 가운데 서구식 근대 건물의 몸체에 동양풍의 목조 건축 지붕을 얹어놓은 형태를 선보인 일본인 야노矢野要의 안이 당선되었다. 당시 일본에서는 근대건축물 위에 일본의 전통적인 지붕 형식을 올린 건물 형식을 제관양식帝冠樣式이라 불렀고, 거기에 서양 근대건축의 극복이라는 의미를 부여하고있었다. 중일전쟁과 태평양전쟁으로 이어지는 국수주의에 기반한 군국주의가 극대화되는 시점에 등장한 양식이었다.

그러나 실제 지어지는 과정에서 당선안은 대폭 축소된다. 박물관과 과학관은 지어지지 않았고 미술관도 애초의 규모보다 작아졌다. 1939년 4월에 준공된 건물은 향원정을 향하여 남쪽으로 지어졌다. 벽돌조의 단층 건물로 모임지붕 형태다. 정면 주출입구를 돌출시킨 좌우 대칭 형태로, 층고가 높아 반복적으로 배열된 창호는 고측창의 역할을 하고 있다. 주출입구에서 연결되는 중앙 홀은 특별전을 대비하여 넓은 공간으로 계획하였고 각각의 전시실은 건물의 4면에 나란히 배열하였다. 이 건물은 1969년 10월 20일부터 국립현대미술관으로 사용되었고, 1973년 7월 국립현대미술관이 덕수궁 석조전으로 이전한 이후에는 국립민속박물관으로 사용되다가 1998년 철거되었다. 철거된 자리에 지난 2007년 건청궁이 복원되었다.

경복궁 내 기타 근대건축물

경복궁 내 근대건축물 가운데 가장 먼저 지어진 것은 관문각(觀文閣)으로 추정된다. 관문각은 건청궁 내에 있었던 고종의 서재로, 명성황후가 거처했던 옥호루 뒤편에 있었다. 옥호루를 찍은 사진에 상단부만 드러난 근대건축물이 관문각으로 보인다. 3층 건물로, 1901년 철거되었다고 전하나 확실하지 않다. 일제에 의해 건청궁이 헐리던 시기에 헐렸을 가능성도 있다. 2007년 건청궁 복원 때 관문각은 복원되지 않았다.

32 옥호루와 관문각.

33 총독 관저.

을미사변 당시 이 건물에는 정관헌과 돈덕전 등을 설계한 건축가 사바틴이 살았다고 한다.

경복궁과 연관된 또 다른 근대건축물로 총독 관저가 있다. 총독 관저는 1939년 신무문 밖의 경복궁 후원에 지어졌다. 이 지역에는 융문당隆文堂, 융무당隆武堂, 옥련정玉蓮亭, 경농재慶農齋 등의 건물이 있었고, 경무대景武臺에서는 왕이 친히 군사훈련을 점검하고 연회를 베풀기도 하였다. 융문당 등의 건물은 1929년 5월 헐려 목재가 매각되었다. 총독 관저는 광복 후 이승만 대통령 재임시 대통령 관저로 사용되었고, 이때 이름은 경무대였다. 4·19 이후에는 청와대에서 사용하다가 1995년 철거되었다. 총독 관저는 벽돌조 건물로 지하 1층, 지상 2층의 규모였다. 정면 중앙에 사각기둥으로 지지되는 캐노피를 두었고, 경사 지붕으로 처리, 창문 위쪽에는 차양을 돌출시켰다.

일제강점기 이후에도 경복궁에는 새로운 건물들이 들어섰다. 그중 대표적인 것이 현재의 국립민속박물관과 국립고궁박물관이다. 국립민속박물관은 1966년 국립중앙박물관 현상설계 당선안으로 지어진 철근 콘크리트 구조 건물로, 불국사의 청운교와 백운교, 법주사 팔상전, 화엄사 각황전, 금산사 미륵전 등을 모사하여 집합시켰다. 현상설계가 발표되던 시기부터 논란이 많았으나 신축되어 1972년 국립중앙박물관으로 개관하였다. 이후 국립중앙박물관이 옛 조선총독부 청사 건물로 이전하면서 1992년부터 국립민속박물관으로 사용되고 있다. 국립민속박물관 자리는 원래 선원전이 있던 곳이다. 일제는 1932년 10월 선원전을 헐어 장충동에 이토 히로부미를 기리는 박문사를 지은 바 있다.

국립고궁박물관은 조선총독부 청사가 철거되면서 1996년 12월 13일 국립중앙박물관으로 개관하였다. 용산에 계획된 국립중앙박물관이 기공조차 되지 않은 상태에서 구 조선총독부 청사를 철거하며 취한 임시 조치였다. 2004년 10월 17일 용산 이전을 위해 임시 휴관할 때까지 약 8년간 국립중앙박물관으로 사용되었고, 2005년 덕수궁 석조전에 있던 궁중유물전시관이 이 건물로 옮겨 오면서 국립고궁박물관이라는 이름으로 부분 개관하였다. 전통적인 형식을 모방한 기와를 얹은 모임지붕 형태의 지하 1층, 지상 2층 건물이다.

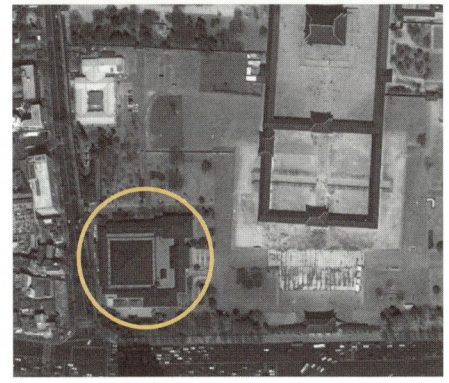

34 국립민속박물관.

35 경복궁에 들어선 국립고궁박물관.

그 밖의 궁궐과 근대건축물

경모궁景慕宮 대한의원 본관

서울대학교 의학박물관으로 사용되는 이 건물은 1908년 대한의원 본관으로 세워졌다. 본디 이 자리에는 경모궁과 함춘원含春苑이 있었다. 경모궁은 정조가 자신의 아버지 사도세자와 어머니인 헌경왕후를 위

36 대한의원 본관.

해 지은 사당으로, 1839년 소실되었다. 함춘원은 창경궁 동쪽의 부속 동산이자 후원이었다. 대한의원 본관은 당시 탁지부 건축소의 기사였던 야바시 겐키치矢橋賢吉가 설계했다고 알려져있으며 1908년 11월 완공하였다. 서양의 네오바로크 양식 건축물로, 벽돌조 2층 건물 중앙의 시계탑이 강렬한 인상을 준다. 중앙의 시계탑을 중심으로 대칭형 구성에 경사지붕으로 처리, 시계탑의 상부에는 작은 돔을 올렸다. 일제강점기에는 총독부의원으로 개칭되었고, 광복 이후부터 1979년까지 서울대학교 의과대학 부속병원으로 사용되었다.

운현궁雲峴宮 이준 저택

운현궁은 고종의 생부인 흥선대원군 이하응李昰應의 저택이었다. 고종이 즉위하자 그의 본궁이 되어 궁의 명칭이 붙게 되었다. 1898년 대원군이 별세하자 운현궁은 고종의 형인 이재면에게 상속되었고, 1912년 이재면이 사망하자 그의 아들 이준용에게 상속되었다. 이준용은 선친이 사망한 후 이름을 이준李埈으로 개명하였다. 이 저택은 1907년에서 1911년 사이에 신축된 것으로 추정된다. 설계는 일본인 건축가 가타야마片山東熊가 하였다. 네오바로크 양식을 따른 좌우 대칭형 벽돌조 2층 건물로, 정면 중앙의 현관은 아치와 붙임기둥으로 처리하였고 건물의 중앙부는 돔 형식의 지붕을 씌웠다. 좌우에는 아치가 연속된 아케이드 형식의 발코니가 만들어졌다. 외벽은 벽돌에 모르타르mortar를 발라 마감하였다. 1917년 이준이 사망하자 순종의 형제인 의친왕의 아들 이우

37 이준 저택.

에게 상속되었으나 광복 후 미군정청에 접수되었고, 1946년 8월부터 덕성여자대학교가 소유하고 있다. 현재는 덕성여대 법인 사무국으로 이용되고 있다.

달성궁達城宮 일본 제일은행 경성지점

현재 한국은행 화폐금융박물관으로 사용되는 이 건물은 본디 1912년에 완공된 일본 제일은행 경성지점이었다. 원래 달성궁이 있던 자리로, 신축 당시에는 몇 채의 큰 한옥이 남아있었다고 한다. 1885년 5월 서울에 온 스크랜턴William B. Scranton 선교사는 1895년 달성궁 내 한옥을 구입하여 1907년까지 예배당으로 사용하였다. 일본인 건축가 다츠노 긴코辰野金吾가 설계한 일본 제일은행 경성지점은 달성궁을 헐어낸 자리에 1907년 착공하였다. 지하 1층, 지상 3층 규모의 철근콘크리트조 건축물로, 건물 중앙에 현관을 만들어 좌우 대칭으로 구성하고 외장은 화강석으로 마감하여 서양 석조건축의 육중함을 표현하였다. 좌우측 외 원통형 계단 상부에 설치된 돔이 전체 외관에서 특징적인 요소로 사용되었다. 한국전쟁 때 파괴된 것을 1958년 보수하였고 2001년 6월 한국은행 화폐금융박물관으로 개관하였다.

38 일본 제일은행 경성지점.

경희궁

경희궁이 결정적으로 훼손되기 시작한 때는 융희 3년(1909)이었다. 통감부는 이곳에 일본인 학생을 위한 중학교를 건립하기로 결정하고 경희궁 서쪽 영역에 통감부중학교를 세웠다. 1911년 6월에는 궁궐 전체가 총독부로 이관되었다. 당시 경희궁에 남아 있던 전각들은 1920년대에 헐려 매각되었다. 통감부중학교는 1915년 경성중학교로 개칭되었고, 1925년에는 경기도로 이관되어 경성공립중학교가 되었다. 광복 이후 이곳에 있었던 서울고등학교가 서초동으로 이전하면서 경희궁지는 민간 기업에 매각된다. 그 후

39 경희궁지에 들어선 서울역사박물관.

비판 여론이 일자 서울시는 다시 경희궁지를 매입하고 1984년 공원 조성 계획을 세운다. 1985년에 서울시립박물관 건립 추진 계획이 수립되었고 1988년 계획이 승인되면서 오랫동안 논란이 거듭되었다. 서울시립박물관은 1993년 12월 15일 착공, 1997년 12월 31일 준공되었다. 2001년 서울역사박물관으로 명칭이 변경되었고 2002년 5월 21일 문을 열었다.

궁궐의 근대건축, 그 100년의 역사

조선왕조 500여 년 동안 형성되고 유지되어온 궁궐 체계를 해체하고 파괴한 자리에 근대건축물이 들어선 지난 100여 년은, 우리의 전통 사회와 국가 체계 그리고 그것과 연관된 정치권력, 경제구조, 문화 환경 등이 모두 새로운 체계로 대체되는 기간이었다. 그러한 광범위한 변화와 대체 과정을 상징적이며 집약적으로 보여주는 물리적 결과물이 곧 궁궐에 지어진 근대건축물이라고 할 수 있을 것이다. 1800년대 말부터 1990년대까지 궁궐에 지어진 근대건축물 가운데 그 실체를 어느 정도 확인할 수 있는 것은 약 20여 동이다. 그중 이미 사라져버린 건축물도 절반에 달한다. 궁궐에 세워진 근대건축물 100여 년의 역사는, 건축을 둘러싸고 있는 광범위한 역학 관계와 맥락 속에서 건축이 어떤 방식으로 생산되고 소비되며 작동되는가를 적나라하게 드러내고 있다.

우리의 궁궐에 들어선 근대건축물 가운데 가장 이른 시기에 세워진 것은 경복궁의 관문각과 경운궁의 구성헌, 정관헌, 중명전, 돈덕전 등이었다. 이는 모두 조선 왕실 또는 대한제국 황실에서 지은 건축물로 알려져있다. 이 건축물들이 진정으로 조선 왕실과 대한제국 황실의 의지와 필요에 의해 자발적으로 지어진 건축물이었는지에 대해서는 의견이 분분하지만, 궁궐의 일부로서 왕실과 황실에서 주로 사용한 건축물임에는 틀림없다. 왕실의 서책을 보관하거나 휴식과 접견, 다양한 공적·사적 행사가 이루어지던 장소였다. 그리고 500년 역사를 뒤로 하고 사라져가는 한 왕조의 마지막을 증언하는 장소기도 했다. 그로부터 얼마 지나지 않아 이 건축물 중 상당수가 이 땅에서 영원히 자취를 감췄다. 단지 한두 장의 사진과 몇 줄의 기록만을 남겼을 뿐이다. 그것은 전통사회에서 새로운 세계로의 교체가 본격화되고 있음을 의미하는 것이었다.

1910년을 전후한 시기에 궁궐에 지어진 근대건축물은 그 장소와 기능 등에서 광범위함과 다양성을 특징으로 한다. 대한제국기에 이미 근대건축물이 들어섰던 경운궁과 창경궁을 비롯하여 소규모 궁이었던 경모궁, 운현궁, 달성궁 등이 그 예다. 지어진 건축물도 석조전 같은 궁궐 건축과 더불어 온실, 병원, 주택, 은행, 박물관 등 변화된 근대사회에서 요구하는 다양한 용도를 지녔었다. 건축물의 양식적 특성도 다양했다. 서양 고전주의 건축양식에 충실하고자 했던 건축물에서부터 고전주의의 의장 요소를 과장하여 표현한 건축물, 공학적이며 실용적인 접근이 드러나거나 일본의 전통 양식을 적용한 건축물도 있었다. 그러나 이들 건축물에서 공통적으로 나타나는 특성은 새로이 등장한 정치·사회적 체계를 서둘러 정착시키고 안정화하고자 하는 강렬한 의지를 동반했다는 점이다.

1920년대 중반에는 이렇게 새로이 형성되고 공고해진 변화의 정점을 웅변적으로 보여주는 건축물이 그 모습을 드러내게 된다. 경복궁 근정전 앞에 들어선 조선총독부 청사는 모든 권력과 사회 체계가 철저히 변화했고 더욱 굳건해졌음을 생생히 증거한다. 시간의 제약에서 벗어나, 더 이상의 변화는 없고 모든 것이 완성되었다는 듯 웅장하면서 섬세한 돌 건축이 갖는 미학적 특성이 여실히 드러난다. 정치권력은 종종 고전주의 건축이 갖는 형태적 완결성과 위계성을 충분히 이용해 왔음을 우리는 역사를 통해 잘 알고 있다. 동시에 조선총독부 청사는 그 자체의 양식적 특성뿐만 아니라 근정전에 대비되는 위치 선정과 물리적 크기라는 매우 단순하고 직접적인 방식으로 스스로의 의도를 드러내고자 하였다.

1930년대 궁궐 내에 지어진 주요 근대건축물은 미술관이었다. 궁궐은 정치권력의 문화적 면모를 과시하기에 적절한 일종의 배경이 되었다. 1910년대에 궁궐에 지어진 근대건축물처럼 새로운 사회 체계를 드러내기 위한 서두름도, 1920년대와 같은 단순하고 직접적인 힘의 과시도 아니었다. 궁궐은 필요에 따라 충분히 이용할 수 있는 무대장치 같은 것이었다. 그리고 광복 후 1970년대에서 1990년대까지 궁궐에 지어진 주요 건축물은 박물관이라는 또 다른 문화시설이었다. 공교롭게도 경복궁에는 2번에 걸쳐 국립중앙박물관이 지어졌고, 경희궁에는 지방자치단체의 박물관이 지어졌다. 정치권력의 주체는 바뀌었지만 새로 지어진 건축물을 중심에 놓고 본다면 궁궐에 대한 시각은 1930년대와 광복 이후 사이에서 큰 차이를 발견하기 어렵다. 지금 우리는 궁궐을 어떤 눈으로 바라보고 있는가? 혹시 과거와 별반 다르지 않은 시각으로 궁궐을 보고 있지 않은가 다시 한 번 되돌아보게 된다.

근대의 환상,
신문물 축제의 향연

강상훈_ ㈜해안종합건축사사무소 상무이사

임진왜란 후 소실되었던 경복궁은 6년여의 공사 끝에 고종 9년에 중수되어 옛 위용을 되찾았다. 그러나 조선의 정궁으로서 영화로운 시간은 너무나 짧았고, 곧바로 일제에 의해 유린당해 국권을 상실한 조선의 박제화된 유물로 전락하고 만다. 그리고 이와 같은 변화와 변질의 중심에는 경복궁에서 개최된 공진회共進會[1]와 박람회가 자리 잡고 있었다.

근대를 흔히 박람회의 시대라 한다. 특히 세계박람회는 산업혁명과 식민화라는 근대의 커다란 흐름 속에서 전 세계가 경제적·문화적으로 재편되어가던 모습을 총체적으로 보여주는 장이었다. 19세기 말 서구의 세계박람회에 동양의 잘 알려지지 않은 작은 독립국으로 참여하기 시작한 우리나라는, 곧이어 당한 국권침탈로 인해 세계박람회 참가의 길이 막히고, 일본이 기획하여 개최하는 박람회만을 경험하게 된다.

일제강점기 동안 일본은 크고 작은 박람회와 공진회를 한반도에서 개최하였다. 이와 같은 박람회와 공진회는 일제의 식민 통치 성과와 일본의 정치, 산업, 문화적 측면의 우월성을 선보이는 거대한 선전 활동이었다. 그리고 '조선물산공진회'(1915)와 '조선박람회'(1929)가 가장 큰 규모로 경복궁에서 개최되면서 경복궁은 커다란 변화를 맞이하게 된다.

경복궁에서의 박람회(공진회)는 경복궁의 공간을 물리적으로 변화시켰으며, 더불어 그 공간이 지닌 상징성에도 큰 변화를 가져왔다. 궁궐 내 전각의 훼손, 그리고 조선총독부 청사와 같은 새로운 건물의 침입은 경복궁을 박람회장으로 이용함으로써 정당화되거나 가속화되었다. 이와 같은 물리적 변화보다 더 중요한 것은, 경복궁에 대한 이미지가 조선의 정궁이자 존엄한 왕권의 상징에서 이미 과거화된 몰락한 권력의 유물이자 일반 대중의 관람 대상으로 인식되기 시작했다는 점이다. 이는 궁궐이 대중에게 개방되며 유락 시설화되는 과정의 첫 단계였다. 오늘날 많은 국가에서 과거의 정치적 권력 공간이 박물관이나 관광지로 변모하여 대중에게 개방되고 있는데, 이는 자국의 문화적 자긍심을 드러내는 공간의 의미를 담고 있다. 그러나 일제강점기 박람회장으로 사용된 궁궐은 조선의 대중에게 식민 통치로의 정치권력 변화를 각인시키고 식민 통치의 성과 및 일본이 흡수한 신문물을 선전하는 정치·경제적 선전장이었다. 껍데기만 남아버린 궁궐은 이처럼 일본의 선진성을 더욱 돋보이게 하는 무대장치로 왜곡되고 편집되었다.

조선총독부, 경복궁에 공진회와 박람회 개최를 기획하다

1862년 런던 세계박람회를 참관한 일본은 박람회가 지닌 효용성을 빠르게 인식하고 있었다. 1877년부터 1903년까지 정부 주도의 '내국권업박람회'를 일본 국내에서 다섯 차례 개최하는 한편, 1873년 빈 세계

박람회를 시작으로 필라델피아(1876), 파리(1878, 1900), 시카고(1893), 세인트루이스(1904) 등 서구에서 개최되는 세계박람회에도 참가하고 있었다. 이러던 일본은 통감부 설치기부터 자국 산업의 선전을 위해 우리나라에서 박람회를 개최했으며, 조선총독부가 설치된 이후에는 식민통치의 성과를 선전하고 일본 상공인에게 조선의 산물과 산업에 대한 정보를 제공하기 위해 조선에서의 박람회를 기획하기에 이른다.

1907년 '경성박람회'는 통감부 설치기 일본에 의해 주도된 최초의 박람회다. '경성박람회'의 회기는 1907년 9월 1일부터 11월 15일까지로 76일간이었으며, 장소는 을지로(당시 황금정黃金町)에 박람회를 위해 신축된 대동구락부大東俱樂部와 그 일대였다. 우리나라와 일본의 상인, 실업가들이 박람회의 발기인發起人 또는 평의원平議員이 되었으며, 통감부의 총무장관인 쓰루하라 사다키치鶴原定吉가 회장으로 추선推選되었다. 예산은 모두 5만 2500원이었으며, 농상공부와 탁지부, 통감부의 찬동을 얻어 이루어졌다.[2] 이중화李重華는 이 박람회의 목적이 한일韓日 양국의 생산품과 공예품을 진열해 이를 한일 양국 국민이 공동 관람케 함으로서 양국민의 사교적 융화를 도모하고, 한국의 산업과 문화의 진작振作과 발전을 꾀하는 데 있으며, 또 한일 무역의 성운盛運을 유지하는 데 있다고 하였다.[3]

그러나 박람회에 전시된 내용을 살펴보건대 그 목적은 일본이 자국의 생산품을 우리나라에 선전하는 데 있었다. 〈만세보萬歲報〉5월 31일자에는 '경성박람회규칙京城博覽會規則'이 소개되어 당시 진열하기로 한 물품의 내용을 짐작할 수 있다. 진열품은 5부로 나뉘어 농산품에서 각종 수공예품과 미술품에 이르는 것들로 구성되었으며, 이들 물품은 1907년 1월 이후에 우리나라와 일본에서 생산된 제품이었다.[4] 진열된 물품 대부분은 일본의 상품이었으며, 한국인 출품자는 3명에 불과했고, 이들 외에 우리나라의 출품은 농상공부의 것으로 각 군郡에서 보낸 물품 몇 가지가 전부였다.[5] 이는 아직 우리나라가 박람회에 대해 잘 인식하지 못했다는 점과 그에 따른 출품의 부진을 보여주기도 하지만,[6] '경성박람회'가 결국 일본 상품의 선전장宣傳場이었음을 말해준다.

조선총독부에 의한 식민 통치가 시작되면서 일본은 박람회를 자국 상품의 시장 확보라는 경제적 목적뿐만 아니라 식민 통치의 방향 및 성과의 선전이라는 정치적 목적을 위해서도 활용하였다. '조선물산공진회(1915)', '조선박람회(1929)', '조선대박람회(1940)' 등이 개최되었고, 박람회의 규모도 '경성박람회'와는 비교할 수 없을 만큼 커졌다.

1915년 조선총독부는 우리나라에서 식민 통치를 벌인 지 5년이 되

〈표 1〉 일제강점기에 개최된 박람회의 개요

박람회명	개최 시기	박람회장 면적(평)	전시장 연면적(평)	예산(원)	관람객수(명)	개최 목적	개최 장소
경성박람회	1907.9.1~11.15	-	572	52,500	-	일본 상품의 선전	을지로 일대
조선물산공진회	1915.9.11~10.31	72,800	5,226	500,000	120만	일본 상품·식민 통치 성과의 선전	경복궁
조선박람회	1929.9.12~10.31	92,000	17,000	1,295,000	120만	일본 상품·식민 통치의 성과, 동아시아에서 일본의 세력 확장 선전	경복궁
조선대박람회	1940.9.1~10.23	35,000	8,500	3,800,000	133만 4000	일본 상품·식민 통치의 성과, 내선일체사상, 중일전쟁의 선전	청량리역 일대

는 해, 소위 '시정始政' 5주년을 기념하기 위해 대규모 박람회 '조선물산공진회'를 개최하였다. 공진회의 목적은 5년간 식민 통치의 치적을 조선인들에게 선전하고, 일본의 상공업인이 조선에 대한 사정을 쉽게 파악하도록 돕는 데 있었다. '조선물산공진회'의 예규例規에 따르면, 공진회 개최의 취지 및 목적은 다음과 같다.[7]

신정新政 시행 이래 해를 거듭하여 5년이 지났다. 제반 시설의 기초를 확립하고 산업 및 기타 문물의 개선改善 진보進步가 잇따랐다. 이를 보이고자 이번 가을 공진회를 개설해 널리 조선 각지의 물산을 모아 진열하여 제반 시설의 상황을 전시하고자 한다. 또한 신구新舊 시설의 비교 대조를 명확히 한다. 이로서 일면一面에 있어서는 생산품과 생산 사업의 우열득실優劣得失을 심사고핵審査考核하여 해당 업자를 고무 진작시키고자 한다. 또 다른 면에서는 조선 민중으로 하여금 신정新政의 혜택을 자각할 수 있도록 한다. 덧붙여 이번 기회에 가능한 한 많은 수의 내지인(內地人, 일본인)을 초치招致하여 조선의 실상實狀을 시찰케 하는 것을 주장하는 바인데, 이는 향후 조선의 개발에 있어 현저한 효과가 있을 것임을 의심하지 않는다. 다이쇼大正 4년은 신정新政을 시행한 지 만 5주년에 상당하여 본회本會를 개설하는 데 있어 극히 적당한 기회이며, 이에 시정始政 5년 기념의 취지를 가지고 내년 가을에 이 조선물산공진회를 경성부의 구舊 경복궁에서 개최하도록 한다.

회기會期는 1915년 9월 11일부터 같은 해 10월 31일까지로 50일간이었으며, 장소는 경성부의 경복궁이었다.[8] 전시 내용은 13개 부문으

⟨표 2⟩ 출품물의 부문별 분류

구 분	내 용	구 분	내 용
제1부	농업農業	제7부	임시은사금사업臨時恩賜金事業
제2부	척식拓植	제8부	교육敎育
제3부	임업林業	제9부	토목土木 및 교통交通
제4부	광업鑛業	제10부	경제經濟
제5부	수산水産	제11부	위생衛生 및 자혜구제慈惠救濟
제6부	공업工業	제12부	경무警務 및 사옥司獄
		제13부	미술美術 및 고고자료考古資料

로 세분되어[9] '경성박람회' 보다 한층 증가되었으며, 그 분류도 상품의 분류가 아닌 산업이나 행정 부문에 따라 이루어졌다(⟨표 2⟩참조). 이러한 전시의 분류를 살펴보아도 이는 상품의 선전이 아닌 식민 통치의 성과를 보이는 데 목적이 있음을 알 수 있다.

1929년에는 식민 통치 20주년을 기념하기 위한 박람회가 개최되었다. 박람회의 회기는 9월 12일부터 10월 31까지로 '조선물산공진회' 와 거의 같았고[10] 장소는 역시 경복궁이었다. 조선총독부가 내세운 '조선박람회'의 개최 목적은 "내외의 관람자를 유치하여 조선에 대한 올바른 이해를 구하고 상호 협력하여 한반도의 개발과 국운의 융성에 기여"한다는 것이었다.[11] 하지만 그 실제적 의미는 조선의 식민지 통치 20년의 성과를 보여주는 동시에 일본 민간 상공인이 조선의 산업을 이용하고 조선에 진출할 방향을 모색하기 위한 것으로, 1915년 '조선물산공진회'와 크게 다르지 않았다. 전시물은 총 22부문 분류되어[12] '조선물산공진회' 보다 그 종류가 2배 가까이 늘었다. 전시의 내용은 피폐한 조선의 현실과는 동떨어진 채, 식민 통치 20년간의 업적을 선전하여 '문명국'으로서 일본의 모습을 인식시키며, 아울러 당시 동아시아에 세력을 뻗친 일본의 세력 판도를 과시하기 위한 것들이었다.[13]

'조선물산공진회'가 철저히 관官에 의한 전시였던 데 반해 '조선박람회'에 와서는 일본의 민간 기업 및 상공인의 참여가 이루어졌다. 일본의 민간 기업 전시관으로 미쓰이三井관, 미쓰비시三菱관, 스미토모住友관 등이 세워졌으며 이 밖에도 국내에서 활동하던 일본 기업의 선전탑이 세워졌다. 이처럼 박람회의 전시 주체가 중앙관청에서 각 지역 상공인 및 민간 기업으로 확대된 것은 다이쇼大正 시대 이후 이루어진 일본 자본주의 경제성장의 영향이라 볼 수 있다. 일본에서는 서양 문물의 습득과 산업의 근대화 촉진을 위한 중앙정부 주도의 '내국권업박람회'가 메이지 시대에 막을 내리고, 다이쇼 시대에 들어와서는 지방자치단체나 신문사, 전철회사, 백화점 같은 민간 기업으로 박람회의 주체가 옮겨가 있었다. 아울러 박람회는 기술 개발 및 발명과 같은 생산의 장이 아니라 기업과 중산층의 소비의 장으로서 그 성격이 바뀌어 있었다.

또한 일본의 세력권 내에 있었던 각 지역의 전시가 이루어져 동아시아에서의 일본의 위상을 과시하였다. 우리나라 각 도道의 독립 전시관이 세워진 것 외에,[14] 내지관(內地館, 일본관), 도쿄관, 오사카大坂관, 교토京都관, 규슈九州관, 나고야名古屋관 등 일본 지방관과 대만臺灣관, 만몽滿蒙참고관, 홋카이도北海島관 등이 세워졌다.

1940년에는 일본에 의한 마지막 박람회인 '조선대박람회朝鮮大博覽會'가 개최되었다. 회기는 9월 1일부터 10월 20일까지 50일간이었으나[15] 3일간 연장하여 개최하였다.[16] 1937년부터 시작된 중일전쟁이 한창이던 시기에 치러진 '조선대박람회'의 개최 목적은, 일본의 시정 30년의 성과를 보여줌과 동시에 일본이 전쟁 수행을 위해 당시 우리나라에서 행하고 있었던 '내선일체內鮮一體'에 대한 강화와 전쟁에 대한 선동이 포함된 것이었다. 그리고 그 무게는 후자에 더 실렸다. 중국 침략을 정당화하기 위해 일본은 이미 1930년대부터 박람회를 이용해 전쟁 수행과 관련한 정치적 선전을 해왔다.[17] 《朝鮮大博覽會の槪觀(조선대박람회 개관)》에 나타난 다음과 같은 박람회 개최의 목적을 살펴보면 이를 확인할 수 있다.[18]

> 조선대박람회는 경성일보사가 황기皇紀 2600년, 조선총독부 시정始政 30주년의 주세住歲를 기념하고, 아울러 동아시아에서 진행되고 있는 성전聖戰의 진의를 앙양昻揚하여 흥아대업興亞大業에 있어서 인심人心의 작흥作興에 이바지하는 사업으로서 주최한 것이다. ……
> 본 박람회 개최의 목적으로 삼은 주된 세 가지는 다음과 같다.
>
> 가) 황기 2600년의 빛나는 해를 기념하여 황국의 정화精華를 발양發揚하고 국체國體 개념의 명징明徵을 기하고, 이와 더불어 내선동조동근內鮮同祖同根의 사실史實을 밝혀 통치의 추진에 한 단계 박력을 더하게 한다.
>
> 나) 총독부 시정 30년의 성과를 회고回顧하여 팔굉일우八紘一宇의 대大이상에 있어서 그 결실을 이룬 대약진의 자취를 돌아보고, 또한 장래의 비약을 예상하며 감분흥기感奮興起시킨다.
>
> 다) 동아시아 새 질서의 건설을 기해 진행하고 있는 성전聖戰의 본의本義에 대한 인시을 강하하고 한층 총후銃後의 각오를 견고히 하게 한다.

박람회의 주최 기관과 장소도 바뀌었다. 전쟁 수행 중 박람회 개최에 부담을 느낀 총독부는 박람회의 주최를 총독부 기관지인 경성일보사에 맡겼으며, 장소는 경복궁이 아닌 동대문 밖 마장리의 동경성역(東京城驛, 현재 청량리역) 일대에 철도국이 보유한 3만 5000여 평의 부지였다[19]. 이때 건립된 전시관 중 '방공방공관防空防共館', '성전관聖戰館', '무훈관武勳館', '병기진열장兵器陳列場' 등은 박람회의 성격을 잘 나타내준다. 또한 '대만관' 외에 '몽고관', '만주관', '만주개척관', '중국지방관', '화북관華北館' 등 당시 전쟁 상대국인 중국에 대한 전시관을 많이 설치한 점도 흥미롭다. 이 밖에 '황국역사관皇國歷史館'이 설치되어 '내선동조동근'이라는 일본의 억지 주장을 선전하였고, '빛나는 일본관輝く日本館'에서는 '대동아공영권大東亞共榮圈'의 맹주로서 일본이 갖는 강력한 인상을 심어주려 하였다. 산업별로 나누어진 전시관과 일본의 각 지방관을 통해 식민 통치의 성과와 일본 문물의 선진성을 선전하려 했던 점은 이전의 박람회와 동일하다.

이처럼 일본은 박람회를 일본의 상품을 선전하는 경제적인 목적뿐만 아니라 식민 통치 성과의 선전, 일본의 동아시아 진출 선전, 내선일체 및 전쟁 참여 의식 고취 등 정치적 목적을 위해서도 이용하였다. 그리고 조선의 정궁이었던 경복궁을 그 무대로 이용함으로써 더욱 극적인 효과를 얻어내고자 하였다.

경복궁 안에 나타난 생경한 백색 건물들

'조선물산공진회'의 개최지로 선정된 곳은 당황스럽게도 경복궁이었다. 먼저 회장 부지의 선정 경위를 살펴보자. 《시정 오년 기념 조선물산공진회 보고서始政五年記念朝鮮物産共進會報告書》에 의하면, 조선총독부는 경복궁 외에도 다른 두세 곳의 후보지를 검토했다고 되어있다. 그러나 경복궁을 제외한 나머지 후보지는 위치가 너무나 편재해있어 교통이 불편하고 토공사 및 기타 시설의 공사에 거액의 경비가 소요되기 때문에, 그 위치와 풍치風致, 규모 및 교통의 모든 점에서 경복궁이 가장 우수하여 선정하였다고 밝히고 있다. '조선물산공진회'의 개최 이후 경복궁은 1923년의 '조선부업품공진회'와 1929년의 '조선박람회'의 개최지로 또다시 이용되었다.

박람회는 선전의 도구며 장치다. 선전의 대상은 상품이나 미술품 등 전시되는 물품뿐만 아니라 박람회의 건축물을 포함한 회장 전체의 연출이 해당된다. 박람회가 그 성립의 시작부터 국가나 자본에 의해 연출되어 사람들의 동원 방법이나 그 수용의 방법이 방향지워진 제도로서 존재하였다[20]는 점에서 보건대, 박람회장으로 경복궁을 택한 이유가 지리적 이점에만 있었다고 할 수는 없을 것이다. 일본은 조선의 정궁이었던 경복궁 안에 자신의 식민 통치 성과를 선전하는 건물을 지어놓고 일반인에게 관람하게 함으로써 한반도의 식민 통치 상황을 시각적으로 극명하게 보여주고자 했다. 박람회를 관람한 많은 조선인은 그동안 들어가 볼 수 없었던 궁궐 안에 들어가 일본인이 지어놓은 생경한 건축양식의 전시관들을 보고, 변화된 사회와 피식민지의 현실을 깊이 실감했을 것이다.

1 조선물산공진회장 전경.

'조선물산공진회'를 위해 일제는 경복궁 안에 10동의 전시관을 신축했다. 박람회의 가장 주된 전시관인 제1호관과 제2호관을 비롯하여 심세관, 참고관, 기계관, 미술관 등이 그것이었다. 목조로 된 창고 같은 건물에 서구 르네상스 양식의 입면 장식을 붙인 가설 건물이었지만, 공진회의 주요한 전시물은 새로 지은 이 전시관들에 진열되었다. 그리고 원예품이나 농구農具, 어구漁具와 같은 근대 산업화와 거리가 먼 일부 품목의 전시장과 관람객을 위한 편의 시설 등은 기존의 경복궁 전각을 이용하여 마련되었다. 조선총독부가 '조선물산공진회'의 전시 공간을 통해서 연출하고자 한 것은, 서구의 근대 문물을 받아들여 선진화된 일본과, 그에 비해 여전히 전근대적인 조선의 대조적인 이미지였다.

근대적 제국주의 국가로서 일본의 위상을 시각화하기 위해 택한 방법은 전시관을 백색의 르네상스 양식으로 장식하는 것이었다. 백색의 르네상스 양식 전시관은 1893년 시카고 박람회의 '화이트 시티 White City'를 연상시킨다. '화이트 시티'라는 명칭은, 당시 박람회의 건설 책임자인 대니얼 버넘Daniel H. Burnham이 시카고의 주요 건축가들에게 위촉한 전시장의 모든 건물을 신고전주의 양식의 백색 건물로 통일시킴에 따라 붙여진 이름이다. '화이트 시티'에 세워진 전시장은 에콜 데 보자르풍의 신고전주의 양식으로 디자인되었으나, 구조는 모두 철골조에 외벽은 모르타르로 마감된 것들이었다.[21] 이 백색의 신고전주의 건축 모사품들은 문화적 열등감을 느끼던 미국이 유럽에서 온 관람객에게 본격적인 건축, 즉 유럽의 고전주의 건축을 통해 미국 문화 및 산업의 위상을 보여주고자 만든 것으로, 일종의 엘리트 문화의 상징과 같은 것이었다. '조선물산공진회'의 전시관들이 목조 건물에 백색의

2 제1호관.

3 제2호관.

4 심세관.

5 미술관.

6 기계관.

7 영림창 특설관.

르네상스 양식의 장식적 입면을 부착하여 서구 제국과 같은 이미지를 연출하려 한 점은 시카고 박람회의 '화이트 시티'와 같은 맥락을 갖고 있는 것이다.

그러나 조선총독부가 세운 전시관들은 창고나 공장 건물과 다를 바 없는 목조건물에 부분적으로 르네상스 양식의 요소를 적용한 불완전하고 초라한 것이었다. 매우 단순하고 기능적인 이 목조 건물에는 실내 채광을 위해 용마루 선과 평행한 고측창이 중간에 삽입된 솟을지붕을 적용하였으며, 벽면에도 고측창을 설치하였다. 르네상스 양식의 요소들은 건물의 정면부(파사드, façade)를 장식하는 데에만 사용되었다. 백색의 화려한 파사드 너머로 입면과 부조화를 이루는 건물의 지붕이 드러났으며, 건물의 측면과 후면부는 장식이 전혀 없는 백색의 평활한 벽면으로 처리하였다. 건물 입면의 디자인이 지붕까지 통합되지 못함에 따라 입면의 디자인은 정통적인 르네상스 양식에서 상당히 벗어나게 되었는데, 르네상스 양식에서는 좀처럼 나타나지 않는 탑의 사용이나 처마선 위로 솟은 아치arch 등이 그 예다. 탑에 의한 장식은 주로 출입구의 양쪽에 쌍을 이루어 만들어졌는데, 르네상스 건물에 나타나는 건물 모서리의 피어pier를 건물의 처마선보다 위로 높여놓은 형상이었고, 전체적으로는 르네상스 양식의 입면에서 지붕 부분을 제거한 모습에 가까웠다. 이처럼 비록 변형되고 불완전한 모습이었지만, 일제는 서구의 문물을 받아들인 제국으로서의 면모를 화려한 서구의 고전주의 건물을 통해 드러내고자 했던 것이다. 르네상스 양식은 이미 공업전습소(1907), 탁지부 및 건축소 청사(1907), 평리원(1908), 광통관(1909), 내부內部 청사(1910), 농상공부 청사(1910), 동양척식회사(1911) 등 1905년에서 1915년 사이 일본이 탁지부 건축소나 조선총독부를 통해 우리나라에 세운 시설에 널리 사용되면서 서구화와 근대화를 대표하던 권위적 건축양식이었다.

전시관의 전체적인 장식은 권위적인 르네상스 양식으로 이루어진 데 반해, 세부적 장식으로는 당시 서구 건축의 최신 경향 중 하나인 제체션Secession 양식이 사용되었다. 《시정 오년 기념 조선물산공진회 보고서》에 의하면 전시관의 천정, 난간, 창 등에 기하학적인 문양이나 꽃 모양의 장식이 만들어졌고 이를 제체션 양식으로 하였다고 한다. 제체션 양식은 아르누보 양식과 함께 1915년 당시 일본에 유입된 최신의 서구 건축양식이었다.[22] 고전주의 건축양식에 당시 서구에서 받아들인 최신의 경향을 가미함으로써, 일본은 서구와 어깨를 나란히 함을 애써 과시하려 한 것이다.

이처럼 공진회를 위해 마련된 전시관들은 새로이 이 땅의 통치자로 군림한 일본 제국의 근대화된 모습을 상징하기 위해 서구의 고전주의 건축양식과 최신 경향으로 장식되었다. 이는 경복궁의 광화문과 건춘문 안쪽 일대, 즉 경복궁의 동남쪽에 군집을 이루어 배치되었고 중앙에는 프랑스식 정원도 마련되었다. 공진회를 관람하는 조선의 대중이 이와 같은 서구의 건축양식을 이해할 수 있었을지는 의문이지만, 생경한 백색의 전시관들이 하나의 군집을 이루며 근정전 등 경복궁의 전각들과 선명한 대비를 이루었을 것임은 분명하다. 이는 단순한 시각적인 대비에 그치는 것이 아니었다. 신축된 전시관은 식민 통치의 성과와 일본이 지닌 서구의 근대적 문물을 선전하는 장소로서 일본의 면모를 대변하는 시설이었으며, 이처럼 근대화된 일본의 이미지는 서구의 건축양식을 통해 엉성하게나마 장식된 전시관으로 시각화되었다.

권위의 상징에서 전근대성의 상징으로

반면 경복궁의 기존 건물들은 전근대적 물품의 전시장이나 편의 시설, 위락 시설 등 잡다하고 세속적인 용도로 사용되어 궁궐로서의 권위를 잃어버렸다. 일제는 근정전 주위의 행각行閣을 어구와 농기구를 전시하는 농수산 분관으로 사용하여 조선왕조가 지닌 권위를 실추시키고 전근대적 이미지와 연결지으려 했다. 이와 같은 과정에서 조선의 궁궐 건축은 전근대성을 대표하는 상징물로 전락해버렸다. 그리고 이는 새로 지은 르네상스 양식의 백색 전시관과 극명한 대비를 이루며 강조되었다.

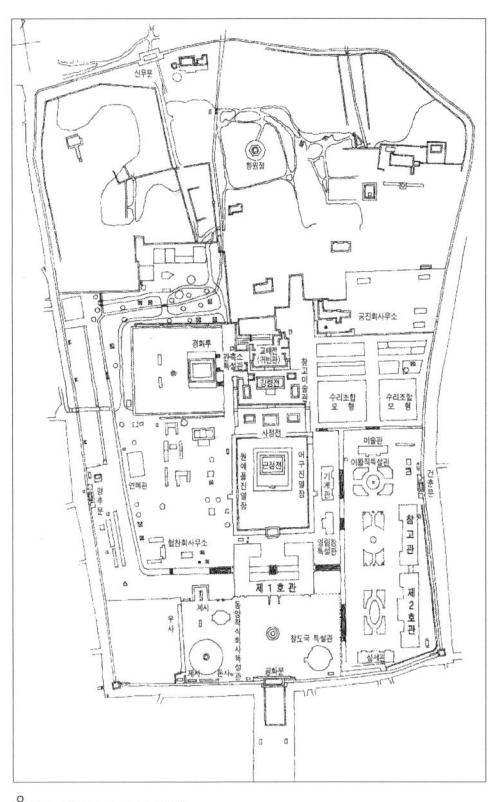

8 조선물산공진회 배치도.

공진회장의 구역은 크게 출품물의 전시 구역과 부속 시설 구역으로 나뉘었다. 공진회장은 광화문을 정문으로, 광화문과 근정전을 잇는 중심축선상에 가장 중심적인 건물인 제1호관을 배치하고, 중심축선의 동측에는 주요 전시관을, 서측에는 부속 시설을 배치하는 형식이었다. 전체적으로 동측 구역은 가장 주요하고 선진적이며 정렬된 공간이었던 데 반해, 서측 구역은 부수적이며 대중적이고 상대적으로 낙후된 잡다한 공간이었다. 산업화와 거리가 먼 부문의 전시인 계사, 돈사, 우사는 광화문을 지나 부속 시설 구역으로 가는 길목인 서쪽에 치우쳐있었다. 마찬가지로 어구 및 농구, 원예품도 동측의 전시 구역에서 벗어난 근정전의 행각에 전시되었다. 위치상으로는 동측의 전시 구역과 서측의 부속 시설 구역의 중간에 해당된다.

공진회장의 정문인 광화문을 지나 회장에 들어서서 가장 먼저 접하게 되는 경관은 제1호관의 정면이었다. 제1호관은 공진회를 대표하는 가장 중심적인 건물이었으며, 그에 걸맞은 입지를 차지하고 있었다. 제1호관이 갖는 대표성과 상징성은 이 건물의 정면부가 공진회 입장권 도안에 사용된 점에서도 잘 나타난다. 제1호관은 배후의 근정전을 막아섰으며, 자연히 광화문을 통해 들어서는 관람객에게 근정전의 모습은 보이지 않았다. 경복궁의 주인이 더 이상 이 땅의 왕조가 아님을 극명하게 보여주는 장면 연출이었던 것이다. 제1호관에 근접하여 서측으로는 동양척식회사의 특설관이, 동측으로는 철도국 특설관이 위치하였다. 제1호관과 철도국 특설관 사이에는 상대적으로 넓은 공간이 확보되며 관람자의 동선과 시계視界를 공진회장 동측으로 자연스럽게 열어주었다. 건춘문 안 일대에 총독부가 마련한 백색의 전시관들로 관람객을 유도하기 위함이었다.

이 건춘문 안 일대는 제2호관과 참고관, 심세관, 미술관, 기계관 및

9 철도국 특설관.
10 동양척식회사 특설관.

영림창 특설관 등 신축된 주요 전시관으로만 채워졌다. 이 구역의 중앙에는 심세관과 미술관을 잇는 남북축을 따라 세 개의 프랑스식 정원이 마련되었다. 정원의 전체 면적은 약 1000평이었으며 정원의 곳곳에 개성, 원주, 이리 등지에서 가져온 우리나라의 고대 불상 및 석탑을 배치하였다.[23] 이 구역은 전시 내용 면에서도 공진회의 중심 공간이었을 뿐만 아니라, 구역 중앙의 프랑스식 정원을 르네상스와 제체션 양식으로 장식한 백색의 건물들이 둘러쌈으로서 전시장 구역 중에서 가장 서구적이고 화려한 면모를 갖춘 곳이었다.

이처럼 엘리트 문화를 상징하는 질서 정연한 전시 구역이 경복궁의 동측에 마련된 반면, 대중적이고 잡다한 위락 시설은 경복궁의 서측에 자리 잡았다. 경복궁 내에 마련된 부속 시설 구역은 사실상 공진회의 흥행을 위한 위락 시설 구역이었다. 연예관과 같은 대중적인 공연 시

11 박람회장 정문으로 쓰인 광화문.
12 우편국 출장소.
13 연예관.

14, 15 경기도 매점과 강원도 관외 진열.

설과 놀이 시설, 음식점, 매점 등이 들어서면서 경복궁은 한순간에 오늘날의 테마파크와 같은 위락 시설로 변해버렸다.

부속 시설 구역은 제1호관의 전면부보다 북측에, 공진회장 정문인 광화문을 통해 진입한 관람자의 눈에 잘 띄지 않는 곳에 위치하였다. 부속 시설 구역에는 협찬회 사무소, 우편소 등 지원 시설도 일부 있었지만, 대부분은 각 도道 휴게소, 협찬회가 경영하는 매점, 음식점, 연예관 및 조선연예장朝鮮演藝場 등 위락 시설이었다[24]. 부속 시설 구역의 건물은 규모도 비교적 작았고 외관의 장식 수준도 주요 전시관에 비해 크게 떨어졌다. 전체적으로 넓은 대지에 일정한 규칙 없이 배열되었으며, 경복궁의 기존 건물도 약간 섞여있었다. 부속 시설 구역에서 가장 규모가 큰 건물은 연예관(연면적 229평)으로, 제체션식으로 장식되었다. 위치는 부속 시설 구역인 영추문 안쪽 일대의 가장 광활한 곳이었다. 이와 대조적으로, 경회루의 북쪽에 마련된 조선연예장은 급조된 건물로, 120평 규모에 천정은 천막으로 하고 벽체는 판자로 막았다. 기타 위락 시설로는 불사의관(不思議館, 불가사의관), 회전추천(廻轉鞦韆, 회전그네), 곡마소옥曲馬小屋, 미로관迷路館, 활동사진관, 동물관, 군함의형관

근대의 환상, 신문물 축제의 향연 297

16 행사장으로 사용된 근정전.
17 귀빈관으로 사용된 교태전.
18 경회루 부근 광경.

軍艦擬形館, 야외교육활동사진관 등이 들어섰는데, 영추문 안쪽 지역의 공지와 경회루 주변 송림松林에 자리 잡았다. 휴게소는 총 13개소가 마련되었고, 각 도道 매점과 일반 매점은 각각 영추문 안쪽의 남측과 북측에 장옥(長屋, 나가야)형의 건물을 신축하여 마련하였다.

한편 경복궁 중심부의 근정전과 교태전 등 궁궐의 주요 전각은 새로 마련된 전시관에서 충당하지 못한 물품의 전시나 공진회 주요 행사의 거행, 귀빈 접대 등에 이용되었다. 전시 기능으로 이용된 곳은 앞서 언급한 근정전의 행각, 박애관博愛館으로 이용된 사정전, 미술관 분관으로 이용된 강녕전 등이다. 근정전과 그 전정殿庭은 식장으로 사용되었고, 교태전은 귀빈관으로, 경회루는 접대장으로 사용되었다.

전각과 옥외 공간 들이 하등한 물품의 전시 공간이나 위락 시설로 사용됨에 따라 조선의 정궁 경복궁의 위용과 권위는 땅에 떨어졌다. 공진회를 둘러보러 궁궐 안으로 들어온 조선의 관람객들은 궁궐 중심부에 자리 잡은 어색한 백색의 전시관을 통해 일제가 선전하는 식민 통치의 성과를 관람해야 했다. 각종 통계와 그래프로 표현된 식민 통치의 성과는 그들이 일상에서 겪는 피폐함과는 거리가 먼 공허한 것이었다. 그들은 일제가 마련해놓은 백색의 가설 전시관을 다 둘러본 뒤 각종 농기구와 어구에 둘러싸인 근정전의 모습과 각종 놀이 기구에 둘러싸인 경회루의 모습을 보았으리라. 백색으로 칠한 르네상스 양식의 전시관과 권위를 상실한 경복궁 사이의 대비는 강렬한 것이었다. 서구식 전시관이 서구 근대 문물을 흡수한 일본의 선진성을 상징하도록 의도되는 만큼 조선의 궁궐은 조선왕조의 퇴락과 전근대성을 대변하는 것이 되었다. 조선의 일반 대중이 르네상스 건축양식의 상징성을 이해할 수 없었을지라도, 이 땅에 새로운 문물로 무장한 세력이 침투했으며, 경복궁이 이제 예전의 그곳이 아님을 인식하기에는 충분했을 것이다.

타자화되고 관광상품화된 조선의 건축양식

14년 전의 물산공진회와 비교해 한층 규모가 커지고 상업적이 된 1929년의 '조선박람회'는 그 자체로 거대한 볼거리였다. 각양각색의 조잡한 전시관이 궁궐의 경내를 가득 채웠고, 일본인 관람객의 이국적 취향을 만족시키기 위해 우리나라의 전통적 건축양식으로 장식된 전시관이 대거 등장하는 양상마저 벌어졌다. 경복궁은 이미 거대한 관광지였다.

일본의 민간 기업 및 상공인의 참여가 활발했던 '조선박람회'에서 박람회 직영관은 주최 측에서 직영하면서 일관된 계획을 갖고 건축양식을 직접 통제하였다. 이 과정에서 직영관의 대부분은 '조선 양식(조선의 전통 건축양식)'[25]으로 통일되었다. 이는 '조선박람회'의 건축에서 가장 특징적인 부분이며, 직영관이 모두 르네상스 양식이나 제체션 양식 등 서구 양식으로 꾸며졌던 '조선물산공진회'의 양상과도 큰 차이를 보인다. 비슷한 시기 일본의 식민지 상황하에서 열린 '만주대박람회(1933)'나 '대만박람회(1935)'에서도 주 전시관에 해당 지역의 지방색을 표현한 사례는 찾아볼 수 없다. '만주대박람회'와 '대만박람회'의 직영관은 모두 서구의 최신 건축 경향에 영향을 받은 새로운 디자인으로 설치되었다. 이와 같이 주 전시관에 박람회 주최 지역(국가)의 지방색을 표현한 것은 일본 식민지에서의 박람회 건축 속에서도 이례적으로 꼽힌다.

조선의 전통 건축양식으로 만들어진 직영관은 박람회의 정문인 광화문(현재의 위치가 아닌 건춘문 북쪽으로 옮겨져있었다)에서 경회루에 이르는 박람회장의 진입부에 배치되었으며, 산업남관産業南館과 북관北館, 쌀의관, 사회경제관, 미술공예교육관, 심세관이 직영관이었다. 이들은 광화문에서 경회루를 잇는 축을 중심으로 좌우 대칭 형태로 설치되었다.

직영관에 채용된 '조선 양식'은 '조선물산공진회'의 주 전시관 입면 장식과 마찬가지로 창고형 건물에 덧붙인 장식에 불과했다. 건물의 구조체는 한옥의 구조가 아닌 서양식의 목구조였고, '조선물산공진회'의 주 전시관과 마찬가지로 채광을 위한 고측창이 달린 솟을지붕을 갖추었다. 이처럼 '조선 양식'은 전시관의 지붕과 처마, 창, 외부 기둥, 벽체 등에 장식적 효과로서 부가되었으며, 지극히 기능적으로 설계된 전시관의 구조체에 부가된 장식이었으므로, 전체적인 비례와 형식은

19 신설된 박람회장의 정문과 옮겨진 위치의 광화문.

20 산업남관.

21 산업북관.

22 쌀(米)의 관.

23 사회경제관.

24 각도 심세관.

25 귀빈관.

우리나라의 전통 건축물에서는 찾아보기 힘든 것이었다. 이들 직영관은 중심축을 기준으로 마주 선 건물들이 동일한 크기와 형태를 취했는데, 산업남관과 북관, 쌀의 관과 사회경제관, 미술공예관과 심세관이 서로 같은 형태로 설계되었다. 이 직영관 6개 동의 설계에는 조선인 건

축가 박길룡이 관여한 것으로 보인다.[26]

일반적으로 새로운 건축양식을 선보이는 박람회 건축의 경향을 거스르면서 전통적인 건축양식, 그것도 서구의 것이 아닌 식민지의 전통 건축양식을 박람회 직영관에 사용하는 것은 분명하게 의도된 목적이 없이는 이루어지기 힘든 일이다. 직영관이 조선의 전통 건축양식으로 만들어진 주된 이유는 일본인의 이국적 취미를 만족시키려는 데 있었다. 조선총독부 내무국 건축과장이었던 이와이 쵸사부로岩井長三郎는 직영관의 건축양식 선택 경위에 대해서 다음과 같이 설명하였다.

박람회의 건축 시설을 어떠한 풍風으로 하면 좋을 것인가 하는 문제도 상당히 중대한 문제입니다. 어느 박람회에서도 마찬가지겠습니다만, 박람회로서는 활기차고 충분히 새로운 맛이 있어 관람자를 끌어들일 수 있는 무언가 강한 힘을 지닌 형태나 분위기를 갖추어야 한다는 것은 즉각적으로 생각되어지는 점입니다. 내지內地의 박람회를 보아도 가능한 한 새롭고 신선한 양식을 채용하고 색채도 풍부하여 강렬한 분위기를 갖춰 보는 이의 즐거움을 돋우려는 감을 지니고 있으나, 조선에 있어서는 이외에도 또 한 가지 생각하지 않으면 안 되는 것이 여기에 조선의 맛을 나타내고 싶다는 것입니다. 즉 이것이 조선의 박람회 건물이라는 것을 직감적으로 간취看取시킬 필요가 있다고 생각한 것입니다.

여기서 조선박람회의 건축은 새로운 맛이 부여되는 것은 물론이겠으나, 가능한 한 조선의 맛이 풍부한 조선 기분이 넘쳐나는 것으로 보여주고 싶다는 것입니다. 그리하면 조선인이 갖는 느낌이 좋을 것은 물론이거니와, 내지에서 온 관람자도 조선의 박람회에 대해서는 무언가 조선의 맛을 기대하고 있을 것이 틀림없으므로 거기에 딱 맞는 건축 시설을 하지 않으면 진정한 조선박람회의 의의를 달성할 수 없을 것이라는 점에 고심한 것입니다.[27]

위의 설명을 통해 보면 '조선박람회'의 건축양식은 식민지 조선에서 열리는 박람회로서 식민 본국인 일본에서의 박람회와 차별성을 획득하기 위한 것이었음을 알 수 있다. 조선 양식으로 하면 조선인들도 좋아할 것이라는 설명이 있기는 하나, 보다 직접적인 이유는 '내지'에서 온 관람객에게 식민지의 풍취를 느낄 수 있도록 하려는 것이었다. '새로움'을 추구하는 박람회 건축에서 조선인에게는 전혀 새로울 것 없는, 일본인에게는 이국적인(새로운) 조선의 양식을 사용한 것이다. 이와이는 또 조선의 양식으로 건축함으로써 박람회장인 경복궁의 근정전, 광화문, 경회루와 그 분위기를 맞추고 클래시컬한 조선총독부 청사와도 어울리게 할 필요가 있었다고 설명하였으나, 본래 박람회장의 선정 이유 자체가 조선 양식을 택하게 된 원인과 맥락상 크게 다르지 않았다. 이는 '조선박람회'의 직영관 건축양식을 채택하는 데 일반적인 접근 방법이 아닌 일본인의 시각으로 접근하였음을 보여주며, 식민지 '조선'은 철저히 '타자他者'화 되었음을 보여준다.

'조선박람회'의 조선 양식이 일본인의 이국 정취를 만족시키기 위한 것이었음은 같은 조선총독부 내무국 건축과 소속이었던 사사 케이이치笹慶一의 글에서도 명확하게 드러난다.

박람회의 건물에 대해서 말씀드리자면, 일반적으로 현란한 모습의 것만을 보게 되는 것이 보통이지만, 이번에는 장식문으로부터 정문을 지나 광화문에 들어서 경회루에 도달하는 양측의 장식 및 건물이 모두 조선 고래古來의 양식을 채용하고 있는 점은 이번 박람회의 특색이라고 말씀드려도 좋을 것입니다. 내지內地의 박람회에서는 만몽관, 조선관, 대만관 등 특종의 건축은 거의 여흥적餘興的으로 한두 동에 걸쳐 그 토지 고래古來의 양식을 채용했던 것을 보아왔습니다만, 이번에는 내지 박람회의 소위 본관에 해당하는 부분이 전부 향토 컬러를 발휘한 점에 특징을 찾아볼 수 있습니다.

이 양식은 조선인에 대해서는 일반적으로 상당히 호감을 불러일으킬 점일 뿐만 아니라 내지인에 대해서는 진기한 것으로, 무엇보다도 그 이름이 나타내는 바와 같이 조선박람회에 어울리는 느낌을 주고 있다고 생각합니다.[28]

위 글에서 확인할 수 있듯, 일본은 자국 내에서 열리는 박람회에서 자국민의 이국적 취향을 만족시키기 위해 각 식민지관에 해당 지역의 전통 양식을 채용하고는 했다. '조선박람회'에 채용된 '조선 양식' 역시 이와 동일한 취지에서 비롯된 것이다. 다시 말해 일제에 의해 개최된 '조선박람회'의 직영관에 사용된 조선 양식은 조선 문화에 대한 존중에서 비롯된 것이 아니라, 전통적 건축양식을 통해 서구화된 일본과의 거리를 강조함과 동시에 일본인의 이국적 취미를 만족시키려는 것이었다. 이는 조선의 식민지로서의 위치를 확인시키려는 것이기도 했다.

대중의 볼거리로 전락한 조선의 정궁

경복궁은 '조선물산공진회'와 '조선박람회'를 통해 일제의 식민지에 대한 정치적 선전 및 경제적 수탈을 위한 전시장이자 대중들의 위락 시설로 이용되는 수모를 겪었다. 이러한 경복궁의 굴욕적인 모습은 조선총독부의 집요한 관람객 동원을 통해 수많은 조선인에게 공개되었다. 일제는 공들여 만든 거대한 선전 도구인 박람회(공진회)에 한 명이라도 더 많은 조선인을 들이고자 했으며, 이를 위해 행정력을 총동원해 전국적으로 관람객을 끌어모았다.

일제는 이미 1907년 '경성박람회' 때부터 전국적으로 관람객을 동원한 바 있다. 이때 기차로 왕복하는 사람은 운임의 30퍼센트를, 환향기선還鄕汽船을 이용하는 사람은 운임의 60퍼센트를 할인해주었다. 농상공부에서는 13도 관찰사에게 띄운 공문을 통해 각 관찰사는 일제히 서울로 올라와 참관하라고 명하였다. 또 각 군에 훈령하여 농상공업에 뜻이 있는 사람은 모두 와서 참관하게 했는데, 화륜선이나 기차로 올라오는 배표나 차표는 그 지방 재무부에 청구하라고 전달하였다.[29] 또한 여성 관람객을 모으기 위해 9월 30일과 10월 10일을 '부인일婦人日'로 정하여 이날은 남성 관람객의 출입을 금지시키고, 이에 대한 광고를 〈황성신문皇城新聞〉에 게재하였다.[30]

1915년 '조선물산공진회'에서의 관람객 동원은 '경성박람회' 때보다 더욱 적극적으로 추진되었다. 일제는 지방민의 공진회 관람을 촉진하기 위해 각 도청道廳 및 부청府廳 소재지에 협찬회 혹은 관람권장회를 조직하였는데, 관람권장회가 조직된 황해도와 함경북도를 제외한 모든 도에는 협찬회가 조직되었다. 또한 철도국 및 조선우선郵船회사, 일본우선회사, 오사카상선商船회사의 운임에 대한 특별임전賃錢할인법을 마련하여 지방 및 일본에서의 관람을 적극적으로 장려하였다.[31] 이렇게 하여 박람회를 구경한 총 관람객 수는 120만 명으로 집계되었다. 관람객 동원은 1929년 '조선박람회'에서도 이루어졌다. 박람회 주최

측은 관람객이 예상치를 밑돌자 면장面長, 구장區長 들을 동원하여 관람을 권유하였다.³² 조선총독부의 통계에 의하면, 유료 입장자 수는 98만 6000여 명이었으며,³³ 우대권 및 기타 무료로 입장한 사람의 수는 120만 명³⁴에 이를 것으로 보았다.

이처럼 일제가 개최한 공진회나 박람회는 전 민중을 관람에 동원한 요란한 행사였으나, 그 선전의 효과가 본래 기획 의도대로 나타났다고는 보기 힘들 것 같다. 동원된 조선의 민중은 고생스런 상경길을 겪고 무슨 영문인지도 모른 채 박람회의 전시물을 스쳐 지나가듯 바삐 구경하고 돌아갔다. 다음 기사는 '조선박람회'를 관람한 대다수 농민이 경험했던 박람회의 실체에 대해 말해준다.

> 상경 열차는 만원인 데다 경성에 도착해서는 쉴 새도 없이 박람회장으로 곧바로 향하게 되어 상경민의 몸은 지칠 대로 지친 상태였다. 박람회장에 들어서서는 인솔자가 재촉하는 터에 마치 맹인이 구경하는 것과 같았다. 전시물에 대한 설명도 한자나 일본어 문장으로 되어있어 어떠한 것들이 전시되어있는지도 모르는 상태에서 관람이 끝나버렸다. 여관으로 돌아오면 여관 주인은 돈벌이에 혈안이 되어 온돌방 한 칸에 오륙십 명을 몰아넣어 경성은 온통 불편투성이었다.³⁵

이러한 상황에서 정작 민중이 관심을 가진 면은, 박람회를 통하여 경성에 수백만의 인구가 집중되는 기이한 현상이었을지도 모른다. 〈조선일보〉에 실린 다음과 같은 기사는 당시 '조선박람회'를 둘러싼 도시와 농촌의 세태를 엿보게 한다.

박람회다! 박람회다! 이때를 놓치면 큰 병폐다! 삼십만 서울은 백만 이백만이 된다. 여관업이다. 음식점이다. 평양에서는 기생들이 총동원으로 서울에 원정을 온단다. 술장사, 밥장사, 계집장사! 협잡패! 날랑패! 부장자! 거편 등등등. 이렇게 아직도 석 달이나 남의 박람회의 '포스터-'를 둘러싸고 야단법석이다.

이번 박람회에 서울을 가면 그 괴상한 요지경을 사가지고 오겠다. 이번에 가면 '모-던 껄'인가 '모던 뽀이'인가 하도 떠드니 그것도 구경하여야 하겠다! '뻐스'라나 버선차라나 그것도 대체 무언지 보아야 하겠다! 그리고 서울에서는 큰 길거리에서 코를 잃어버린 사람이 있다니 그건 어째서 그런지 내 코가 떨어져도 구경은 하여야 하겠다. 또 그뿐인가? 종로네거리에서도 사나이를 쳐가는 계집이 있다니 그것 또한 큰 구경거리다. 가자! 가자! 서울로! 박람회로! 이것은 어느 시골 사람의 외침이다.

이렇게 시골, 서울 할 것 없이 박람회만 열면 무슨 큰 수나 날 것같이 뒤범벅이 되어 펄쩍 떠든다. 집 팔아 논 팔아 딸 팔아! 박람회를 이용하여 돈을 벌려는 사람들, 한 달 동안에 거부가 되어 흥청거리고 살아볼 꿈을 꾸는 가엾은 사람! 몰려오는 제이차 공진회 보따리의 눈물에 젖은 쇠푼을 노리고 있는 무리들! 요란한 서울의 그 두 달이 지나간 뒤에 차탄嗟歎 비명이 그들의 입에서 터져 나오지만 않으리라는 것을 그 누가 보증하랴.[36]

조선의 대다수 민중이 일제가 박람회 건축에 심어둔 교묘한 정치적 선전을 이해했으리라고 판단하기는 어렵다. 일본어로 적힌 전시물의 설명이 일본어를 읽을 수 없는 민중에게는 아무런 의미가 없었듯 건축적 소양이 없는 대중에게는 그 문맥을 파악할 수 없는 단지 요란한 가설 건물들로 보였을 가능성이 크다. 또한 처참했던 조선의 정치·경제적 현실과 괴리된 박람회의 모순된 화려함은 허구에 불과했으며, 박람회 건축을 통해 선전된 선진성, 근대성 또한 입면의 장식에 불과한 그 건축의 성격만큼이나 허구적인 것으로 비쳤을 것이다. 오히려 민중의 머릿속에 남은 기억은 상경길에 처음으로 타본 열차, 인산인해를 이룬 경성의 거리, 그리고 온갖 괴상한 가설 건물과 위락 시설이 들어선 경복궁이었는지 모른다. 망가지고 구경거리가 된 경복궁을 통해서는 변화된 사회의 모습을 자연스레 실감했으리라. 박람회를 기획한 일제의 의도와 그 달성 여부를 떠나, 박람회가 전국의 민중에게 당시 조선이 통과해가던 '근대'의 모습을 경험하게 하는 계기가 되었음은 분명하다. 그리고 우리 민족에게 수백 년 이상 이어져온 궁궐에 대한 인식을 크게 바꾸어놓는 계기가 되었음도 분명하다.

---

[1] 공진회는 박람회와 크게 다르지 않은 전시회였다. 다만 '공진'이라는 말에서 알 수 있듯이 '다 함께 발전한다'는 뜻을 내포하여, 각지에서 출품한 상품의 우열을 가려 우수한 출품에 대해 포상하여 품질의 향상을 장려하는 데 주요한 목적이 있었다. 일반적인 박람회가 각 지역의 산물을 소개하여 그 판로를 개척하는 데 목적을 두는 반면, 공진회는 산업의 발전을 장려하는 데 무게를 둔 박람회였다고 할 수 있다.

[2] 李重華,《京城記略》, 新文館, 1918, 156~157쪽.

[3] 같은 책, 156~157쪽.

[4] 참고품으로 출품하는 것은 한국과 일본 물품이 아니더라도 가능했다.

[5] '續 博覽會記',〈皇城新聞〉, 1907년 9월 7일 3면. 한국인이 출품한 것은 각각 모피, 주소珠篩, 종이류였다.

[6] 한국인의 출품이 적은 이유에 대해서는 좀 더 많은 고찰이 필요하나,〈皇城新聞〉의 '博覽會記'에 따르면 박람회가 어떠한 것인지 몰라 鴬兒(물음동이)나 舊甲(갑옷)을 보낸 군郡이 있어 외국인의 웃음거리가 되었다고 한다.

[7] 朝鮮總督府 編,《始政五年記念朝鮮物産共進會報告書》, 1916. 번역은 필자.

8 같은 책, p.15.

9 같은 책, p.9.

10 朝鮮總督府 編, 《朝鮮博覽會紀念寫眞帖》, 1930, p.2.

11 〈博覽會彙報〉, 《朝鮮》, 1929년 10월호 ; 최석영, 《한국 근대의 박람회·박물관》, 서경문화사, 2001, p.50에서 재인용.

12 22개 부분은 농업, 수리水利, 개간, 간척, 임업, 광업, 수산, 식료, 염직 공업 및 포면 가공업, 기계 및 전기, 화학공업, 제작공업, 의장, 도안 및 특허, 통신, 교통 및 운수, 토목, 건축, 교육 및 학예, 도량형, 미술 및 공예, 사회사업, 경제, 보건위생, 경무警務 및 사법, 육·해군, 기타 등이다. 〈朝鮮博覽會〉, 《施政二十五年史》, 朝鮮總督府, 1935, 최석영, 앞의 책, 51쪽에서 재인용.

13 이러한 전시의 구체적인 예는 최석영, 앞의 책, 53~55쪽을 참조할 수 있다.

14 각 도의 파빌리온은 '조선물산공진회'에서도 소규모로 세워진 바 있다.

15 《紀元二千六百年·始政三十周年記念)朝鮮大博覽會の槪觀》, 京城日報社, 1940, p.2. 이하 《朝鮮大博覽會の槪觀》으로 표기함.

16 《朝鮮大博覽會の槪觀》, p.5.

17 '滿蒙軍事博覽會(1932·1933)', '빛나는 日本大博覽會(1936)', '聖戰博覽會(1938)', '大東亞建設博覽會(1939)' 등의 박람회가 일본 국내에서 군부軍部나 신문사에 의해 개최되었다. '조선대박람회'가 열린 1940년에도 '국방과학박람회國防科學博覽會'가 개최되어 박람회를 통한 전시 상황의 정치적 선전이 이루어졌다. 일본은 본래 자신들의 황기 2600년을 기념하여 세계 올림픽과 만국박람회를 개최하려고 했었다. 그러나 전쟁 수행으로 이를 개최할 여력이 없자 계획은 무산되었고 그 대신 국방박람회가 개최되었다. 浜口隆一, 山口廣, 《万国博物語》, 鹿島出版社, 1966, pp. 201~208.

18 《朝鮮大博覽會の槪觀》, p.1. 번역은 필자.

19 같은 책, p.2 및 손정목, 《일제강점기 도시사회상 연구》, 일지사, 1996, p.202.

20 吉見俊哉, 앞의 책, p.21.

21 浜口隆一, 山口廣, 앞의 책, p.83.

22 일본에 아르누보 양식이 소개된 것은 타케다武田五一, 츠카모토塚本立靑, 노구치野口孫市 등 세 명의 건축가에 의해서이다. 이들은 유럽에서 아르누보가 전성기를 누리던 1900년에 유럽에 머물면서 프랑스의 아르누보 및 아르누보의 영향을 받은 유럽 국가의 건축을 직접 목격하였다. 이 중 츠카모토는 아르누보의 전시 무대가 된 1900년 파리 박람회를 참관하였다. 이들이 귀국하여 각자 아르누보 경향의 새로운 디자인을 선보이면서 일본이 아르누보 건축이 시작되었다. 이후 아르누보 건축은 제?세대 건축가에게 이어졌으며, 1910년대에 들어서는 아르누보 건축이 사라지지만 유겐트 스틸이나 제체션 등 아르누보 계열의 건축을 하는 이들이 등장하였다. 그러나 아르누보 경향의 건축가들이 종국에는 역사주의 양식으로 회귀함에 따라 1910년대를 끝으로 초기의 아르누보 계열 건축은 새로운 장식적 스타일의 시도로 끝을 맺었다. 일본에 '분리파 건축회分離派建築會'가

나타난 것은 1920년에 이르러서이다.
23 《始政五年記念朝鮮物産共進會報告書》, p.57.
24 같은 책, p.53.
25 '조선박람회호'로 구성된 《朝鮮と建築》 8집 9호에서는 박람회 직영관의 건축양식을 '조선 양식'이라고 서술하였다. 이 글에서는 박람회 직영관에 사용된 건축양식이 당시 직영관의 설계자에 의해 임의적으로 채택·변용된 우리나라의 전통 건축양식이었다는 점에서 '조선 양식'이라는 표현을 그대로 사용하였다.
26 《朝鮮と建築》 8집 9호에 실린 〈朝鮮博覽會建築物に就ての移動漫談會〉의 참석자는 아키노秋野敬三, 박길룡, 하시즈메橋爪大藏, 노무라野村孝文 등 4명이었다. 박람회장을 돌아다니며 참석자 간에 건물에 대한 평을 하는 가운데, 조선 양식으로 된 6동의 직영관에 대해서는 박길룡이 애초의 설계안과 최종안의 변화, 설계시 유의한 점 등을 설명하면서 참가자의 질문과 비평에 응대하고 있어 자신이 이들 건물의 설계에 참여했음을 내비쳤다.
27 岩井長三郎, 〈會場の選定と建築施設〉, 《朝鮮と建築》, 8집 9호, 1929. pp.2~3.
28 笹慶一, 〈朝鮮博覽會の所感〉, 같은 책, p.9.
29 〈대한매일신보〉, 1907년 8월 11일, 8월 18일, 박천홍, 《매혹의 질주, 근대의 횡단》, 산처럼, 2003, 263쪽에서 재인용.
30 〈皇城新聞〉, 1907년 9월 24일~9월 30일, 10월 6일~10월 10일의 '廣告'란.
31 《始政五年記念朝鮮物産共進會報告書》, pp.6~7.
32 〈東亞日報〉, 1929년 9월 18일, 10월 31일, 최석영, 앞의 책, 58쪽에서 재인용.
33 〈朝鮮博覽會〉, 《施政二十五年史》, p.603, 최석영, 앞의 책, 60쪽에서 재인용.
34 《朝鮮博覽會紀念寫眞帖》, p.2.
35 〈동아일보〉, 1929년 9월 15일.
36 〈조선일보〉, 1929년 6월 28일.

참고 문헌

1부_ 황권 강화를 위한 근대 조선(대한제국)의 움직임

1. 고종삼천지교高宗三遷之敎
《慶運宮重建圖監儀軌》
《高宗實錄》
《純宗實錄》
〈독립신문〉
〈동아일보〉
〈매일신보〉
〈조선일보〉
朝鮮建築会 編,《朝鮮と建築》, 京城: 朝鮮建築会.
小田省吾,《德壽宮史》, 京城: 李王職, 1938.
김동욱,《한국건축의 역사》, 기문당, 2007.
김동현,《서울의 궁궐건축》, 시공사, 2002.
김순일,《덕수궁》, 대원사, 1991.
김정동,《고종황제가 사랑한 정동과 덕수궁》, 도서출판 발언, 2004.
문화재청,《덕수궁 복원·정비기본계획》, 문화재청, 2005.
이민원,《한국의 황제》, 대원사, 2001.
이태진,《고종시대의 재조명》, 태학사, 2000.

2. 조선 황제의 애달픈 역사를 증명하다
《各司謄錄》
《高宗實錄》
《大韓禮典》
《梅泉野錄》
《承政院日記》
《日省錄》
《增補文獻備考》
《圜丘壇祀祭暑儀軌》, 한국은행 소장본.
〈독립신문〉

〈매일신보〉
〈황성신문〉
京城府 編,《京城府史》, 京城: 京城府, 1934.
손호익,〈南別宮考〉下,《文獻報國》제5권 제8호, 1939.
강병희,《조선왕실의 미술문화, 조선의 하늘제사 건축―대한제국기 원구단을 중심으로》, 대원사, 2005.
국제관광공사 조선호텔처리위원회 엮음,《조선호텔處理誌》, 1967.
서울大學校奎章閣,〈宮內府去來文牒 宮內府去來案〉,《奎章閣資料叢書 錦湖시리즈 宮內府篇》, 서울大學校奎章閣, 1992.
서울시립대학교 산학협력단 서울학연구소,《환구단 정비 기본계획 보고서》, 서울특별시 중구청, 2007.
우대성,〈대한제국의 건축조직과 활동에 관한 연구〉, 홍익대학교 석사학위논문, 1997.
이욱,〈대한제국기 환구제에 관한 연구〉,《종교연구》30, 2003.
이태진,《고종시대의 재조명》, 태학사, 2000.
한영우,〈대한제국의 성립과정과 대례의궤〉,《한국사론》45, 2001.
인터뷰 : 최영규 ㈜메트로호텔 상무이사, 원행스님 광제사, 김진종 한국관광공사

3. 궁궐 의례의 변화와 존속
《高宗純宗實錄》
《大韓禮典》
《承政院日記》
《日省錄》
강상규,〈근대일본의 만국공법 수용에 관한 연구〉,《진단학보》87호, 1999.
이혜원,〈고려대학교 박물관 소장 '경복궁배치도'의 제작시기와 史料價値에 대한 연구〉,《건축역사연구》17권 4호, 통권 59호, 한국건축역사학회, 2008.
조재모,〈조선시대 궁궐의 의례운영과 건축형식〉, 서울대학교 박사학위논문, 2003.
한영우,〈대한제국 성립과정과 대례의궤〉,《한국사론》45집, 2001.
송병기 외,《韓末近代法令資料集》, 대한민국국회도서관, 1970.
연갑수,《고종대 정치변동 연구》, 일지사, 2008.
이태진,《고종시대의 재조명》, 태학사, 2000.
이태진 외, 교수신문 엮음,《고종황제역사청문회》, 푸른역사, 2005.
한영우 외,《대한제국은 근대국가인가》, 푸른역사, 2006.

2부_ 일제에 의한 조선 궁궐 수난사

1. 평양의 황건문이 남산으로 내려온 까닭은?
《慶熙史林》, 京城公立中学校, 1940.
京城府 編, 《京城府史》第1卷, 京城: 京城府, 1934.
鮮又日·徐丙協, 《朝鮮総督府始政五年記念共進会実録》, 博文社, 1916.
有賀信一郎, 《大京城》, 朝鮮毎日新聞社, 1929.
長野末喜, 《京城の面影》, 內外事情社, 1932.
荻森茂 編, 《京城と仁川》, 大陸情報社, 1929.
강현, 〈일제강점기 건축문화재 보존 연구〉, 서울대학교 박사학위논문, 2005.
김동현, 《서울의 궁궐건축》, 시공사, 2002.
김정동, 《일본을 걷는다》, 한양출판, 1997.
동국대학교 90년지 편찬위원회, 《동국대학교 90년지 I·II》, 동국대학교 교사편찬실, 1998.
명지대학교 국제한국학연구소, 《경희궁 영조 훼철관련 사료조사 및 활용방안 연구》, 서울특별시, 2004.
이순우, 《그들은 정말 조선을 사랑했을까》, 하늘재, 2005.
_____, 《테라우치 총독, 조선의 꽃이 되다》, 하늘재, 2004.
홍순민, 《우리 궁궐 이야기》, 청년사, 2005.
황학정, 《황학정 백년사 : 근대궁도의 종가》, 황학정, 2001.

2. 대한제국, 평양에 황궁을 세우다
《各觀察道去來案》(奎 17990).
《西京豊慶宮營建役費會計冊》(奎 16886, 18006).
《訴狀-平壤外城軍用地調查實數成冊》(奎 18001).
《御眞圖寫都監儀軌》(奎 14000).
《平安南北道去來文》(奎 18019).
《平安南北道來去案》(奎 17988).
《平安道鄉錢成冊》(奎 18005).
《高宗純宗實錄》 CD-ROM, 동방미디어주식회사, 1998.
서울대학교 규장각 한국학연구원 웹사이트, 원문정보DB.
경성부공립보통학교교원회, 《(鄕士資料) 京城五百年》, 京城: 京城府公立普通學校教員会, 1926.
古堂傳·平壤誌刊行會 編, 《平壤誌》, 평남민보사, 1964.
朝鮮公論社 編, 《朝鮮事情寫眞帖》, 京城: 朝鮮公論社, 1922.
朝鮮總督府, 《平壤府》, 京城: 朝鮮總督府, 1932.

平安南道 編, 《平壤小誌》, 平壤: 平安南道, 1936.
平壤實業新報社 編, 《平壤要覽》, 平壤: 平壤實業新報社, 1909.
평양향토사 편찬위원회 편저, 《평양지》, 평양: 국립출판사, 1957.
김순일, 〈풍경궁 영건에 관한 연구〉, 《연구보고》 35, 1988.
_____, 〈경운궁의 영건에 관한 연구〉, 동국대학교 박사학위논문, 1983
김윤정, 〈평양 풍경궁의 영건과 전용에 관한 연구〉, 부산대학교 석사학위논문, 2007.
송지연, 〈러일전쟁이후 일제의 군용지 수용과 한국민의 저항〉, 이화여자대학교 석사학위논문, 1997.
여상진, 〈조선시대 객사의 영건과 성격 변화〉, 서울대학교 박사학위논문, 2005.
조재모, 〈조선시대 궁궐의 의례운영과 건축형식〉, 서울대학교 박사학위논문, 2003
국사편찬위원회 엮음, 《한국사 42 : 대한제국》, 2003.
김동욱, 《한국건축의 역사》, 기문당, 2003
김동현, 《서울의 궁궐건축》, 시공사, 2002
동국대학교, 《사진으로 본 동국대학교 80년》, 동국대학교 출판부, 1986.
서인한, 《대한제국의 군사제도》, 혜안, 2000.
수원시의사회, 《水原市醫師會史》, 수원시의사회, 2000.
신동원, 《한국근대보건의료사》, 한울, 1997.
신영훈·이상해·김도경, 《우리 건축 100년》, 현암사, 2001.
심헌용, 《한말 군 근대화 연구》, 국방부 군사편찬연구소, 2005.
이태진, 《고종시대의 재조명》, 태학사, 2000.
이태진 외, 교수신문 엮음, 《고종황제역사청문회》, 푸른역사, 2005.
임종국, 《일본군의 조선침략사 Ⅰ, Ⅱ》, 일월서각, 1988.
조선유적유물도감편찬위원회 엮음, 《북한의 문화재와 문화유적 – 조선시대 ① 건물편》, 서울대학교 출판부, 2002.
한영우·안휘준·배우성, 《우리 옛지도와 그 아름다움》, 효형출판, 1999.
홍순민, 《우리 궁궐 이야기》, 청년사, 2003

3. 창경원과 우에노공원, 그리고 메이지의 공간 지배
〈小宮宮內府次官を訪ふ〉, 《朝鮮》 2-3, 京城: 日韓書房, 1909.
〈韓帝の巡幸と其影響〉, 《朝鮮》 2-6, 京城: 日韓書房, 1909.
〈宮內府動物園の公開〉, 《朝鮮》 3-1, 京城: 日韓書房, 1910.
佐藤寬, 〈韓国博物館設立に就て〉, 《朝鮮》 1-3, 京城: 日韓書房, 1908.
井上雅二, 〈博物館及動植物園の設立に就て〉, 《朝鮮》 1-4 京城: 日韓書房, 1908.
伊藤博文, 〈韓国民に告ぐ〉, 《朝鮮》 2-6, 京城: 日韓書房, 1909.
ヒマラヤ山人, 〈小宮宮內次官及び宮內府中の人物〉, 《朝鮮》 3-1, 京城: 日韓書房, 1910.

岡田信利, 〈夏の動物園〉, 《朝鮮》 42, 京城: 朝鮮雜誌社, 1911.
可水生, 〈動物園の珍客 河馬君夫婦を語る〉, 《朝鮮及滿洲》 61, 京城: 朝鮮雜誌社, 1912.
末松熊彦, 〈朝鮮の古美術保護と昌德宮博物館〉, 《朝鮮及滿洲》 69, 京城: 日韓書房, 1913.
小松三保松, 〈昌德宮と殿下の御平生〉, 《朝鮮及滿洲》 81, 京城: 朝鮮雜誌社, 1914.
淺川伯敎, 〈朝鮮の美術工芸に就ての回顧〉, 和田八千穂·藤原喜藏 共編, 《朝鮮の回顧》, 京城: 近澤書店, 1945.
原口淸, 〈明治憲法体制の成立〉, 《岩波講座 日本歷史》 15, 東京: 岩波書店, 1976.
村松伸, 〈討伐支配の文法〉, 《現代思想》 23-10, 東京: 靑土社, 1995.
李成市, 〈朝鮮王朝の象徵空間と博物館〉, 宮嶋博史·李成市·尹海東·林志弦 編, 《植民地近代の視座 -朝鮮と日本-》, 東京: 岩波書店, 2004.
關野貞, 《韓国建築調査報告》, 東京: 東京大学工科大学, 1904.
＿＿＿, 《朝鮮芸術之硏究》, 京城: 度支部建築所, 1910.
李王職庶務係人事室 編, 《李王職職員錄》, 京城: 李王職, 1911, 1914, 1915, 1918.
李王職博物館 編, 《李王家博物館所藏品寫眞帖》, 京城: 李王家博物館, 1918.
權藤四郎介, 《李王宮秘史》, 京城: 朝鮮新聞社, 1926.
京城府 編, 《京城府史》 第1卷, 京城: 京城府, 1934.
京城府 編, 《京城府史》 第2卷, 京城: 京城府, 1936.
鈴木博之, 《東京の地靈》, 東京: 文芸春秋社, 1990.
東京国立博物館, 《目で見る120年》, 東京: 東京国立博物館, 1992.
長尾重武, 《建築ガイド6·東京》, 東京: 丸善株式会社, 1996.
鈴木博之, 《都市へ》, 東京: 中央公論新社, 1999.
太田博太郎 監修, 《日本建築樣式史》, 東京: 美術出版社, 1999.
原武史, 《可視化された帝国-近代日本の行幸啓》, 東京: みすず書房, 2001.
多木浩二, 《天皇の肖像》, 東京: 岩波書店, 2002.
浦井正明, 《〈上野〉時空遊行》, 東京: プレジデント社, 2002.
平野千果子, 《フランス植民地主義の歷史》, 京都: 人文書院, 2002.
伊坂道子 編, 《增上寺旧境内地区 歷史的建造物等 調査報告書》, 東京: 境内研究事務局, 2003.
海野福壽, 《伊藤博文と韓国併合》, 東京: 靑木書店, 2004.
關秀夫, 《博物館の誕生》, 東京: 岩波文庫, 2005.
鈴木博之 監修, 《皇室建築 內匠寮の人と作品》, 東京: 建築畵報社, 2005.
青井哲人, 《植民地神社と帝国日本》, 東京: 吉川弘文館, 2005.
財団法人 国民公園協会 新宿御苑 編, 《福羽逸人 回顧錄 (解說編)》, 東京: 財団法人 国民公園協会 新宿御苑, 2006.
Takashi Fujitani, *Splendid Monarchy, Power and Pageantry in Modern Japan*, Berkeley: University

of California Press, 1998.
강은기, 〈조선물산공진회와 일본화의 공적公的 전시〉, 《한국근대미술사학》 제16집, 한국근대미술사학회, 2006.
김영나, 〈'박람회' 라는 전시공간 : 1893년 시카고 만국박람회와 조선관 전시〉, 《서양미술사학회 논문집》 제13집, 서양미술사학회, 2000.
김용국, 〈제1절 궁궐〉, 서울특별시사편찬위원회 엮음, 《서울육백년사》 제3권, 서울특별시, 1979.
목수현, 〈일제하 박물관의 형성과 그 의미〉, 서울대학교 석사학위논문, 2000.
박계리, 〈타자로서의 이왕가박물관과 전통관〉, 《미술사학연구》 제240호, 한국미술사학회, 2003.
박소현, 〈'근대미술관', 제국을 꿈꾸다 : 덕수궁미술관의 탄생〉, 《근대미술연구 2008》, 국립현대미술관, 2008.
박소현, 〈帝國의 취미—이왕가박물관과 일본의 박물관 정책에 대해〉, 《미술사논단》 제18호, 한국미술연구소, 2004.
송기형, 〈'창경궁박물관' 또는 '李王家博物館' 의 연대기〉, 《역사교육》 72, 역사교육연구회, 1999.
오타 히데하루, 〈근대 한일양국의 성곽인식과 일본의 조선 식민지정책〉, 《한국사론》 49집, 서울대학교 인문대학 국사학과, 2003.
오타 히데하루, 〈일본의 '식민지' 조선에서의 고적조사와 성곽정책〉, 서울대학교 석사학위논문, 2002.
우동선, 〈하노이에서 근대적 도시시설의 기원〉, 《대한건축학회논문집—계획계》 제23권 제4호, 대한건축학회, 2007.
이성시, 〈조선왕조의 상징 공간과 박물관〉, 임지현·이성시 엮음, 《국사의 신화를 넘어서》, 휴머니스트, 2004.
최아신, 〈창경궁 대온실의 재료 및 구축방식에 관한 연구〉, 서울시립대학교 석사학위논문, 2008.
홍순민, 〈조선왕조 궁궐 경영과 "양궐체제" 의 변천〉, 서울대학교 박사학위논문, 1996.
關野貞, 강봉진 옮김, 《한국의 건축과 예술》, 산업도서출판공사, 1990.
柳本藝, 권태익 옮김, 《漢京識略》, 탐구신서, 1974.
곤도 시로스케, 이언숙 옮김, 《대한제국 황실비사》, 이마고, 2007.
국학진흥연구사업추진위원회 엮음, 《장서각의 역사와 자료적 특성》, 한국정신문화연구원, 1996.
김인덕, 《식민지시대 근대공간 국립박물관》, 국학자료원, 2007.
니겔 로스펠스, 이한중 옮김, 《동물원의 탄생》, 지호, 2003.
서울대학교 박물관 엮음, 《마지막 황실, 잊혀진 대한제국》, 서울대학교 박물관, 2006.
서울시립대학교 서울학연구소 엮음, 《창경궁 대온실 기록화 조사 보고서》, 문화재청, 2007.
스즈키 히로유키, 우동선 옮김, 《서양 근·현대 건축의 역사》, 시공사, 2003.
오창영 엮음, 《한국동물원팔십년사 창경원편》, 서울특별시, 1993.
이경재, 《서울정도 육백년》, 서울신문사, 1993.

이난영, 《신판 박물관학입문》, 삼화출판사, 1996.
이순자, 《일제강점기 고적조사사업》, 경인문화사, 2009.
정범준, 《제국의 후예들》, 황소자리, 2006.
한국학중앙연구원장서각 엮음, 《근대건축도면집—도면편》, 한국학중앙연구원, 2009.
한국학중앙연구원장서각 엮음, 《근대건축도면집— 해설편》, 한국학중앙연구원, 2009.
허균, 《서울의 고궁 산책》, 효림, 1994.

3부_ 조선의 궁에 들어선 근대건축물

1. 궁궐에 들어선 근대건축물
곤도 시로스케, 이언숙 옮김, 《대한제국 황실비사》, 이마고, 2007.
김동현, 《서울의 궁궐건축》, 시공사, 2002.
김정동, 《고종황제가 사랑한 정동과 덕수궁》, 도서출판 발언, 2004.
문화재청, 《덕수궁 복원·정비기본계획》, 문화재청, 2005.
문화재청 근대문화재과 엮음, 《덕수궁 정관헌— 기록화 조사보고서》, 문화재청, 2004.
서울대학교 박물관 엮음, 《엽서로 보는 근대이야기》, 서울시립대학교 박물관, 2003.
신영훈, 《한국의 고궁》, 도서출판 한옥문화, 2006.
이상해, 《궁궐·유교건축》, 솔, 2004.
정재정·염인호·장규식, 《서울 근현대 역사기행》, 도서출판 혜안, 1998.
최종덕, 《조선의 참 궁궐 창덕궁》, 눌와, 2006.
한영우, 《조선의 집, 동궐에 들다》, 효형출판, 2006.
홍순민, 《우리 궁궐 이야기》, 청년사, 2003.

2. 근대의 환상, 신문물 축제의 향연
朝鮮総督府 編, 《始政五年記念朝鮮物産共進会報告書》, 京城: 朝鮮総督府, 1916.
足立丈次郎 編, 《朝鮮副業指針 : 朝鮮副業品共進会總攬》, 京城: 東光社, 1924.
朝鮮総督府 編, 《朝鮮博覽会紀念寫眞帖》, 京城: 朝鮮總督府, 1929.
朝鮮総督府 編, 《施政二十五年史》, 京城: 朝鮮總督府, 1936.
《(紀元二千六百年·始政三十周年記念) 朝鮮大博覽会の概觀》, 京城日報社, 1940.
李重華 撰, 《京城記略》, 京城: 新文館, 1918.
《始政四十周年記念台湾博覽会誌》, 대만박람회 편, 1939.
大連市役所 編, 《(大連市催) 滿洲大博覽会誌》, 1935.
《万国博覽会參加五拾年記念博覽会誌》, 京都: 박람회출판사, 1924.
吉見俊哉, 《博覽会の政治学—まなざしの近代》, 中公新書, 1992.

浜口隆一, 山口 廣, 《万国博物語》, 鹿島出版社, 1966
藤森照信, 《日本の近代建築 (上·下)》, 岩波新書, 1993.
五十嵐太郎, 大川信行, 《ビルディングタイプの解剖学》, 王国社, 2002.
Nikolaus Pevsner, *A History of Building Types*, Thames and Hudson, 1976.
〈대한매일신보〉
〈萬歲報〉
〈西友〉
〈皇城新聞〉
朝鮮建築会 編, 《朝鮮と建築》, 8집 9호, 京城: 朝鮮建築会, 1929.
朝鮮建築会 編, 《朝鮮と建築》, 19집 10호, 京城: 朝鮮建築会, 1940.
김영나, 〈'박람회' 라는 전시공간 : 1893년 시카고 만국박람회와 조선관 전시〉, 《서양미술사학회 논문집》 13집, 서양미술사학회, 2000.
김형준·전영훈·김광현, 〈19세기 박람회의 공간구축에 관한 연구〉, 《대한건축학회논문집—계획계》 19권 8호, 2003.
윤세진, 〈근대적 미술 개념의 형성과 미술 인식〉, 서울대학교 석사학위논문, 2000.
하세봉, 〈模型의 帝國—1935年 臺灣博覽會에 表象된 아시아〉, 《동양사연구》 78집, 동양사학회, 2002.
김정동, 《남아있는 역사 사라지는 건축물》, 대원사, 2000.
박천홍, 《매혹의 질주, 근대의 횡단》, 산처럼, 2003.
손정목, 《일제강점기 도시사회상 연구》, 일지사, 1996.
최석영, 《한국 근대의 박람회·박물관》, 서경문화사, 2001.

도판 출처

1부_ 황권 강화를 위한 근대 조선(대한제국)의 움직임

1. 고종삼천지교高宗三遷之敎
2 엽서, 저자 소장.
3 《진찬의궤》
6 김원모·정성길 엮음, 《사진으로 본 한국의 백년 : 近代韓國》, 한국문화홍보센터, 1990.
7, 8, 10, 11 엽서, 저자 소장.
12 《임인년 진연의궤》.
13 엽서, 저자 소장.
14 문화재청, 《덕수궁 복원·정비기본계획》, 문화재청, 2005.

2. 조선 황제의 애달픈 역사를 증명하다
2 관보, http://gwanbo.korea.go.kr/
4 국립문화재연구소, 《숭례문 복원 자료집》, 2008.
5 〈동여도〉, 〈경조오부도〉, 서울역사박물관 소장.
6 〈독립신문〉 1897년 10월 12일자, 서울시립대학교 도서관 소장.
7 독립기념관 소장.
8, 9 《본서의궤》, 《환구단사제서의궤 도설》, 한국은행 소장본.
10~12 〈독립신문〉 1897년 10월 12일, 14일, 서울시립대학교 도서관 소장본.
13 〈조선일보〉 1981년 2월 25일자.
17, 18 서울학연구소 엮음, 《서울의 옛 모습》 / 국립민속박물관 엮음, 《독일인 헤르만산더의 여행》.
19, 20 대한예전 원구단 도설 / 국립민속박물관 천문, 한국학중앙연구원 소장본.
21~23 국립민속박물관 엮음, 《하늘의 제사》 / 김정동, 《고종황제가 사랑한 정동과 덕수궁》, 도서출판 발언, 2004.
25 〈원구단 개수축문〉, 한국학중앙연구원 소장본.
29 국사편찬위원회 소장본.
30 국립중앙박물관 소장본.
31 국립 중앙도서관 소장본.
32~34 국립중앙박물관 소장본.
35~37 광제사 원행스님 소장본.

38, 39 국립중앙박물관 소장본.
40 서울역사박물관 소장본.
41 京城府南山町本願寺 別院 朝鮮開敎監督部 朝鮮開敎五十年誌.
42 서울역사박물관 소장본.
43 서울시립대학교 박물관 소장본.
44 〈조선지형집성〉(1921).
45 〈대경성정도〉(1936).
49 天衢丹闕 老北京風物圖卷, 劉洪寬 繪, 榮寶齋出版社.
53~59 국립민속박물관, 조선호텔, 국가기록원, 한국관광공사 소장본.
60~63 국가기록원, 한국관광공사 소장본.
64 국제관광공사 조선호텔처리위원회 엮음,《조선호텔處理誌》, 1967.
65 한국관광공사 소장본.
66 조선호텔 소장본.
67, 68 국가기록원 소장본.
69, 70 한국관광공사.
71 조선호텔 소장본.
72 ㈜메트로호텔 소장본.

3. 궁궐 의례의 변화와 존속
1 《국조오례의 가례서례》.
2 《진찬의궤》.
4 서울대학교 박물관, 〈마지막 황실, 잊혀진 대한제국〉 전시회.
5, 6, 9 코베이 엽서.

2부_ 일제에 의한 조선 궁궐 수난사

1. 평양의 황건문이 남산으로 내려온 까닭은?
2 關野貞,《朝鮮古蹟圖譜 10》, 東京: 朝鮮總督府, 1915.
3 동국대학교 학술정보서비스팀.
4 동국대학교 90년지 편찬위원회,《동국대학교 90년지 I》, 동국대학교 교사편찬실, 1998.
6 국립중앙박물관,《국립중앙박물관소장 유리건판 : 궁궐》, 국립중앙박물관, 2007.
7, 8 서울특별시사편찬위원회,《사진으로 보는 서울 2 : 일제 침략 아래서의 서울 (1910-1945)》,
    서울특별시, 2002.
9 《朝鮮地形圖集成》, 景仁文化社, 1988.

11 荻森茂 編,《京城と仁川》, 大陸情報社, 1929.
12 京城府 編,《京城府史》, 京城: 京城府, 1934.
13《慶熙史林》, 京城公立中學校, 1940.
14《朝鮮地形圖集成》, 景仁文化社, 1988.
16 동국대학교 학술정보서비스팀.
17《朝鮮地形圖集成》, 景仁文化社, 1988.
18 동국대학교 학술정보서비스팀.
20 노형석·이종학,《모던의 유혹 모던의 눈물 : 근대 한국을 거닐다》, 생각의나무, 2004.
21 關野貞,《朝鮮古蹟圖譜 10》, 東京: 朝鮮總督府, 1915.
22《朝鮮地形圖集成》, 景仁文化社, 1988.
23, 24 국립중앙박물관,《국립중앙박물관소장 유리건판 : 궁궐》, 국립중앙박물관, 2007.
25 〈동아일보〉1928년 8월 13일자.
32《朝鮮博覽會京城協贊會報告書》, 京城: 朝鮮博覽會京城協贊會, 1930.
33 關野貞,《朝鮮古蹟圖譜 10》, 東京: 朝鮮總督府, 1915.
34 대원고건축연구소,《경복궁 동궁지역 중건공사보고서》, 문화재청, 2000.

2. 대한제국, 평양에 황궁을 세우다
1 朝鮮總督府,《平壤府》, 京城: 朝鮮總督府, 1932.
2~4 규장각 한국학연구원 웹사이트 원문정보 DB.
5 조선유물유적도감편찬위원회, 〈平壤全圖 : 平壤春〉, 평양 조선중앙력사박물관 소장,《북한의 문화재와 문화유적 – 조선시대 ① 건물편》, 서울대학교 출판부, 2002.
6《西京豊慶宮營建役費會計冊》(奎 16886, 18006), 서울대학교 규장각 한국학연구원 소장.
7《朝鮮地形圖集成》, 景仁文化社, 1988.
8, 9 平壤實業新報社 編,《平壤要覽》, 平壤: 平壤實業新報社, 1909.
10《御眞圖寫都監儀軌》(奎 14000), 서울대학교 규장각 한국학연구원 소장.
11 〈조선일보〉1927년 3월 16일자.
12《請願書》(奎17848), 서울대학교 규장각 한국학연구원 웹사이트 원문정보 DB.
13《訴狀-平壤外城軍用地調査實數成冊》(奎 18001), 서울대학교 규장각 한국학연구원 소장.
14, 15《平安南北道來去案》(奎 17988), 서울대학교 규장각 한국학연구원 소장.
16《朝鮮地形圖集成》, 景仁文化社, 1988.
17 朝鮮公論社 編,《朝鮮事情寫眞帖》, 京城: 朝鮮公論社, 1922.
18 수원시의사회,《水原市醫師會史》, 수원시의사회, 2000.
19 〈동아일보〉1934년 11월 26일자.
20 〈평양매일신문〉1934년 12월 1일자.

21 수원시의사회, 《水原市醫師會史》, 수원시의사회, 2000.

3. 창경원과 우에노공원, 그리고 메이지의 공간 지배
1~3 오창영 엮음, 《한국동물원팔십년사 창경원편》, 서울특별시, 1993.
4 〈韓帝の巡幸と其影響〉, 《朝鮮》 2-6, 京城; 日韓書房, 1909, p.9.
11 廣重 畵, 〈上野公園に於ける第一內国勧業博覧會, 美術館, 猩々の噴水器〉, 박물관 메이지무라[明治村] 판매 엽서세트 〈文明開化〉에 수록.
12 楊注周延 畵, 〈踏舞會上野櫻花觀遊之圖〉, 1887. 박물관 메이지무라[明治村] 판매 엽서세트 〈明治の錦繪〉에 수록.
13~14 한국학중앙연구원 장서각 엮음, 《근대건축도면집—도면편》, 한국학중앙연구원, 2009, pp.156-157, p.162.
16 서울시립대학교 박물관 엮음, 《엽서로 보는 근대이야기》, 서울시립대학교 박물관, 2003, p.56.
17 한국학중앙연구원 장서각 엮음, 위의 책, p.168.
18 서울대학교 박물관 엮음, 안소니 영거·키스 클레니-스미스 사진, 《영국인 사진가의 눈으로 본 한국》, 눈빛, 2007, p.69.
19 인터넷 사진, 금성건축 이경미 소장 제공.
20 서울시립대학교 박물관 편, 위의 책, p.58.
21, 22 서울대학교 박물관 사진특별전, 〈마지막 황실, 잊혀진 대한제국〉(2006년 5월 31일~8월 19일)에서 촬영.
24 서울시립대학교 박물관 엮음, 위의 책, p.58.
25 鈴木博之 監修, 《皇室建築 內匠寮の人と作品》, 東京: 建築畵報社, 2005, p.321
26 鈴木博之 監修, 위의 책, p.323.
27 서울대학교 박물관 사진특별전, 〈마지막 황실, 잊혀진 대한제국〉에서 촬영.
28 서울시립대학교 박물관 엮음, 위의 책, p.59.
29 서울대학교박물관 엮음, 안소니 영거·키스 클레니-스미스 사진, 위의 책, p.70.
30 서울시립대학교 박물관 편, 위의 책, p.55.

3부_ 조선의 궁에 들어선 근대건축물

1. 궁궐에 들어선 근대건축물
1, 2 《사진으로 보는 근대한국》, 서문당, 1986.
3 김정동, 《고종황제가 사랑한 정동과 덕수궁》, 도서출판 발언, 2004.
4 아펜젤러 사진첩, 문화재청, 《덕수궁 복원·정비기본계획》, 문화재청, 2005.
5 덕수궁사.

8 국사편찬위원회.

9 아펜젤러 사진첩, 문화재청, 《덕수궁 복원·정비기본계획》, 문화재청, 2005.

10 The Korea Review.

11 《사진으로 보는 근대한국》, 서문당, 1986.

12, 13 김정동, 《고종황제가 사랑한 정동과 덕수궁》, 도서출판 발언, 2004.

14 《사진으로 보는 근대한국》, 서문당, 1986.

17 《朝鮮と建築》.

19 《사진으로 보는 근대한국》, 서문당, 1986.

20 奧田直毅 編, 《德壽宮國葬畵帖》, 京城: 京城日報社, 1919.

21 한국건축가협회_ArchiDB.

23-26 서울대학교 박물관 엮음, 《엽서로 보는 근대이야기》, 서울시립대학교 박물관, 2003.

27 《사진으로 보는 근대한국》, 서문당, 1986.

28 서울대학교 박물관 엮음, 《엽서로 보는 근대이야기》, 서울시립대학교 박물관, 2003.

29, 30 《朝鮮と建築》.

32 신궁궐기행.

30 《朝鮮と建築》.

36 《사진으로 보는 근대한국》, 서문당, 1986.

37 한국건축가협회_ArchiDB.

38 《사진으로 보는 근대한국》, 서문당, 1986.

2. 근대의 환상, 신문물 축제의 향연

1~3 《始政五年記念朝鮮物産共進会報告書》.

4 《朝鮮物産共進会報告書》.

5~7 《始政五年記念朝鮮物産共進会報告書》.

8 최석영, 《한국 근대의 박람회·박물관》.

9 《朝鮮物産共進会報告書》.

10~12 《始政五年記念朝鮮物産共進会報告書》.

13 《朝鮮物産共進会報告書》.

14 《始政五年記念朝鮮物産共進会報告書》.

15 《朝鮮物産共進会報告書》.

16~18 《始政五年記念朝鮮物産共進会報告書》.

19~25 《朝鮮博覽会紀念写真帖》.

궁궐 연표 1897~1946

연도	날짜	사건
1897년(광무 1)	2월 20일	고종이 러시아 공사관에서 경운궁慶運宮으로 이어移御.
	6월 18일	선희궁宣禧宮 공사 완료.
	10월 1일	남별궁南別宮 터에 원구단圜丘壇을 축조하도록 함.
	10월 7일	즉조당卽祚堂 현판을 태극전太極殿으로 고침.
1899년(광무 3)	2월 12일	고종황제가 원구단에서 기곡대제祈穀大祭를 행함.
	9월 21일	경복궁 영보당永寶堂 화재로 54칸 소실.
1900년(광무 4)	1월 28일	경운궁 담장 보수 공사 완공.
	4월 20일	준원전濬源殿의 화상을 새로 그려 흥덕전으로 모시고 예식 거행.
	5월 22일	흥덕전興德殿에서 태조 고황제의 화상 그리기를 마치고 다시 선원전璿源殿으로 모셔와 제사 올림.
	10월 14일	경운궁 선원전 화재로 역대 어진御眞이 불탐.
1901년(광무 5)	6월 17일	한성전기회사漢城電氣會社, 경운궁 내 전등 6개 시연.
	이달	선원전 건축 완료.
	9월 1일	황제가 문화각文華閣에 봉안된 어진을 흠문각欽文閣으로 옮기도록 함.
	9월 8일	황제가 중화전中和殿에 나아가 외진연外進宴 거행.
	9월 9일	황제가 함녕전咸寧殿에 나아가 내진연內進宴·야진연夜進宴 거행.
	11월 16일	경운궁에 불이 나서 수옥헌漱玉軒이 타버림.
	이해	경운궁 서북쪽에 경희궁으로 통하는 구름다리 가설. 경운궁 석조전石造殿 석초石礎 공사 완료. 경운궁에 2층 양관洋館인 돈덕전惇德殿 건립.
1902년(광무 6)	5월 12일	황제가 정전正殿을 건축하여 그 전호殿號를 중화전中和殿으로, 종전의 중화전中和殿은 즉조당卽祚堂으로 칭하라고 함.
	5월 14일	평양 풍경궁 창건 결정.
	5월 24일	정부, 정동貞洞의 미국·러시아·영국·프랑스 공사관 지구에서 궁궐 남쪽 담장에 붙어있는 가구상가家具商街로 통하는 도로 폐쇄 발표. 이에 한성 주재 각국 공사와 영사들 맹렬히 반대.
	8월 9일	황제가 경운궁 중화문中和門의 정초定礎는 음력 7월 7일, 입주立柱는 7월 17일, 상량上樑은 8월 12일에 거행하도록 허락.
	8월 16일	황제가 궁내부로 하여금 경희궁 전각 수리 등을 속히 집행하도록 함.
	이달	수옥헌 중건.

	9월 13일	경운궁 신축 법전法殿인 중화전 상량.
	9월 15일	영건도감營建都監에서 경운궁 건축의 준공 보고.
	10월 18일	중건된 덕경당德慶堂을 관명전觀明殿으로 개칭.
	10월 19일	황제가 준공된 경운궁 중화전에서 하례 받고 반사(頒赦, 사면).
	10월 19일	중화전 밖 삼문三門 이름을 '조원朝元'으로 정함.
	11월 11일	영건도감제조營建都監提調 윤정구尹定求, 고종에게 경운궁 관명전 공사를 마쳤음을 아룀.
	12월 3일	황제가 중화전에서 성수망육순칭경외진연聖壽望六旬稱慶外進宴 거행.
1903(광무 7)	9월	경운궁 석조전 공사 다시 시작.
	10월 1일	경운궁에 설치한 전등 정상 가동.
	11월	풍경궁 태극전·중화전 완공되어 황제와 황태자의 화상을 풍경궁으로 모심.
1904년(광무 8)	4월 14일	경운궁 온돌 과열로 불이 나서 함녕전·중화전·즉조당·석어당 등 전각 소실. 고종은 황태자와 함께 수옥헌으로 피신.
	5월 14일	소실된 경운궁 중건重建 시작.
	8월 30일	의정부議政府, 수옥헌 안에 청사 신축.
1905년(광무 9)	11월 17일	한일협상조약 체결. 이토 히로부미가 주둔군사령관 하세가와 요시마치와 함께 경운궁에 난입, 고종에게 외교권의 일본 이양 및 통감부 설치를 강요하고, 수옥헌에서 대신들을 위협, 이른바 5적대신五賊大臣의 동의를 얻어 5조약五條約 조인.
1906년(광무 10)	4월 25일	고종, 경운궁 대안문大安門을 수리하도록 하고, 이름을 대한문으로 바꾸라고 함.
	7월 6일	궁금령宮禁令 반포. 궁전과 궁문 출입 단속.
	12월 19일	대한문大漢門 공사 완성.
	이해	경운궁 중화전을 중건함.
1907년(융희 1)	8월 2일	경운궁을 덕수궁德壽宮으로 개칭.
	8월 14일	순종, 경운궁으로 거처를 옮길 것이므로 수리하도록 함.
	8월 27일	경운궁 돈덕전惇德殿에서 순종 즉위식을 거행. 이때 관료 모두 단발斷髮 차림.
	9월 17일	순종, 덕수궁 수옥헌에서 즉조당으로 처소 옮김.
	10월 7일	순종, 창덕궁으로 거처를 옮길 것이므로 수리하도록 함.

	11월 13일	순종, 황태자와 함께 창덕궁으로 거처 옮김.
	11월 14일	순종, 안국동에 덕수궁을 건축하게 함.
	이해	창경궁 북쪽 권농장勸農場 터에 큰 연못을 파서 물고기를 기르고 연꽃을 심었으며 춘당지春塘池라 이름 붙임.
1908(융희 2)	3월 3일	궁내부에서 경복궁 공개와 관람자 주의사항 발표.
	3월 28일	내각원유회內閣遊會 주최로 창덕궁 후원에서 한일 순사巡査 검도대회·유도대회 개최.
	4월 1일	창덕궁 정문개폐 통행제한 반포.
	5월 21일	순종, 창덕궁 후원에서 기예가 뛰어난 남녀학생 연합운동회 관람.
	6월 2일	단오절을 맞아 덕수궁 내에서 각 여학교 춘기春期 대운동회 개최.
	7월 5일	일본인 도시미쓰 고사부로利光小三郎가 창덕궁 내 인정전仁政殿 수리공사 착수.
	9월	창덕궁에 석유발동기와 직류발전기 도입, 발전하여 점등.
	이해	일본인 거류민 학교 설립을 구실로 덕수궁 파괴 시작. 창경궁에 황실소장유물고皇室所藏遺物庫 설치. 창덕궁 인정전 일대를 수리하면서 진선문進善門 철거. 창경궁의 동측 중 북쪽에 식물원, 중앙에 박물관, 남쪽에 동물원을 각각 개설하는 공사를 실시하고 기존 전각 철거.
1909년(융희 3)	4월	경희궁 터 서쪽에 경성중학교京城中學校 설립.
	7월 8일	경회루에서 신구통감統監의 교체를 영송迎送하는 연회 개최. 한일 관리 1800명 참석.
	11월 1일	창경궁에 설치된 동·식물원 개원식 거행.
	이달	창경궁에서 박물관 개관.
1910년(융희 4)	3월 7일	창덕궁 내에서 친위기병대 기마경주회 개최.
	6월	덕수궁 석조전 준공.
	8월 5일	창덕궁 내에 황궁皇宮경찰서 설치. 창덕궁과 덕수궁 지역 치안 담당.
	이해	경복궁·경희궁 전각 100여 칸 일본인에 의하여 헐림.
1911년	이해	덕수궁 함녕전 서쪽에 덕홍전德弘殿 건립. 창덕궁에 봉모당奉謨堂과 보각譜閣 신축.
1912년	5월 6일	덕수궁 1621평과 경선궁慶善宮 택지 331평이 도로수개용지道路修改用地로 편입.
	이해	경복궁 내를 조선총독부 청사 대지로 내정.

		창경궁-종묘 간 산줄기를 절단하고 도로를 설치하여 창경궁 궁원宮垣 파괴.
1913년	4월	원구단 철거, 그 자리에 철도호텔 착공.
	12월 30일	덕수궁 사무소에서 실화失火로 응접실 현관 등 소실.
1914년	이해	풍경궁이 평양자혜의원 병동으로 사용되기 시작.
1915년	8월	경희궁慶熙宮 정문 흥화문興化門이 궁궐 남쪽 담장으로 옮겨짐.
	9월 11일	10월 31일까지 경복궁 내에서 조선총독부시정 5주년기념 조선물산공진회朝鮮物産共進會 개최.
	9월	경복궁 내 총독부박물관 준공.
	이해	창경궁 문정전文政殿 남서쪽 언덕 위에 장서각藏書閣 건립. 중명전이 정동구락부Seoul Union에 임대되어 서양인 클럽으로 사용.
1916년	6월 25일	경복궁 내에 조선총독부 청사 신축 공사 착공.
	이해	조선총독부 청사 건설 공사로 광화문 근정문勤政門 사이의 흥례문興禮門·유화문維和門·행각行閣·영제교永濟橋 등 철거.
1917년	11월 10일	창덕궁 대조전大造殿 일대에 큰 불이 나서 대조전을 비롯 희정당熙政堂·경훈각景薰閣 등이 타버림.
1918년	이해	불에 탄 창덕궁 침전을 중건한다는 이유로 경복궁 강녕전康寧殿·교태전交泰殿 등이 헐려 옮겨짐.
1919년	1월 21일	고종, 덕수궁 함녕전에서 승하.
1920년	5월 2일	경복궁 내에서 시민운동회 개최.
	7월 10일	경복궁에 신축하는 조선총독부 청사 정초식 거행.
	이해	경복궁 내전을 헐어 창덕궁 내전 증건.
1922년	9월 21일	총독부, 종묘와 창덕궁 간 도로 개설을 위한 측량 시작.
	이해	총독부, 경희궁에 전매국專賣局 관사를 짓는다는 명분으로 황학정黃鶴亭을 인왕산 아래 등과정 옛터로 이건. 창경궁 원내에 벚나무 수천 그루 심음.
1923년	2월	남별궁南別宮 터에 조선총독부립 경성도서관 건축 착공.
	10월 5일	조선농회朝鮮農會, 경복궁 근정전 뒤에서 조선부업품공진회 개최.
	12월	남별궁 터 소공동 6번지 일대에 조선총독부립 경성도서관 준공.
	이해	창경궁 내에 맹수사猛獸舍 건립. 경희궁 내 황학정이 일반인에 매각되어 사직단 동쪽으로 이건移建.
1924년	4월 9일	경복궁 내 집경당緝敬堂을 야나기 무네요시柳宗悅가 경영하는

		조선민족미술관 자리로 정하고 미술품 일부 진열.
	이해	창경궁 내 낙타사駱駝舍·타조사駝鳥舍 건축 및 야간 공개 시작.
1925년	3월 12일	덕수궁 내 수옥헌 화재로 모두 타버림.
	8월	풍경궁 정문인 황건문이 일본 불교계에 매각되어 경성 조계사 정문으로 이건.
1926년	1월 7일	조선총독부, 경복궁 안 새 청사로 옮김.
	4월 27일	경복궁 영추문迎秋門이 갑자기 무너짐.
	5월 4일	창덕궁 인산因山 봉도회奉悼會, 경성부 다동 16번지 회원 350명이 경복궁 뒤 경무대景武臺에서 대여大轝 일운一運 거행 연습.
	10월	경복궁 내 중앙박물관 준공(1916년 6월 착공).
	이해	경희궁 숭정전崇政殿이 일제의 조계사曹溪寺 본전으로 사용되기 위해 매각, 이건移建됨. 현재 동국대 정각원正覺院으로 사용. 서십자각西十字閣 철거.
1927년	9월 15일	광화문이 건춘문建春門 북쪽으로 옮겨짐.
	이해	창경원 내에 사자사獅子舍 건립.
1928년	3월	경희궁 흥정당興政堂을 광운사光雲寺로 이건.
	이해	경희궁 회상전會祥殿이 일제의 조계사曹溪寺에 팔려 이건됨.
1929년	5월	신무문 북쪽의 융무당隆武堂·융문당隆文堂 등이 매각되어 한강로 용광사龍光寺 건물로 사용됨.
	9월 12일	경복궁에서 조선박람회 개최.
1930년	이해	행궁行宮으로 사용되던 용양봉저정이 일본인 아케다에게 넘어감.
1931년	이해	창경궁 내에 원숭이 우리 건축.
1932년	4월 23일	박문사博文寺 상량식 거행.
	10월 26일	건춘문建春門 서북쪽 선원전璿源殿을 헐어 지은 장충동 박문사 낙성식 거행.
	이해	경희궁 흥화문이 매각되어, 장충동 박문사 정문으로 사용됨.
1933년	10월 1일	덕수궁 일반 공개 시작.
	10월	저경궁儲慶宮 정문 철폐. 저경궁 하마비下馬碑는 경성치과의학전문학교에 보존.
	이해	덕안궁德安宮이 있던 태평로1가에 조선일보사 인쇄공장 건축.
1935년	이해	대한제국 병탄 25주년 박람회장 건설을 위하여 경복궁 건청궁乾淸宮이 헐림.

		경복궁 일반에 공개.
1936년	7월 2일	안궁정安國町의 안동별궁安洞別宮이 대창흥업회사大昌興業會社를 경영하는 최창학崔昌學에게 15만 2901원 50전에 낙찰.
	8월 28일	덕수궁미술관 착공. 당시 이왕가미술관으로 불림.
1937년	11월 10일	덕수궁미술관 준공.
	이해	덕수궁 석조전 앞 중앙분수대 조성. 경복궁 내에 조선총독부 시정25주년기념박물관 착공. 1939년 준공 때 조선총독부미술관으로 개칭.
1938년	이해	창경궁 내 박물관 유물을 덕수궁으로 이전하고 박물관은 장서각藏書閣으로 전용.
1939년	4월	경복궁 내에 조선총독부미술관 준공.
	이해	조선총독부 관사 완공. 1995년 철거.
1945년	이해	박문사 폐지.
1946년	1월 26일	창경원 일반 공개.
	2월 1일	경희궁 터에서 신설 중학교 개교. 학교 이름은 1947년 6월 서울중학교로 확정.
	3월 6일	덕수궁박물관 일반 공개.
	3월 20일	덕수궁 석조전에서 제1차 미소공동위원회 개막.
	8월 17일	고적보존회, 미 군정장관 러취에게 경복궁 내 미장병 사택 건축 재고 건의서 제출.
	8월 21일	경복궁 내에 미군 사택 공사 시작.
	8월 24일	38개 문화단체 대표, 하지 중장에게 경복궁 내 미군 장병 숙사 건립 반대 진정서 제출.
	이해	창덕궁 인정전仁政殿, 미 군정청 본회의 장소로 사용됨.

우동선_ 한국예술종합학교 미술원 건축과 교수
서울대학교 대학원 건축학과 박사과정을 수료하고 일본 도쿄대학 대학원
건축사연구실에서 박사학위를 취득했다. 미국 유시 버클리U.C. Berkeley에서 방문학자를
역임했다. 지은 책으로 《한국건축답사수첩》(2006, 공저), 《건축교육과 건축역사교육》(2009,
공저) 등이 있고, 감수진에 참여한 책으로 《서울의 근대건축》(2009)이 있다. 옮긴 책으로
《건축사학사》(1997), 《서양 근·현대 건축의 역사》(2003), 《연전연패》(2004), 《아키텍트》(2011)
등이 있다. 1997년 일본문화예술재단의 제3회 외국인 유학생·연구자 조성금을 수혜,
2002년 대한건축학회 논문상을 수상, 2006년 미국 건축역사학회 연례회의 펠로십을
공동수상했다.

박성진_ 마드리드공과대학 석사과정
국민대학교 건축학과를 졸업한 후 한국예술종합학교 미술원 건축과에서
건축역사이론으로 예술전문사(석사)학위를 취득했다. 현재 스페인 마드리드공과대학
대학원에서 '문화유산의 보전과 경영'을 공부 중이다. 건축전문지 월간 《공간SPACE》의
기자로 활동했으며, 특수법인 문화유산국민신탁과 희망제작소 연구원으로 근대 문화
유산의 활용 및 보전 사업을 추진했다. 원광대학교 디자인학부 및 환경디자인대학원에서
이론역사과목을 강의했다. 저서로 《모던 스케이프: 일상 속 근대풍경을 걷다》(2009)가
있고, 주요 논문으로 〈한국 근대건축의 변용〉, 〈일제강점기 조선왕조 궁궐건축의 이건과
변용〉, 〈일제강점기 경복궁 전각의 훼철과 이건〉 등이 있다.

안창모_ 경기대학교 건축대학원 교수
서울대학교 건축과를 졸업하고 동 대학원에서 〈건축가 박동진에 관한 연구〉로 박사학위를
받았다. 미국 컬럼비아대학에서 객원연구원을 지냈다. 도코모모코리아(한국근대건축보존회)
부회장, 한국건축역사학회 상임이사, 문화재청 및 서울시 문화재전문위원 등을 맡고
있다. 저서로 《한국현대건축 50년》(1996), 《서울 20세기 100년의 사진기록》(2000, 공저),
《북한문화, 둘이면서 하나인 문화》(2006, 공저), 《한국미술 100년》(2006, 공저), 《서울 도시와
건축》(2007, 공저), 《건축가 김정수 작품집》(2008, 공저) 등이 있다.

박희용_ 서울시립대학교 서울학연구소 수석연구원
일본 요코하마국립대학에서 건축예술사학 교환학생으로 공부했으며, 서울시립대학교
건축공학과에서 박사학위를 취득했다. 현재 서울시립대학교 서울학연구소
수석연구원으로 재직 중이다. 옮긴 책으로 《중국 건축—야오동 동굴식 주거를
찾아서》(2006, 공역)가 있다.

조재모_ 경북대학교 건축학부 교수
서울대학교에서 건축역사를 전공했다. 조선 시대 궁궐의 건축 공간을 의례의 관점에서
해석하는 작업을 주로 하며, 최근에는 아시아 문화사 속에서 조선의 궁궐을 조명하는
연구를 진행하고 있다. 주요 논문으로 〈조선시대 궁궐의 의례운영과 건축형식〉,
〈조선왕실의 정침 개념과 변동〉, 〈영정조대 국가의례 재정비와 궁궐건축〉, 〈고종대
경복궁의 중건과 궁궐 건축형식의 정형성〉, 《춘관통고》를 통해 살펴본 경희궁의
의례공간〉 등이 있다. 2005년 대한건축학회 논문상을 수상하였다.

김윤정_ 부산대학교 건축공학과 박사과정
부산대학교 건축공학과를 졸업하고 동 대학원에서 건축역사 전공으로 석사학위를 받았다.
국립가야문화재연구소 연구원으로 재직하면서 함안 성산산성을 비롯한 고대 문화유산의
조사 연구에 참여했다. 현재 창원대학교에 출강하고 있다. 구한말 이래, 평양 외성 내
공간구조와 건축의 변화에 대한 관심을 연구로 진행시키기 위한 방법을 모색 중이다. 주요
논문으로 〈광무 6년의 평양 풍경궁 창건공사에 관한 연구〉, 〈침락정 건립연대와 당호
표기의 오류〉, 〈1905년 범어사 팔상독성나한전 중건공사 연구〉 등이 있다.

송석기_ 군산대학교 건축공학과 교수
연세대학교 건축공학과에서 한국 근대건축사에 대한 연구로 박사학위를 취득했다. 4년간
설계사무소에서 근무한 뒤, 2003년부터 군산대학교 건축공학과에서 건축역사를 가르치고
있다. 한국 근대건축사에서 모더니즘 건축의 형성 및 전개 과정과 우리나라를 포함한
동아시아 개항 도시의 형성 과정에 대한 연구를 지속적으로 진행하고 있다. 또한 지역
근대 문화유산의 기록화 및 보존, 활용을 위한 활동에 참여하고 있다.

강상훈_ ㈜해안종합건축사사무소 상무이사·한양대학교 건축학부 겸임교수
서울대학교 공과대학 건축학과를 졸업하고 동 대학원에서 건축설계 및 건축역사를
전공했다. 군산대학교 건축공학과 조교수로 재직했으며, 한국 근대사에서 근대적 시설이
성립되는 과정과 서구 모더니즘 건축양식이 수용되는 과정을 연구해왔다. 현재 도시계획
및 마스터플랜, 건축설계 등 폭넓은 건축 실무를 수행하고 있다. 주요 논문으로
〈일제강점기 근대시설의 모더니즘 수용〉, 〈일제강점기 아파트 건축에 관한 연구〉,
〈신도시 중심지 계획에 나타난 거점공간조직에 관한 연구〉 등이 있다.

궁궐의 눈물, 백 년의 침묵
제국의 소멸 100년, 우리 궁궐은 어디로 갔을까?

1판 1쇄 펴냄 2009년 11월 10일
1판 3쇄 펴냄 2012년 3월 15일

지은이 우동선 박성진 안창모 박희용 조재모 김윤정 송석기 강상훈
기획 박성진

펴낸이 송영만
펴낸곳 효형출판
주소 우413-756 경기도 파주시 교하읍 문발리 파주출판도시 532-2
전화 031 955 7600
팩스 031 955 7610
웹사이트 www.hyohyung.co.kr
이메일 info@hyohyung.co.kr
등록 1994년 9월 16일 제406-2003-031호

ISBN 978-89-5872-085-0 93540

이 책에 실린 글과 그림은 효형출판의 허락 없이 옮겨 쓸 수 없습니다.

값 18,000원